"十四五"职业教育国家规划教材
全国中医药行业高等职业教育"十四五"规划教材
全国高等医药职业院校规划教材（第六版）

药用植物学

（第三版）

（供中药学、中草药栽培与加工、药学等专业用）

主　编　汪荣斌

全国百佳图书出版单位
中国中医药出版社
·北　京·

图书在版编目（CIP）数据

药用植物学 / 汪荣斌主编 . -- 3 版 . -- 北京：中国中医药出版社，2024. 12. --（全国中医药行业高等职业教育“十四五”规划教材）.

ISBN 978-7-5132-6656-7

Ⅰ . Q949.95

中国国家版本馆 CIP 数据核字第 2024BA8938 号

融合教材服务说明

全国中医药行业职业教育“十四五”规划教材为新形态融合教材，各教材配套数字教材和相关数字化教学资源（PPT 课件、视频、复习思考题答案等）仅在全国中医药行业教育云平台“医开讲”发布。

资源访问说明

到“医开讲”网站（jh.e-lesson.cn）或扫描教材内任意二维码注册登录后，输入封底“激活码”进行账号绑定后即可访问相关数字化资源（注意：激活码只可绑定一个账号，为避免不必要的损失，请您刮开序列号立即进行账号绑定激活）。

联系我们

如您在使用数字资源的过程中遇到问题，请扫描右侧二维码联系我们。

中国中医药出版社出版

北京经济技术开发区科创十三街 31 号院二区 8 号楼

邮政编码　100176

传真　010-64405721

廊坊市祥丰印刷有限公司印刷

各地新华书店经销

开本 850 × 1168　1/16　印张 15　字数 403 千字

2024 年 12 月第 3 版　2024 年 12 月第 1 次印刷

书号　ISBN 978 – 7 – 5132 – 6656 – 7

定价　69.00 元

网址　www.cptcm.com

服务热线　010-64405510

购书热线　010-89535836

维权打假　010-64405753

微信服务号　zgzyycbs

微商城网址　https://kdt.im/LIdUGr

官方微博　http://e.weibo.com/cptcm

天猫旗舰店网址　https://zgzyycbs.tmall.com

如有印装质量问题请与本社出版部联系（010-64405510）

“十四五”职业教育国家规划教材
全国中医药行业高等职业教育“十四五”规划教材
全国高等医药职业院校规划教材（第六版）

《药用植物学》编委会

主　　编

汪荣斌（安徽中医药高等专科学校）

副 主 编

于永军（沧州医学高等专科学校）
彭　昕（宁波市中医药研究院）
袁　媛（湖南中医药高等专科学校）
王　乐（安徽中医药高等专科学校）
李光燕（皖西卫生职业学院）

编　　委（以姓氏笔画为序）

弓迎宾（山西卫生健康职业学院）
王　盼（甘肃卫生职业学院）
王　媛（渭南职业技术学院）
艾　丹（呼伦贝尔职业技术学院）
朱光明（津药达仁堂集团股份有限公司）
刘　坤（安徽师范大学）
迟　栋（南阳医学高等专科学校）
陈玉宝（遵义医药高等专科学校）
陈春宇（重庆三峡医药高等专科学校）
郭　娜（福建生物工程职业技术学院）
董然然（濮阳医学高等专科学校）
覃彬华（湖北中医药高等专科学校）
熊厚溪（毕节医学高等专科学校）

编写秘书

钟长军（安徽中医药高等专科学校）

"十四五"职业教育国家规划教材
全国中医药行业高等职业教育"十四五"规划教材
全国高等医药职业院校规划教材（第六版）

《药用植物学》
融合出版数字化资源编创委员会

主　编

汪荣斌（安徽中医药高等专科学校）

副主编

于永军（沧州医学高等专科学校）
袁　媛（湖南中医药高等专科学校）
刘　坤（安徽师范大学）
李光燕（皖西卫生职业学院）
彭　昕（宁波市中医药研究院）
王　乐（安徽中医药高等专科学校）
朱光明（津药达仁堂集团股份有限公司）

编　委（按姓氏笔画排序）

弓迎宾（山西卫生健康职业学院）
王　媛（渭南职业技术学院）
刘学医（安徽中医药高等专科学校）
迟　栋（南阳医学高等专科学校）
陈春宇（重庆三峡医药高等专科学校）
钟长军（安徽中医药高等专科学校）
董然然（濮阳医学高等专科学校）
熊厚溪（毕节医学高等专科学校）
王　盼（甘肃卫生职业学院）
艾　丹（呼伦贝尔职业技术学院）
李林华（安徽中医药高等专科学校）
陈玉宝（遵义医药高等专科学校）
陈梦轩（皖西卫生职业学院）
郭　娜（福建生物工程职业技术学院）
覃彬华（湖北中医药高等专科学校）

前 言

“全国中医药行业高等职业教育‘十四五’规划教材”是为贯彻党的二十大精神和习近平总书记关于职业教育工作和教材工作的重要指示批示精神，落实《中医药发展战略规划纲要（2016—2030年）》等文件精神，在国家中医药管理局领导和全国中医药职业教育教学指导委员会指导下统一规划建设的，旨在提升中医药职业教育对全民健康和地方经济的贡献度，提高职业技术院校学生的实践操作能力，实现职业教育与产业需求、岗位胜任能力严密对接，突出新时代中医药职业教育的特色。鉴于由中医药行业主管部门主持编写的“全国高等医药职业院校规划教材”（三版以前称“统编教材”）在2006年后已陆续出版第三版、第四版、第五版，故本套“十四五”行业规划教材为第六版。

中国中医药出版社是全国中医药行业规划教材唯一出版基地，为国家中医、中西医结合执业（助理）医师资格考试大纲和细则、实践技能指导用书，全国中医药专业技术资格考试大纲和细则唯一授权出版单位，与国家中医药管理局中医师资格认证中心建立了良好的战略伙伴关系。

本套教材由50余所开展中医药高等职业教育的院校及相关医院、医药企业等单位，按照教育部公布的《高等职业学校专业教学标准》内容，并结合全国中医药行业高等职业教育“十三五”规划教材建设实际联合组织编写。本套教材供中医学、中药学、针灸推拿、中医骨伤、中医康复技术、中医养生保健、护理、康复治疗技术8个专业使用。

本套教材具有以下特点：

1. 坚持立德树人，融入课程思政内容和党的二十大精神。把立德树人贯穿教材建设全过程、各方面，体现课程思政建设新要求，发挥中医药文化的育人优势，推进课程思政与中医药人文的融合，大力培育和践行社会主义核心价值观，健全德技并修、工学结合的育人机制，努力培养德智体美劳全面发展的社会主义建设者和接班人。

2. 加强教材编写顶层设计，科学构建教材的主体框架，打造职业行动能力导向明确的金教材。教材编写落实“三个面向”，始终围绕中医药职业教育技术技能型、应用型中医药人才培养目标，以学生为中心，以岗位胜任力、产业需求为导向，内容设计符合职业院校学生认知特点和职业教育教学实际，体现了先进的职业教育理念，贴近学生、贴近岗位、贴近社会，注重科学性、先进性、针对性、适用性、实用性。

3. 突出理论与实践相结合，强调动手能力、实践能力的培养。鼓励专业课程教材融入中医药特色产业发展的新技术、新工艺、新规范、新标准，满足学生适应项目学习、案例学习、模块化学习等不同学习方式的要求，注重以典型工作任务、案例等为载体组织教学单元，有效地激发学生的学习兴趣和创新潜能。同时，编写队伍积极吸纳了职业教育“双师型”教师。

4. 强调质量意识，打造精品示范教材。将质量意识、精品意识贯穿教材编写全过程。教材围绕“十三五”行业规划教材评价调查报告中指出的问题，以问题为导向，有针对性地对上一版教材内容进行修订完善，力求打造适应中医药职业教育人才培养需求的精品示范教材。

5. 加强教材数字化建设。适应新形态教材建设需求，打造精品融合教材，探索新型数字教材。将新技术融入教材建设，丰富数字化教学资源，满足中医药职业教育教学需求。

6. 与考试接轨。编写内容科学、规范，突出职业教育技术技能人才培养目标，与执业助理医师、药师、护士等执业资格考试大纲一致，与考试接轨，提高学生的执业考试通过率。

本套教材的建设，得到国家中医药管理局领导的指导与大力支持，凝聚了全国中医药行业职业教育工作者的集体智慧，体现了全国中医药行业齐心协力、求真务实的工作作风，代表了全国中医药行业为“十四五”期间中医药事业发展和人才培养所做的共同努力，谨此向有关单位和个人致以衷心的感谢。希望本套教材的出版，能够对全国中医药行业职业教育教学发展和中医药人才培养产生积极的推动作用。需要说明的是，尽管所有组织者与编写者竭尽心智，精益求精，本套教材仍有一定的提升空间，敬请各教学单位、教学人员及广大学生多提宝贵意见和建议，以便修订时进一步提高。

国家中医药管理局教材办公室

全国中医药职业教育教学指导委员会

2024 年 12 月

编写说明

《药用植物学》（第三版）由中国中医药出版社组织编写，依据中医药健康服务业发展要求，遵循医药高等职业教育规律，顺应经济社会发展与医药卫生领域及健康产业发展趋势。把培养学生的职业道德与职业素养、职业综合能力作为教材编写的主要目标。本教材第二版入选“十四五”职业教育国家规划教材。

本版教材结合近年来中药生产、科研中最新研究进展和中医药高职专业建设、课程建设等成果，着重强化职业需求的药用植物识别技术和资源利用技术等内容，吸收其他版本《药用植物学》教材的长处，具有以下特点：

1. 根据教学内容的编写，灵活穿插“学习目标”“复习思考”“知识链接”等栏目。从中医药文化、药用植物资源等方面挖掘思政元素，作为“知识链接”栏目贯穿教材之中，有助于中医药文化传承，培养精益求精的工匠精神，体现党的二十大精神。

2. 教材内容深浅适中，由浅入深、层次分明、重点突出、语言精练。如表述植物形态时，尽量全面系统、浅显易懂；编写次序是先整体后局部，符合认知规律。着力强化学生的技能训练，突出高职高专教育特色。

3. 精选药用植物图片和植物显微图，使药用植物直观可见、特征显著、图文并茂、方便教学。增加实践技能示教视频、植物野外识别微课视频等拓展资料，以二维码形式扫码观看。提升教材的可读性、趣味性。

本版教材的编写分工：绪论由汪荣斌编写；项目一由陈春宇编写；项目二由迟栋编写；项目三由董然然、彭昕编写；项目四由王乐编写；项目五由李光燕编写；项目六由袁媛编写；项目七由弓迎宾编写；项目八由陈玉宝编写；项目九、十由郭娜编写；项目十一由钟长军、朱光明编写；项目十二、十三由王盼编写；项目十四由刘坤、汪荣斌编写；项目十五由覃彬华、于永军、艾丹、熊厚溪编写；附篇由王媛编写。全书由汪荣斌统稿。

编写过程中，参阅了大量相关资料，并得到了中国中医药出版社和各参编单位的大力支持和帮助，在此一并表示衷心感谢！

敬请读者在使用过程中提出宝贵意见和建议，以便今后修订和提升。

《药用植物学》编委会

2024 年 8 月

目 录

扫一扫，查看本教材全部配套数字资源

附篇 实训

附录

扫一扫，查阅本项目 PPT、视频等数字资源

绪 论

【学习目标】

知识目标

1. 掌握药用植物学的概念与研究内容。
2. 熟悉药用植物学的学习方法。
3. 了解药用植物学发展简史和发展趋势。

能力目标

1. 能结合植物学与中药学相关知识理解药用植物学的主要研究内容。
2. 能理解药用植物学的学习方法。

一、药用植物学性质、地位和任务

人类在自然界中生存，与植物朝夕相处。我们的日常生活和医疗保健活动等与植物密切相关。自然界中凡具有调节人体机能和治疗疾病作用的植物称为药用植物。药用植物学是研究药用植物的形态构造、分类鉴定、生长发育、品质形成的一门学科。中药的种类来源主要是植物，所以药用植物学和中药品种、药材的品质评价、临床疗效以及新药开发研究密切相关。药用植物学主要任务是：

（一）准确识别和鉴定中药及其基原种类

药用植物种类繁多，中药材来源十分复杂，加上各地用药历史、用药习惯差异，造成很多同名异物和同物异名现象。一些名贵中药材，在市场上极易出现各种伪品。如果缺少植物的显微构造和植物分类知识，会造成药材来源不一或鉴定错误，给人们带来健康的危害、资源的浪费和经济的损失。在鉴定中药来源时，应结合植物分类学知识和先进的科技手段确定中药原植物的种类。另外，研究药用植物的外部形态和内部构造、地理分布，还可解决中药材存在的名实混淆问题。

（二）调查研究药用植物资源，合理利用及开发药物

我国具有丰富的药用植物资源，为了合理、可持续地利用和开发药用植物资源，必须对其进行资源调查，摸清它们及其近缘种类的分布、生境、资源蕴藏量、濒危程度等，以便更好地保护野生资源和创造适宜条件引种栽培，保证药源供应。调查药用植物资源必须具备丰富的药用植物知识，包括植物形态学、植物分类学等方面。

中草药、民间药和民族药是我国珍贵的医药资源，利用植物亲缘关系、历代本草文献、民间用药经验和国内外药用植物研究新成果，结合相关学科，引领药用植物资源开发是药用植物学的任务之一。从历代本草学著作记载的多品种来源中药，如贝母、细辛、柴胡等中发现多种同属、具有相同疗效的药用植物；从本草记载治疗疟疾的青蒿（黄花蒿 *Artemisia annua* L.）中分离得到高效抗疟成分青蒿素，获得 2015 年诺贝尔奖；红豆杉、萝芙木、灯盏细辛等都是利用药用

植物学知识开发新资源的典型案例。药用植物学对开发利用和保护药用植物资源具有重要意义。

二、药用植物学发展简史和发展趋势

我国药用植物学发展有着悠久的历史，早在3000多年前的《诗经》和《尔雅》中就有药用植物的记载。由于古代药物中草类占大多数，所以我国古代记载药物知识的专著称为“本草”。我国现存的第一部记载药物的专著《神农本草经》，收载药物365种，其中植物药237种。南北朝梁代陶弘景的《本草经集注》载药730种，多数为植物药。唐代苏敬等编写的《新修本草》（《唐本草》）是以政府名义编修并颁布的，被认为是我国第一部国家药典，该书载药844种。宋代唐慎微编著的《经史证类备急本草》收载药物1746种，为我国现存最早的一部完整本草。明代李时珍经过30多年努力于1578年完成了《本草纲目》的编纂，全书载药1892种，其中植物药1100多种。《本草纲目》有严密的系统性、科学性，是本草史上的一部巨著。清代吴其濬著《植物名实图考》及《植物名实图考长编》共记载植物2552种，是一部论述植物的专著。该书记述详实，插图精美，是研究和鉴定药用植物的重要文献。

中华人民共和国成立后，医药事业得到迅速发展，在各地陆续成立了多所中医药院校、中药和药用植物研究机构，培养了大量药用植物研究人才。药用植物工作者与相关科学技术人员以药用植物为研究对象，以形态、分类和内部构造为研究内容，为中药混乱品种整理和中药资源调查，做了大量卓有成效的工作。李承祜先生1949年编著的《药用植物学》教材，标志着我国药用植物学学科的诞生。1974年上海人民出版社出版了第一本供中医药院校使用的《药用植物学》教材，随后多版教材均继承了该教材，并有所改进。药用植物学的科学研究也取得了巨大的成绩。1955~1965年出版了8册《中国药用植物志》，1985年出版了第9册，共收载450种药用植物，并附有插图；1959~1961年出版了《中药志》，收载药用植物2100余种，并于1982~1994年进行了修订；1976年、1978年出版了《全国中草药汇编》（上、下册）及彩色图谱，其中正文收载植物药2074种，附录中收载1514种，2014年对其进行修订后，内容更加完善；1977年出版了《中药大辞典》（上、下册），收载植物药4773种。1999年出版了《中华本草》等，这些专著都是药用植物科研成果的体现。

药用植物学与其他学科如医学、化学、生物学、物理学等密切联系、相互渗透，分子生物学、植物生理学、植物生态学和植物化学等学科的方法技术逐渐引入药用植物学，药用植物的分子分类鉴定、生长发育、化学成分的形成和变化、药用植物资源开发等研究内容迅速成为药用植物研究的重要内容，药用植物学进入一个新的发展阶段。

三、药用植物学主要相关学科和学习方法

药用植物学是中药学、药学及有关学科的专业基础课，由于中药来源主要为植物，药用植物的种类是决定中药质量的重要因素，因此，涉及中药植物种类来源及品质的学科，如中药鉴定学、中药化学、中药学、生药学、药用植物栽培学等与药用植物有密切关系。所以必须掌握药用植物学的理论、知识和技能。

药用植物学是一门实践性很强的学科，学习时必须理论联系实际，走进大自然，花草树木、农作物等许多植物都是药用植物，通过系统观察，增强对药用植物的形态结构和生活习性的全面认识，然后结合理论知识，才能加深理解。药用植物学的专业术语比较多，只有正确理解和熟练地运用这些专业术语，才能有效掌握药用植物的特征。药用植物学知识具有较强的系统性、相似性、关联性，比较相似植物、植物类群、显微结构等的相同点，找出不同点，可以快速掌握药

用植物知识。学习过程要抓住重点、难点，如科的特征，可以通过观察代表植物来掌握。药用植物学的学习必须到实践中操练，应经常参观植物园或药用植物园，重视实验课学习，注重采药实习，通过反复实践，提高辨识药用植物的能力。药用植物学也蕴含着丰富的思政元素，包括中医药哲学思想、中医药文化典故、悠久的药用植物资源开发利用历史及我国科学家在植物学领域为世界做出的重要贡献等。通过药用植物学学习，树立合理开发、利用和保护药用植物资源的观念；弘扬中华民族的传统美德；培养精益求精的工匠精神；坚定中医药文化自信，传承和发展中医药事业。

扫一扫，查阅复习思考题答案

复习思考题

1. 什么是药用植物？
2. 简述药用植物学的主要任务。

上篇　植物的形态和构造

项目一　识别植物细胞的形态及构造

扫一扫，查阅本项目 PPT、视频等数字资源

【学习目标】

知识目标

1. 掌握细胞后含物的主要特征和类型，细胞壁的特点、特化类型和鉴别方法。
2. 熟悉纹孔的特点和类型。
3. 了解植物细胞的基本结构。

能力目标

1. 能识别草酸钙晶体和淀粉粒类型。
2. 能识别细胞壁的特化类型。
3. 能显微、化学鉴别晶体类型、细胞壁特化类型。

任何植物体都是由细胞构成的。每个细胞都相对独立，既有自己的生命活动，又与其他细胞协同作用，共同来完成整个植物体的生命过程。细胞是植物体结构和功能的基本单位。

第一节　植物细胞的形状和大小

一、植物细胞的形状

植物细胞有多种形态，一般随细胞存在的部位、排列状况和具有的功能不同而不同。存在于植物体表，排列紧密有保护作用的细胞一般多呈扁平长方形、方形、多角形或不规则状；存在于植物体内，排列疏松有贮藏作用的细胞多呈球形和椭圆形，排列紧密有支持作用的细胞多呈长纺锤形，有输导功能的细胞多呈长管状。

二、植物细胞的大小

植物细胞多数较小，一般在显微镜下才能看见，直径多在 10～100μm 之间。极少数细胞特别大，肉眼可见，例如番茄果肉细胞和西瓜瓤细胞，直径可达 1mm；棉花种子的表皮毛，长可达 75mm；苎麻茎的纤维细胞，最长达到 550mm。人们把在光学显微镜下可以观察到的细胞内部构造称为显微结构。把在电子显微镜下所观察到的更细微的细胞结构称为亚显微结构或超微结构。本书主要学习植物细胞的显微结构。

第二节　植物细胞的基本构造

各种植物细胞的形状和构造不同，就是同一个细胞在不同的发育阶段，其构造也有变化，所以不可能在一个细胞里看到细胞的全部构造。为了便于学习和掌握细胞的构造，将各种植物细胞的主要构造集中在一个细胞里加以说明，这个细胞称为典型植物细胞或模式植物细胞。

一个模式植物细胞的基本构造主要分为三个部分：①细胞壁；②原生质体；③细胞后含物及生理活性物质。见图 1-1。

图 1-1　植物细胞模式图

1. 细胞壁　2. 细胞质膜　3. 叶绿体　4. 细胞核　5. 核仁　6. 液泡　7. 细胞质

一、细胞壁

细胞壁是由原生质体分泌的非生命物质包裹在原生质体外的一层较坚韧的壳，主要起保护作用。细胞壁是植物细胞特有的结构，是植物细胞与动物细胞相区别的显著特征之一。

（一）细胞壁的结构

细胞壁分为胞间层、初生壁和次生壁等三层。见图 1-2。

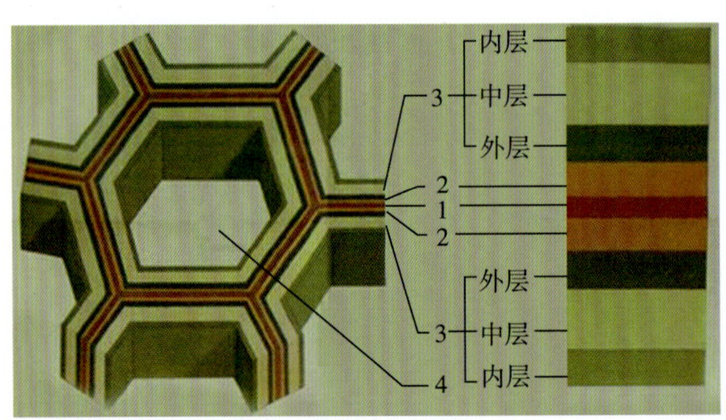

图 1-2　细胞壁的结构

1. 胞间层　2. 初生壁　3. 次生壁（示外、中、内三层）　4. 细胞腔

1. 胞间层　是细胞分裂结束时原生质体分泌形成的细胞壁层，主要成分为果胶质。果胶质能使相邻细胞彼此紧密地粘连在一起，果胶质既能被果胶酶分解，又溶于酸和碱。

2. 初生壁　是细胞生长时原生质体分泌形成的细胞壁层，主要成分为纤维素、半纤维素和果胶质。初生壁存在于胞间层内侧，质地柔软，可塑性强，能随细胞的生长而延伸，见图 1-2。纤维素细胞壁加氯化锌碘试液显蓝色或紫色。

3. 次生壁　是细胞停止生长后原生质体分泌形成的细胞壁层，主要成分是纤维素，还有少量半纤维素。次生壁存在于初生壁内侧，质地较硬，一般无可塑性。有的细胞次生壁较厚，质地坚硬，在光学显微镜下可显出不同的外、中、内三层。当次生壁增得很厚时，原生质体一般死亡，留下细胞壁围成的空腔，称为细胞腔。见图 1-2。

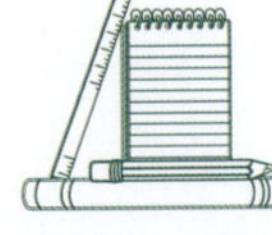

（二）纹孔和胞间连丝

1. 纹孔 细胞壁次生生长时并不完全覆盖初生壁，而在未增厚区域形成一些凹陷或中断部分，这些凹陷或中断部分称为纹孔。相邻两细胞间的纹孔成对存在，称为纹孔对。纹孔对中间隔着胞间层和初生壁，合称纹孔膜。纹孔膜两侧无次生壁的部分称为纹孔腔，纹孔腔通往细胞腔的开口称为纹孔口。

纹孔对有单纹孔、具缘纹孔和半缘纹孔三种。见图 1-3。

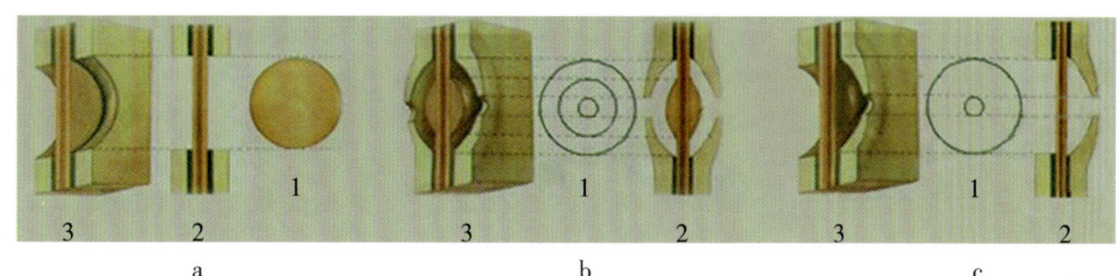

图 1-3 纹孔的类型

a. 单纹孔 b. 具缘纹孔 c. 半缘纹孔

1. 正面观 2. 切面图 3. 立体图

（1）单纹孔：纹孔腔呈圆形或扁圆形孔道，在光学显微镜下正面观察，纹孔口呈一个圆，见图 1-3a。常见于韧皮纤维、石细胞和部分薄壁细胞的细胞壁上。

（2）具缘纹孔：纹孔腔周围的次生壁向细胞腔内呈拱架状隆起，形成纹孔的缘部，纹孔口的直径明显较小。在光学显微镜下正面观察，纹孔口和纹孔腔两者构成两个同心圆。松科、柏科等裸子植物的管胞，纹孔膜中央极度增厚形成纹孔塞，在光学显微镜下正面观察，纹孔口、纹孔塞和纹孔腔三者构成三个同心圆。图 1-3b 示松、柏科植物的具缘纹孔。松、柏科植物的具缘纹孔是一种特殊情况。一般正面观察植物细胞的具缘纹孔，都有两个同心圆，是因为无纹孔塞。

（3）半缘纹孔：由具缘纹孔和单纹孔组成的纹孔对，是导管或管胞与薄壁细胞相邻而形成的。在光学显微镜下正面观察，纹孔口和纹孔腔两者构成两个同心圆。见图 1-3c。半缘纹孔从正面观察与不具纹孔塞的具缘纹孔相同。

2. 胞间连丝 许多原生质细丝从纹孔处穿过纹孔膜，使相邻细胞彼此联系在一起，这种原生质细丝称为胞间连丝。胞间连丝通常不明显，但柿和马钱子种子的胚乳细胞，由于细胞壁厚，经染色处理后，用光学显微镜可清楚地观察到胞间连丝。见图 1-4。

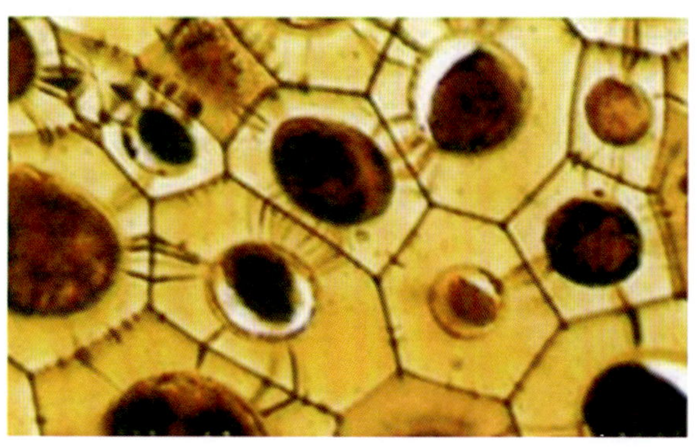

图 1-4 胞间连丝（柿种子）

（三）细胞壁的特化

细胞壁主要由纤维素构成，纤维素既亲水又有韧性。由于环境影响和生理功能的不同，细胞

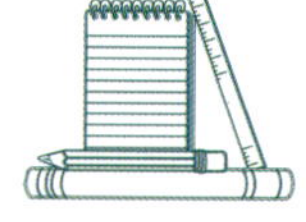

壁中可渗入其他物质而发生特化现象。常见的有：

1. 木质化　是细胞壁内渗入了木质素。木质素既亲水又坚硬，因而增强了细胞壁的硬度。当细胞壁增得很厚时，细胞一般已死亡，如导管、管胞、木纤维和石细胞等。木质化细胞壁加间苯三酚溶液和浓盐酸显樱红色或红紫色。

2. 木栓化　是细胞壁内渗入了木栓质。木栓质亲脂，因而细胞壁不透水和气，使原生质体与外界隔绝而细胞死亡。木栓化细胞壁加苏丹Ⅲ溶液显红色。

3. 角质化　是指表皮细胞与外界接触的细胞壁外覆盖了一层角质，形成无色透明的角质膜（角质层）。角质亲脂，既能减少水分蒸腾，又能防止雨水的浸渍和微生物的侵袭。角质化细胞壁加苏丹Ⅲ溶液显红色。

4. 黏液化　是指细胞壁中部分果胶质和纤维素发生了黏液性变化，如车前子和亚麻子等。黏液化细胞壁加钌红试液显红色。

5. 矿质化　是指细胞壁内渗入了硅质和钙质，使植物茎和叶变硬，增强了机械支持力。如禾本科植物的茎和叶及木贼的茎，细胞壁中含有大量的硅酸盐。矿质化细胞壁加硫酸或醋酸不发生变化。

二、原生质体

原生质体是细胞内有生命物质（原生质）的总称，分为细胞质和细胞核，是细胞的主要部分，细胞的一切代谢活动都在这里进行。细胞质和细胞核在光学显微镜下能明显区别。

（一）细胞质

细胞质是充满在细胞壁和细胞核之间的半透明胶状物质。细胞质由细胞质膜（简称质膜）、细胞器和细胞质基质（简称胞基质）三部分组成。

1. 质膜　质膜是细胞质与细胞壁相接触的膜。质膜在光学显微镜下不易识别，如果用高渗溶液处理，原生质体失水收缩与细胞壁发生质壁分离现象时，用探针可感觉到细胞质表面有一层光滑的薄膜。

质膜有选择性允许某些物质通过的特性。质膜的选择透性能使细胞不断地从周围环境获得水分和营养物质，又把细胞代谢废物排泄出去。细胞一旦死亡，质膜的选择透性就会消失。

2. 细胞器　细胞器是分散于细胞质内有特定功能的微器官，也称拟器官。在光学显微镜下观察植物细胞的细胞器一般可看见质体、线粒体和液泡三种。

（1）质体：是绿色植物细胞与动物细胞相区别的显著特征之一，是一类与碳水化合物合成与贮藏有密切关系的细胞器。质体根据所含色素的不同，分为叶绿体、有色体和白色体。见图 1-5。

图 1-5　质体的类型

1. 叶绿体　2. 有色体　3. 白色体

1）叶绿体：多为球形、卵圆形或扁圆形，一般呈颗粒状分布于绿色植物的叶、幼嫩茎、未成熟果实和花萼等的薄壁细胞中。叶绿体是最重要的质体。叶绿体中含叶绿素、叶黄素和胡萝卜素，其中叶绿素含量最多，是最重要的光合色素。叶绿体是绿色植物进行光合作用的场所。

2）有色体：常呈杆状、颗粒状或不规则形，一般存在于花瓣、成熟果实以及某些植物根的薄壁细胞中。有色体主要含胡萝卜素和叶黄素，由于两者的比例不同，因而使不同植物的花、果实呈现黄色、橙色或橙红色等。

3）白色体：常呈圆形或纺锤形，不含色素，普遍存在于植物各部的贮藏细胞中，有合成和贮藏淀粉、脂肪和蛋白质的功能。白色体合成和贮藏淀粉时，称造粉体；合成和贮藏脂肪时，称造油体；合成和贮藏蛋白质时，称造蛋白体。

知识链接

质体的相互转化

叶绿体、有色体和白色体在一定条件下可以相互转化。如番茄的子房是白色的，其子房壁细胞内的质体是白色体，白色体含有原叶绿素，受精后子房发育成幼果，暴露于光线中时，白色体转变成叶绿体，所以幼果呈绿色，果实在成熟过程中又由绿而变红，是因为叶绿体转变成有色体的结果。胡萝卜的根露在地面经日光照射会变成绿色，这是有色体转化为叶绿体的缘故。

（2）线粒体：多呈球状、杆状或细丝状，比质体小，在光学显微镜下需用特殊的染色方法才能识别。线粒体是细胞进行呼吸作用的场所，专门氧化分解糖、脂肪和蛋白质，氧化分解释放出来的能量可源源不断满足细胞生命活动的需要，因此线粒体被称为细胞的“动力工厂”。

（3）液泡：具有一个中央大液泡或几个较大液泡是植物细胞区别于动物细胞的显著特征之一，也是植物细胞发育成熟的显著标志。幼小的植物细胞有许多小液泡，在发育过程中，这些小液泡相互融合并逐渐长大，最后形成一个在光学显微镜下能看见的中央大液泡，中央大液泡一般可占整个细胞体积的90%以上。有些细胞在发育过程中，小液泡融合成几个较大液泡，细胞核被这些较大液泡分割成的细胞质索悬挂于细胞的中央。

液泡由一层液泡膜包围着，液泡膜与质膜一样具有选择透性。液泡内的液体称为细胞液，细胞液是多种物质的混合液。

3. 胞基质　是细胞质中除掉质膜和细胞器而无特殊形态的液胶体。胞基质成分十分复杂，有水、无机盐、氨基酸、核苷酸、蛋白质等。胞基质具有一定的弹性和黏滞性。胞基质流动会带动细胞器（除液泡外）在细胞内不断运动，流动快的细胞生命活动旺盛，流动慢细胞生命活动微弱，流动停止的细胞处于休眠状态或死亡。

由于电子显微镜的使用，人们对细胞的亚显微结构有了更深入的了解。不但发现了细胞核、质膜、叶绿体、线粒体和液泡的超微结构，而且在细胞质中还发现了核糖核蛋白体、高尔基复合体、内质网、溶酶体、圆球体、微粒体、微管和微丝等更微小的细胞器。

（二）细胞核

细胞核是一个折光性较强、黏滞性较大的扁球体。一个细胞一般只有一个细胞核，但也有两个或多个的。细胞核的形状、大小和位置随细胞生长发育而变化。幼小细胞的细胞核呈球形，近于细胞中央，成熟细胞的细胞核多呈扁圆形，偏于细胞一侧。细胞核在未发育成熟的细胞中所占

比例较大，在成熟细胞中所占比例较小。

细胞核由核膜、核仁、染色质（染色体）和核液组成。核膜是包裹细胞核的薄膜，膜上有小孔称为核孔，核孔是细胞核物质进出的通道。核仁是细胞核中一个或数个折光性更强的小体，是核内合成核糖核酸和蛋白质的场所。染色质（由脱氧核糖核酸和蛋白质组成）是易被碱性染料着色的遗传物质；在细胞分裂时，染色质螺旋、折叠、缩短、增粗，成为在光学显微镜下清晰可见的染色体；染色质和染色体是同一物质在细胞不同时期的表现形式。核液是细胞核内无明显结构的液胶体，核仁和染色质就分散在核液内。

三、细胞后含物及生理活性物质

（一）细胞后含物

原生质体在新陈代谢过程中产生的非生命物质，统称为细胞后含物。细胞后含物的种类很多，有的是营养物质，有的是非营养物质。细胞后含物的形态和性质是鉴定植物类药材的依据之一。

1. 淀粉 淀粉多贮藏于植物的根、地下茎和种子的薄壁细胞中。一般以淀粉粒形式存在，呈圆球形、卵圆形和多面体形。淀粉粒在白色体内聚积时，先形成脐点（核心），然后再围绕脐点一层一层地聚积淀粉，而最终形成淀粉粒。脐点位于淀粉粒的中间或偏于一侧，有颗粒状、分叉状、裂隙状、星状等。在光学显微镜下，有的植物淀粉粒可见明暗相间的层纹，这是因为淀粉分为直链淀粉和支链淀粉。在围绕脐点聚积淀粉时，一般直链淀粉和支链淀粉相互交替分层积聚，而直链淀粉比支链淀粉有更强的亲水性，二者遇水膨胀不一，从而在折光上显示明暗差异。淀粉粒有单粒淀粉、复粒淀粉和半复粒淀粉三种。见图 1-6。

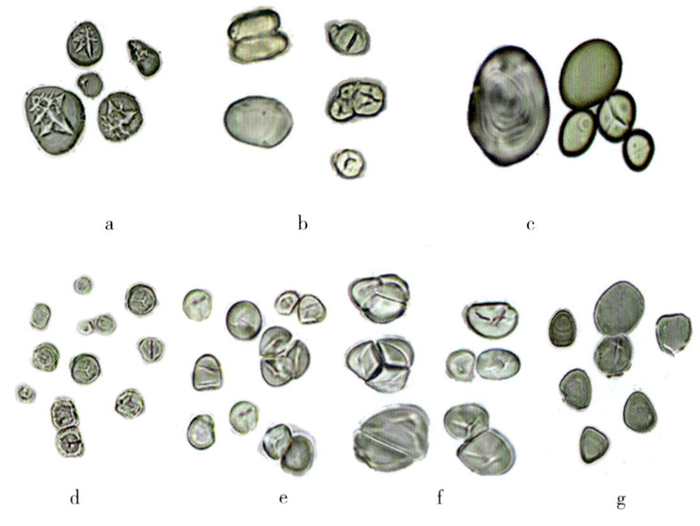

图 1-6 各种淀粉粒

a. 浙贝母 b. 肉桂 c. 马铃薯 d. 玉米
e. 半夏 f. 天花粉 g. 山药

（1）单粒淀粉：每个淀粉粒有一个脐点，围绕脐点有层纹。如浙贝母、山药、马铃薯、肉桂等。

（2）复粒淀粉：每个淀粉粒有两个或多个脐点，围绕每个脐点有自己的层纹。如天花粉、半夏、马铃薯、肉桂、玉米等。

（3）半复粒淀粉：每个淀粉粒有两个或几个脐点，每个脐点除有围绕自己的层纹外，还有共同的层纹。如马铃薯。

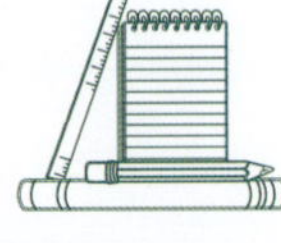

在含有淀粉粒的植物细胞中，一般单粒淀粉和复粒淀粉比较常见，半复粒淀粉相对较少。淀粉粒加稀碘溶液显蓝紫色。

2. 菊糖　菊糖多存在于桔梗科和菊科植物根的细胞中，易溶于水，不溶于乙醇。把含有菊糖的材料浸入乙醇中一周后做成切片，置于光学显微镜下观察，在细胞内可见呈球形、半球形的菊糖结晶。见图 1-7a。菊糖加 10%α-萘酚乙醇溶液再加硫酸，显紫红色并溶解。

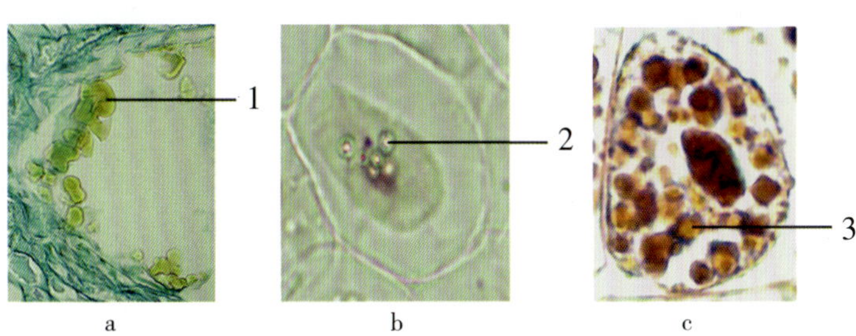

图 1-7　贮藏的营养物质

1. 菊糖　2. 糊粉粒　3. 油脂

3. 蛋白质　贮藏蛋白质无生命活性，与组成原生质体的蛋白质不同，有结晶和无定形颗粒两种。结晶蛋白质常呈方形，有晶体和胶体的二重性，称为拟晶体。无定形蛋白质常有一层膜包裹，呈圆球形，称糊粉粒。糊粉粒较多地分布于植物种子的胚乳或子叶细胞中。谷类种子的糊粉粒集中分布在胚乳最外面的一层或几层细胞中，特称为糊粉层。豆类种子的糊粉粒存在于子叶细胞中，以无定形颗粒为主，还含有一至几个拟晶体。蓖麻种子胚乳细胞的糊粉粒，除拟晶体外还含有磷酸盐球形体。见图 1-7b。蛋白质加碘溶液显暗黄色；加硫酸铜和苛性碱水溶液显紫红色。

4. 油脂　油脂是油和脂的总称，在常温下呈液态的称为油，如菜籽油、芝麻油、花生油等；呈固态或半固态的称为脂，如可可豆脂、乌桕脂等。油脂常存在于植物种子的细胞内，并分散于细胞质中。见图 1-7c。油脂加苏丹Ⅲ溶液显橙红色；加紫草试液显紫红色。

5. 晶体　晶体是植物细胞新陈代谢形成的物质，主要存在于液泡内，有的呈溶解状，有的呈结晶状。植物细胞是否存在晶体，以及晶体的种类、形态和大小等是鉴别植物类药材的依据之一。晶体主要为草酸钙晶体，还有碳酸钙晶体。

（1）草酸钙晶体：草酸钙晶体是植物体在代谢过程中产生的草酸与钙结合而成的晶体。草酸钙晶体无色透明或暗灰色，常见有以下几种。

①簇晶：晶体呈多角星状，由许多菱形、八面体形的单晶聚集而成，如大黄、人参、曼陀罗叶等。见图 1-8a。

②针晶：晶体呈针状，一般由许多单个针晶聚集成针晶束，存在于黏液细胞中，如半夏、黄精等。见图 1-8b。

③方晶：晶体呈方形、斜方形、长方形或菱形，如甘草、黄柏等。见图 1-8c。

④砂晶：晶体呈细小三角形、箭头形或不规则形，大量散布于细胞内，如地骨皮、颠茄、牛膝等。见图 1-8d。

⑤柱晶：晶体呈长柱形，长为直径的 4 倍以上，如射干等鸢尾科植物。见图 1-8e。

（2）碳酸钙晶体：多存在于桑科、荨麻科等植物中，晶体一端与细胞壁相连，另一端悬于细胞腔内，状如一串悬垂的葡萄，称为钟乳体。碳酸钙晶体遇醋酸溶解，并放出二氧化碳，而草酸钙晶体则不溶，由此可鉴别。见图 1-9。

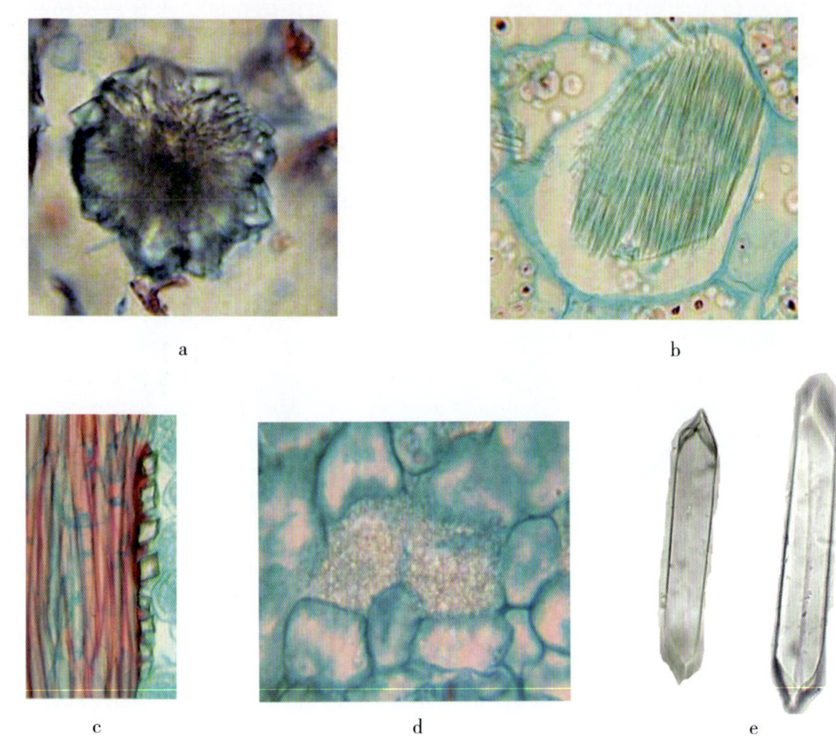

图 1-8 草酸钙晶体

a. 簇晶 b. 针晶 c. 方晶 d. 砂晶 e. 柱晶

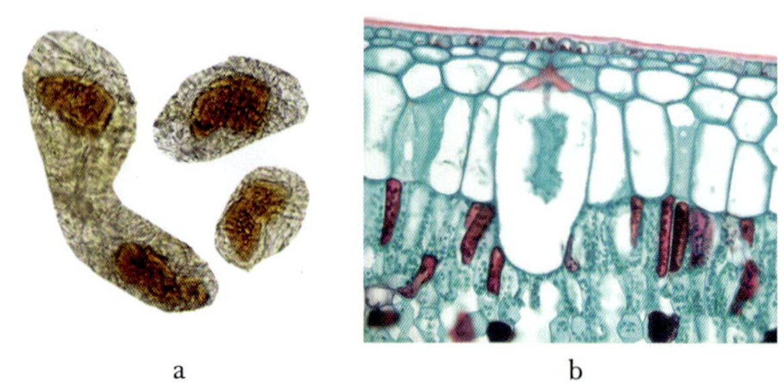

图 1-9 碳酸钙晶体

a. 穿心莲叶钟乳体（表面观） b. 印度橡皮树叶钟乳体（切面观）

此外，除草酸钙结晶和碳酸钙结晶以外，还有石膏结晶，如柽柳叶；靛蓝结晶，如菘蓝叶；橙皮苷结晶，如吴茱萸和薄荷叶；芸香苷结晶，如槐花等。

（二）生理活性物质

生理活性物质是对细胞内的生化反应和生理活动起调节作用的物质的总称。包括酶、维生素、植物激素、抗生素等，这些物质统称为生理活性物质。虽然它们含量甚微，但对植物体的生长、发育、代谢等都具有非常重要的作用。

扫一扫，查阅复习思考题答案

复习思考题

1. 简述细胞壁的结构、功能及特点。
2. 简述淀粉粒的类型以及特点。

项目二　识别植物的组织及维管束

扫一扫，查阅本项目 PPT、视频等数字资源

【学习目标】

知识目标

1. 掌握保护组织、机械组织、输导组织和分泌组织的结构特征。
2. 熟悉分生组织、薄壁组织的主要特征和维管束的概念及类型。
3. 了解各种组织在植物体内的分布及生理功能。

能力目标

1. 能识别植物的组织结构类型。
2. 能识别气孔、毛茸、导管的类型。
3. 能识别各种类型的维管束。

植物组织是由许多来源和生理功能相同，形态和结构相似，而又紧密联系的植物细胞组成的细胞群。

第一节　植物组织的类型

植物组织一般分为分生组织、保护组织、薄壁组织、机械组织、输导组织和分泌组织六类。后五类组织是由分生组织的细胞分裂、分化而来的，具有一定形态特征和一定生理功能的细胞群，因此也被称为成熟组织。

一、分生组织

分生组织是具有分裂能力的细胞组成的细胞群，位于植物体的生长部位，主要位于茎尖和根尖。分生组织的细胞小、略呈等边形、排列紧密、无细胞间隙，细胞核大、细胞壁薄、细胞质浓、液泡不明显。

（一）按来源性质分类

按来源性质分为下列三种。

1. 原分生组织　直接由种子的胚保留下来的分生组织，一般具有持续而强烈的分裂能力，位于根、茎的顶端。

2. 初生分生组织　由原分生组织刚分裂衍生的细胞所形成的分生组织，细胞在形态上出现初步分化，但仍具有较强的分裂能力，是一边分裂，一边分化的分生组织。

3. 次生分生组织　由成熟组织的某些薄壁细胞重新恢复分裂能力而形成的分生组织，包括形成层和木栓形成层。

（二）按存在部位分类

按存在部位分为下列三种。见图 2-1。

1. 顶端分生组织　存在于根、茎的顶端，包括原分生组织和初生分生组织。由于顶端分生组织细胞的分裂和生长，使根、茎不断地伸长、长高。

2. 侧生分生组织　存在于根、茎的四周，包括形成层和木栓形成层。侧生分生组织的活动使根、茎不断地长粗。

3. 居间分生组织　存在于某些植物叶基部、茎节间基部或子房柄等处，是由初生分生组织保留下来形成的。

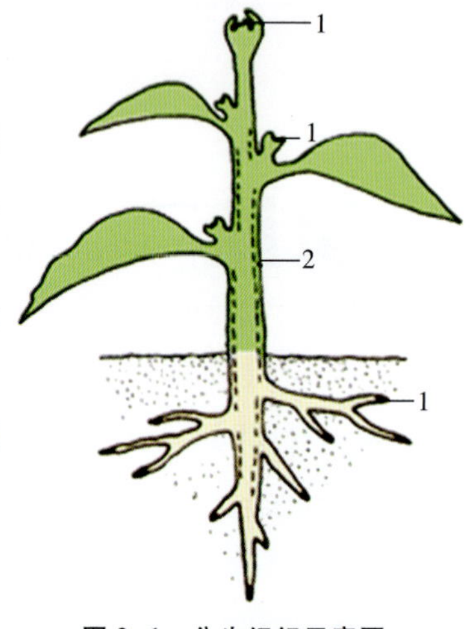

图 2-1　分生组织示意图

1. 顶端分生组织　2. 侧生分生组织

二、薄壁组织（基本组织）

薄壁组织在植物体内分布较广又占有最大比例。薄壁组织细胞多数类圆形，少数具各种形状，细胞排列疏松、细胞壁薄、细胞质稀、液泡大，是生活细胞。按生理功能和所处的位置不同，主要分为下列几种类型。

1. 基本薄壁组织　普遍存在于植物体各个部位，主要起填充和联系其他组织的作用。在一定条件下基本薄壁组织可转化为次生分生组织，并在切枝、嫁接和愈伤组织的形成中发挥重要作用。

2. 同化薄壁组织　多存在于植物叶的叶肉和幼嫩茎的皮层中，细胞内含大量叶绿体，能进行光合作用，在合成有机物的同时可放出大量氧气。

3. 贮藏薄壁组织　多存在于植物种子、果实、根和地下茎中，细胞内贮藏大量的营养物质，主要为糖、淀粉、蛋白质和油脂等。

4. 吸收薄壁组织　主要指植物根尖有根毛的区域，能从土壤中吸收水分和无机盐，满足植物的生长发育需要。

5. 通气薄壁组织　多存在于水生和沼泽植物中，细胞间隙相互连接成四通八达的管道系统，使植物埋藏于沼泽和水中的部分也能正常通气。

三、保护组织

保护组织是覆盖植物体表起保护作用的细胞群。保护组织可防止病虫害对植物体的侵袭，减轻外界对植物体的各种损伤，减少植物体的水分散失。保护组织分为表皮和周皮。

（一）表皮

表皮是初生分生组织分裂分化发育而成，又称为初生保护组织。表皮存在于植物体幼嫩器官的表面，通常由一层生活细胞组成。表皮细胞多为扁平长方形、方形、多角形或不规则形等，排列紧密，细胞质较稀薄、液泡大、一般不含叶绿体，细胞壁与外界接触的一面稍厚并覆盖有角质膜（层），有的在角质膜外还有蜡被。角质膜和蜡被均能增强细胞壁的保护作用。见图 2-2。

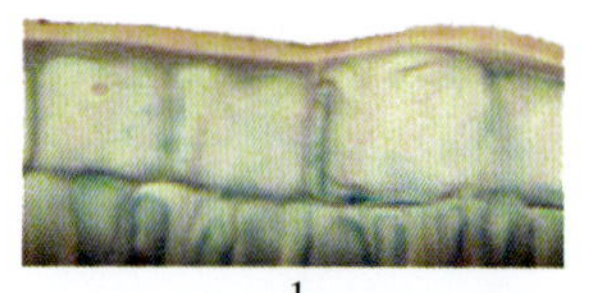

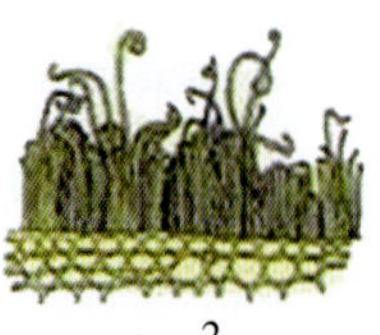

图 2-2　角质膜和蜡被

1. 表皮及角质膜　2. 表皮上的杆状蜡被（甘蔗茎）

表皮的有些细胞还分化形成毛茸或气孔。毛茸和气孔常作为叶类药材和全草类药材鉴别的依据之一。

1. 毛茸 是表皮细胞特化向外形成的突出物。毛茸具有降低植物体温，减少水分蒸腾和抵御昆虫侵袭的作用。可分为腺毛和非腺毛两类。

（1）腺毛：具分泌作用的毛茸，分为腺头和腺柄。腺头膨大，位于顶端，有分泌作用；腺柄连接腺头与表皮。腺毛由于组成头、柄部细胞的多少不同而呈各种形状。在唇形科植物叶的表皮上有一种腺毛，具极短的单细胞柄，腺头由4~8个细胞组成，特称为腺鳞。见图2-3。

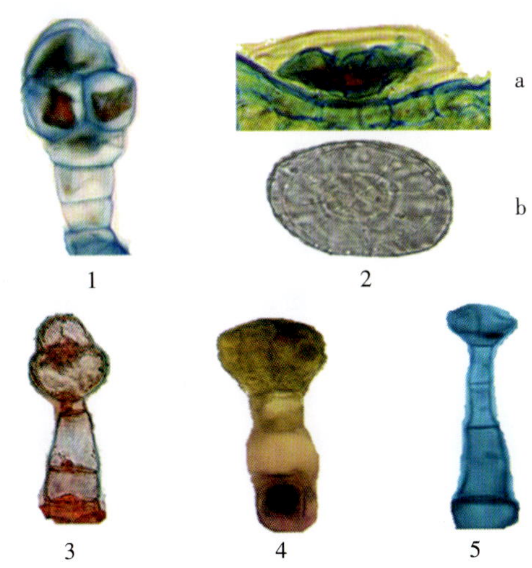

图2-3 腺毛及腺鳞

1. 南瓜 2. 薄荷叶（a. 侧面观 b. 顶面观） 3. 向日葵 4. 忍冬叶 5. 天竺葵叶

（2）非腺毛：不具分泌作用的毛茸，由单细胞或多细胞组成，无头、柄之分，顶端狭尖，种类较多。见图2-4。

图2-4 各种非腺毛

a. 线状毛（1. 杜鹃叶；2. 大青叶；3. 荔枝草叶；4. 枇杷叶；5. 蒲公英叶） b. 星状毛（1. 石韦叶；2. 红花檵木叶） c. 丁字毛（杭白菊叶） d. 分枝毛（薰衣草叶） e. 鳞毛（油橄榄叶）

2. 气孔 在植物叶片的表皮上（特别是下表皮）和幼嫩茎的表面有许多小孔，称为气孔。气孔由两个保卫细胞对合而成。保卫细胞的细胞质丰富、细胞核明显、有叶绿体，一般双子叶植物呈肾形，单子叶植物呈哑铃形。紧邻保卫细胞的表皮细胞称为副卫细胞，保卫细胞与副卫细胞相连的壁较薄，其他地方的壁较厚。当保卫细胞充水膨胀时，较薄的细胞壁被拉长向副卫细胞弯

曲成弓形，气孔口被拉大（张开）。当保卫细胞失水细胞壁恢复原状时，气孔口闭合。因此，气孔是调节植物气体进出和水分蒸腾的通道。见图 2-5。

保卫细胞与其周围副卫细胞的排列方式，称为气孔轴式。见图 2-6。

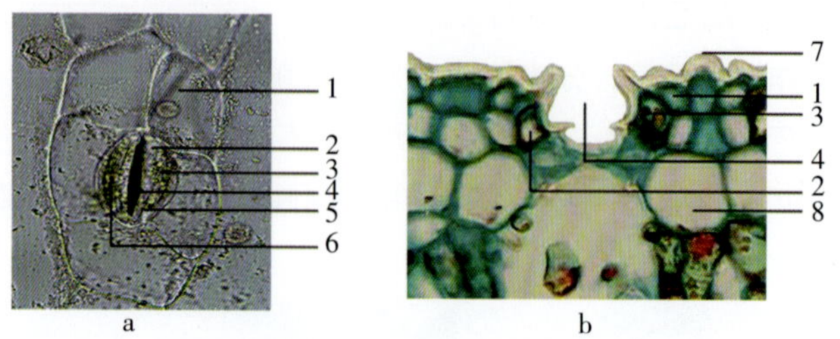

图 2-5 叶的表皮与气孔

a. 正面图 b. 切面图

1. 副卫细胞 2. 保卫细胞 3. 叶绿体 4. 气孔 5. 细胞质 6. 细胞核 7. 角质膜 8. 栅栏组织细胞

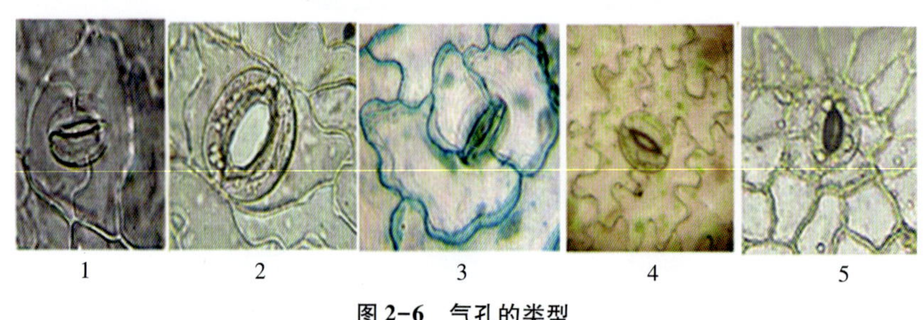

图 2-6 气孔的类型

1. 直轴式 2. 平轴式 3. 不等式 4. 不定式 5. 环式

（1）直轴式：保卫细胞周围有 2 个副卫细胞，保卫细胞与副卫细胞的长轴互相垂直。如薄荷叶、紫苏叶、穿心莲叶等。

（2）平轴式：保卫细胞周围有 2 个副卫细胞，保卫细胞与副卫细胞的长轴互相平行。如常山叶、茜草叶、番泻叶等。

（3）不等式：保卫细胞周围有 3~4 个副卫细胞，大小不等，其中一个副卫细胞明显较小。如忍冬叶、颠茄叶、白曼陀罗叶等。

（4）不定式：保卫细胞周围的副卫细胞数目不定，且形状与表皮细胞无明显区别。如杭白菊、洋地黄叶、桑叶等。

（5）环式：保卫细胞周围的副卫细胞数目不定，其形状比其他表皮细胞狭窄，并围绕保卫细胞呈环状排列。如八角金盘、茶叶、桉叶等。

（二）周皮

周皮存在于有加粗生长的根、茎的表面，由表皮下的某些薄壁细胞恢复分裂能力后形成。周皮是次生保护组织。首先，恢复分裂能力的细胞形成木栓形成层，木栓形成层向外分生出木栓化的扁平细胞形成木栓层，向内分生出薄壁细胞形成栓内层，木栓层、木栓形成层、栓内层三者合称周皮。见图 2-7。周皮是一种复合组织。随着植物根、茎的增粗，表皮受到破坏，周皮代替表皮行使保护作用。

周皮形成时，位于气孔下面的木栓形成层向外分生排列疏松的许多类圆形薄壁细胞，称为填充细胞。由于填充细胞的增多和长大，将表皮突破形成皮孔。在木本植物的茎枝上，皮孔多呈直条状、横条状或点状突起。不同植物皮孔的形状不同，皮孔是植物进行气体交换和水分蒸腾的通道。见图 2-8。

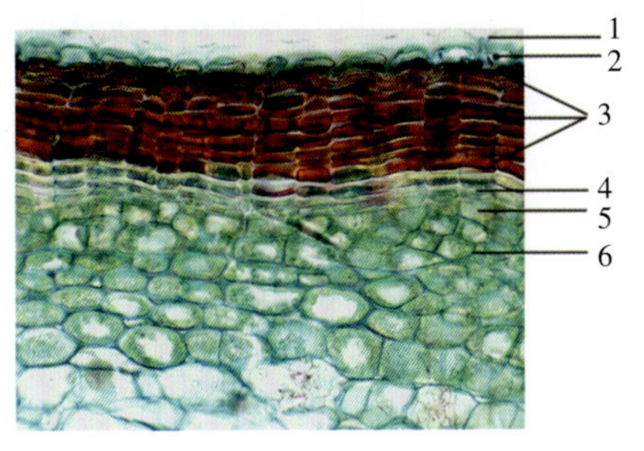

图 2-7　周皮

1. 角质层　2. 表皮　3. 木栓层

4. 木栓形成层　5. 栓内层　6. 皮层

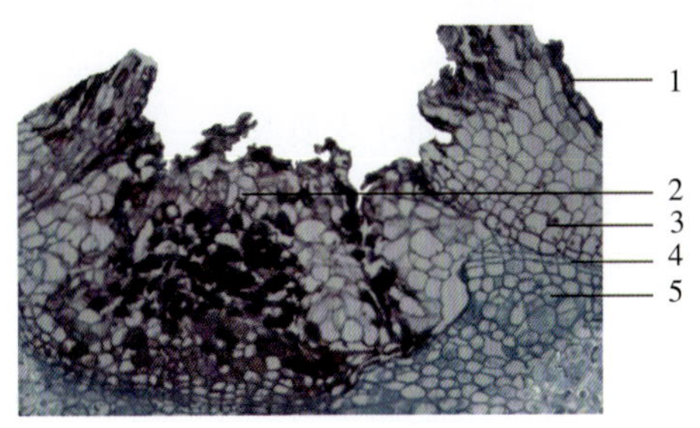

图 2-8　皮孔横切面图（接骨木）

1. 表皮　2. 填充细胞　3. 木栓层

4. 木栓形成层　5. 栓内层

四、机械组织

机械组织是细胞壁明显增厚并对植物体起支持作用的细胞群。根据细胞壁增厚的部位和程度不同，可分为厚角组织和厚壁组织。

（一）厚角组织

厚角组织常存在于根、茎、叶的叶柄、叶脉和花梗等处，在表皮下呈环状或束状分布，在有棱脊的茎中，棱脊处的厚角组织特别发达。厚角组织能增强茎的支持力。

在横切面上，厚角组织的细胞呈多角形，最明显的特点是相邻细胞的角隅处发生初生壁性质的增厚，细胞壁不木质化，有原生质体，是活细胞。见图 2-9。

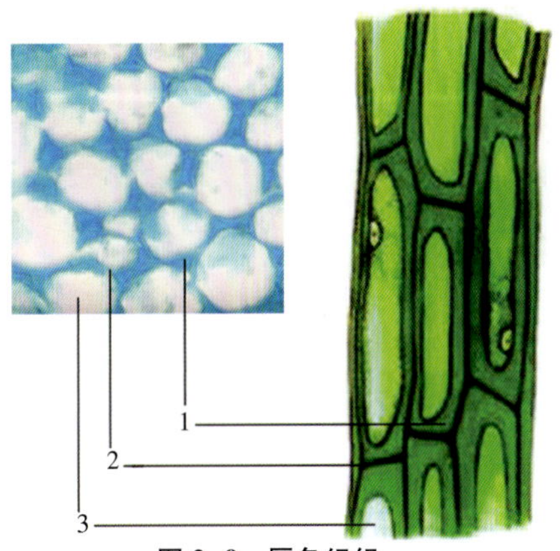

图 2-9　厚角组织

1. 增厚的壁　2. 胞间层　3. 细胞腔

（二）厚壁组织

厚壁组织的细胞壁全面增厚，细胞腔小，有纹孔和层纹，成熟时细胞死亡。由于细胞形态不同，可分为纤维和石细胞。

1. 纤维　细长梭形，细胞壁厚，细胞腔狭窄，纹孔常呈缝隙状。纤维末端彼此嵌插，一般成束沿器官长轴分布，增强了细胞壁的支持功能。纤维为植物体主要的机械组织。见图 2-10。纤维又可分为两种：

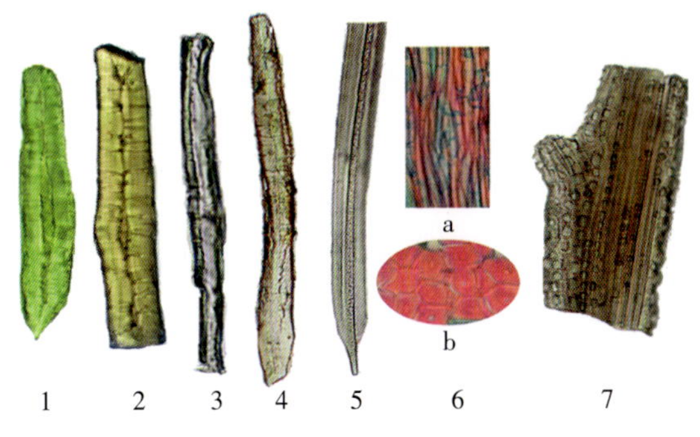

图 2-10　纤维

1. 丁香　2. 黄连　3. 丹参　4. 肉桂　5. 山药

6. 纤维束（a. 侧面　b. 横切面）　7. 番泻叶（晶纤维）

（1）韧皮纤维：分布于韧皮部，一般较长，细胞壁增厚，一般不木质化，常成束存在。韧皮纤维韧性好，拉力强，如苎麻、大麻和亚麻韧皮部的纤维。

（2）木纤维：分布于木质部，一般较短，细胞壁明显增厚且木质化。木纤维比较坚硬，支持力强。如一般树木的木质部纤维。

有些植物纤维束周围的薄壁细胞含有草酸钙方晶，称为晶纤维或晶鞘纤维，如甘草、番泻叶、黄柏等。见图 2-10（7）。

2. 石细胞　石细胞常成群或单个分布于植物的根、茎、叶、果实和种子中，一般等径，如圆形、椭圆形等；还有其他形状，如星状、分枝状、柱状、骨状等。细胞壁一般极度增厚且木质化，细胞腔小，纹孔长呈管道状或分枝状，特称纹孔道。如黄连、肉桂、黄柏等的石细胞。见图 2-11。

另外，在睡莲、茶树、木犀等植物的叶片中有单个存在的大型分枝状石细胞，起支撑作用，称为支柱细胞，也叫异型石细胞。

图 2-11　石细胞

1. 丹参　2. 黄连　3. 肉桂　4. 天花粉　5. 木瓜
6. 睡莲　7. 厚朴　8. 黄柏

五、输导组织

输导组织是植物体内输送物质的细胞群。可分为两类：一类是导管和管胞，另一类是筛管、伴胞和筛胞。

（一）导管和管胞

导管和管胞是存在于植物木质部的死细胞，能自下而上地输送水分和无机盐。

1. 管胞　是蕨类植物和绝大多数裸子植物的输水组织，被子植物的原始类型中也有管胞。管胞为长梭形，次生壁木质化增厚，常见的有梯纹和孔纹管胞。管胞口径小，其连接横壁不形成穿孔，靠纹孔沟通，输导能力弱。所以，管胞是较原始的输导组织。管胞在蕨类植物和裸子植物中还具有支持作用。见图 2-12。

图 2-12　管胞

a. 孔纹管胞　b. 管胞链接情况
c. 梯纹管胞

2. 导管　是被子植物最主要的输水组织，麻黄等少数裸

子植物也有导管。导管是由许多导管分子（管状细胞）纵向连接而成。由于相邻导管分子上下相连的横壁溶解消失，使导管形成上下贯通具有很强输水能力的管道。导管分子次生壁不均匀地木质化增厚，成熟时原生质体死亡。导管分子也可通过侧壁未增厚的部分与相邻细胞进行横向输送水分和无机盐。根据发育顺序和次生壁增厚的纹理不同，导管可分为5种类型。见图2-13。

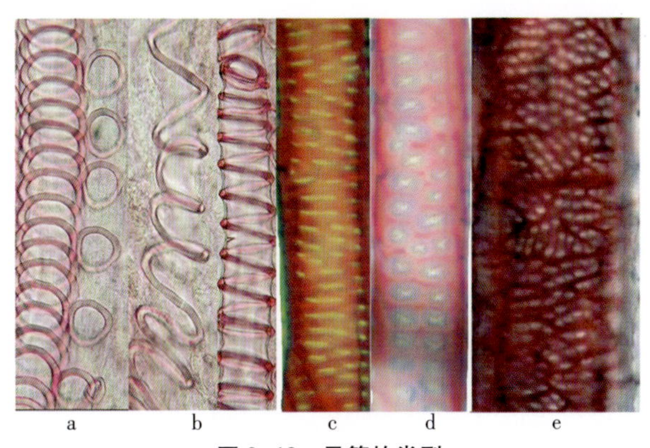

图2-13　导管的类型

a. 环纹导管　b. 螺纹导管　c. 梯纹导管　d. 孔纹导管　e. 网纹导管

（1）环纹导管：次生壁呈一环一环的增厚。

（2）螺纹导管：次生壁呈一条（稀）或数条（密）螺旋带状增厚。

（3）梯纹导管：次生壁增厚部分与未增厚部分相间呈梯状。

（4）孔纹导管：次生壁全面增厚，只留下未增厚的纹孔，主要为具缘纹孔导管。

（5）网纹导管：次生壁增厚呈网状，网眼是未增厚部分。

环纹和螺纹导管常存在于植物器官的幼嫩部分，能随器官生长而伸长，管壁薄，管径小，输导能力相对较弱；网纹和孔纹导管多存在于植物器官的成熟部分，管壁厚，管径大，输导能力相对较强；梯纹导管居于两者之间，多存在于停止生长的器官中。在实际观察中，还可见一些混合型导管，如环-螺纹导管和梯-网纹导管等。

导管和管胞衰老时常受四周组织的挤压，使相邻的薄壁细胞从未增厚部位或纹孔处挤入管腔内形成侵填体而造成管腔堵塞，失去输导能力。

（二）筛管、伴胞和筛胞

筛管、伴胞和筛胞存在于植物的韧皮部，能自上而下地输送有机物质。

1. 筛胞　筛胞是裸子植物输送有机物的组织。筛胞为细长梭形生活细胞，上下相邻细胞的横壁不特化为筛板，但仍有筛域。原生质细丝穿过的孔较小，输导能力较弱。筛胞没有伴胞。

2. 筛管和伴胞　筛管是被子植物主要输送有机物的组织。它由许多筛管分子（管状无核的生活细胞）纵向连接而成。上下相邻的筛管分子的横壁特化为筛板，筛板上有许多比纹孔大的小孔，称为筛孔。筛管分子间的原生质细丝通过筛孔连接，形成输送有机物的通道。见图2-14。

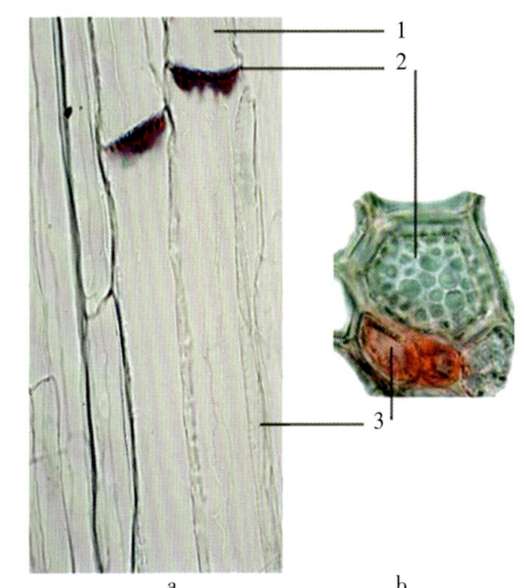

图2-14　筛管与伴胞

a. 纵切面　b. 横切面

1. 筛管　2. 筛板　3. 伴胞

筛管分子一般只活1~2年，在树木的增粗生长中，

老的筛管被挤压成颓废组织，失去输导能力后被新筛管代替。但在多年生单子叶植物中，由于无次生生长，筛管可长期保持输导能力。

伴胞是被子植物中一至数个与筛管分子近等长，并紧贴筛管分子生长的梭形薄壁细胞。伴胞有细胞核，常与筛板一起成为识别筛管分子的特征。

六、分泌组织

分泌组织是植物体内具有分泌和贮藏分泌物功能的细胞群。细胞多呈圆形、椭圆形或长管状，一般为生活细胞，能分泌或贮藏挥发油、树脂、油类、乳汁、黏液或蜜汁等。分泌物有排出体外、细胞内贮藏、腔隙中贮藏等方式。分泌物有防止动物的侵害、促进伤口愈合或引诱昆虫采蜜传粉等功能。

1. 分泌腺 分泌腺存在于植物体表，能将分泌物排出体外，分为腺毛（见保护组织）和蜜腺。蜜腺常存在于虫媒花植物花瓣的基部或花托上，细胞呈乳突状，能分泌蜜汁引诱昆虫采蜜，而实现异花传粉。见图 2-15a、b。

2. 分泌细胞 分泌细胞比其周围的细胞大，常单个分散于薄壁组织中，分泌物贮藏于细胞内，当分泌物充满时，细胞壁多木栓化而成为死细胞。如肉桂、姜的分泌细胞贮有挥发油，称油细胞，见图 2-15e；半夏、玉竹的分泌细胞贮有黏液，称黏液细胞。

3. 分泌隙 分泌隙是分泌组织的细胞在植物体内形成的腔隙。分泌隙的形成方式有溶生式和裂生式两种。溶生式是分泌组织细胞破碎溶解而形成的，如橘皮、桉叶等；裂生式是分泌组织细胞沿胞间层裂开形成的，如松茎、小茴香果实等。根据分泌隙的形状可分为分泌腔（囊）和分泌道。

（1）分泌腔（囊）：分泌腔呈球形或卵形。如橘皮、桉叶的分泌腔贮有挥发油，称油室，一般肉眼可见，习称油点。见图 2-15c。

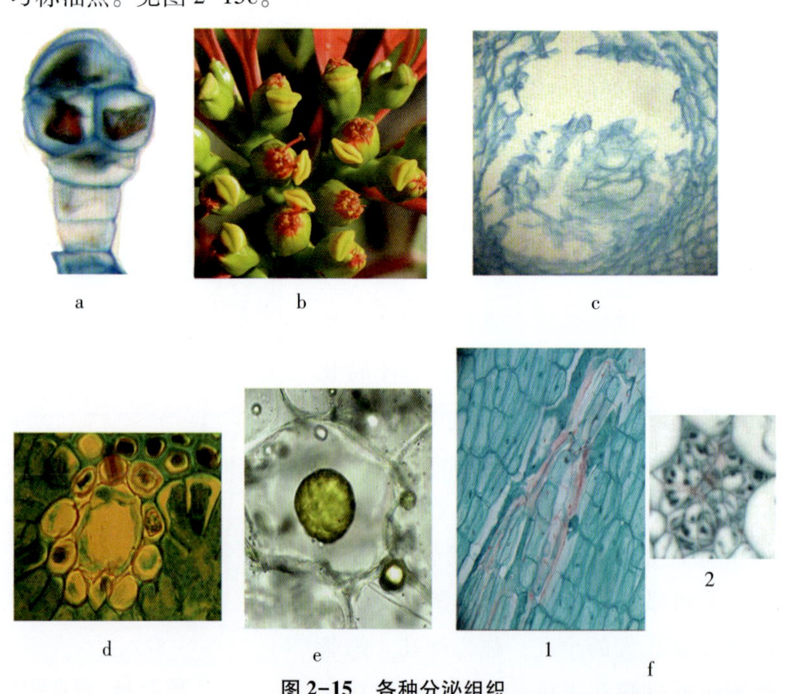

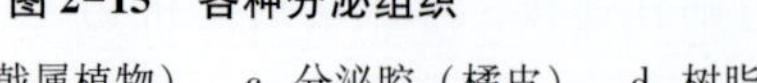

图 2-15 各种分泌组织

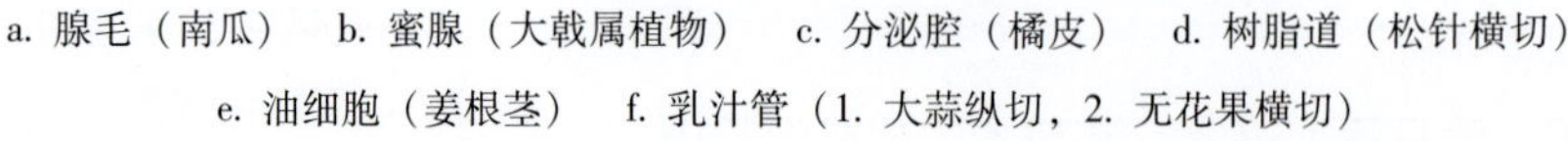

a. 腺毛（南瓜） b. 蜜腺（大戟属植物） c. 分泌腔（橘皮） d. 树脂道（松针横切）
e. 油细胞（姜根茎） f. 乳汁管（1. 大蒜纵切，2. 无花果横切）

（2）分泌道：分泌道常沿器官长轴分布，呈管状，根据所贮藏分泌物的不同而有不同的名称。如松茎和松叶中贮有树脂称树脂道；小茴香果实贮有挥发油称油管；美人蕉贮有黏液称黏液道。见图 2-15d。

4. 乳（汁）管　乳管由单个或多个纵向连接的分支管状细胞构成。单个细胞组成的乳管称无节乳管，如无花果、大戟、夹竹桃等；多个细胞组成的乳管称有节乳管，有节乳管其细胞连接处的横壁消失，成为多核的管道系统，如桔梗、蒲公英、大蒜、罂粟、三叶橡胶树等。见图 2-15f。

乳管是生活细胞，具有强烈的分泌作用，其分泌的乳汁贮于液泡内或整个细胞质中，多呈白色或黄色，成分极为复杂，有的可药用。

第二节　维管束及其类型

一、维管束的组成

高等植物（除苔藓植物外）具有输导和支持功能的复合组织称为维管束。维管束由韧皮部和木质部组成，贯穿植物体各种器官内，彼此相连形成一个完整的输导系统。同时对植物器官起支持作用。韧皮部质地柔韧，主要由筛管、伴胞、韧皮纤维和韧皮薄壁细胞组成；木质部质地坚硬，主要由导管、管胞、木纤维和木薄壁细胞组成。

二、维管束的类型

根据有无形成层，维管束分为无限维管束和有限维管束。无限维管束在韧皮部和木质部之间有形成层，维管束能不断增大，如双子叶植物和裸子植物根、茎的维管束，见图 2-16a。有限维管束在韧皮部和木质部之间无形成层，维管束不能增大，如单子叶植物和蕨类植物根、茎的维管束，见图 2-16b。

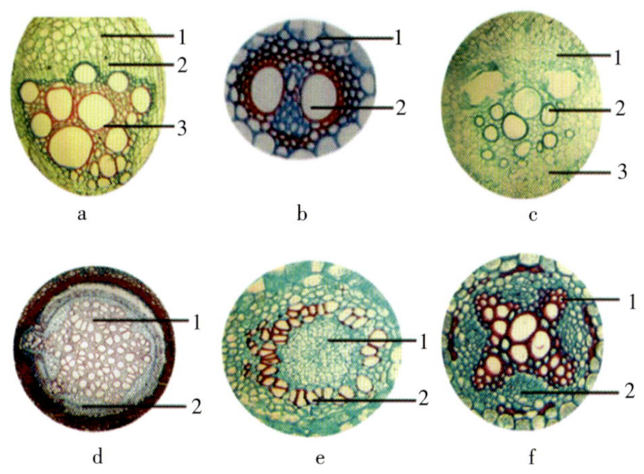

图 2-16　维管束的类型

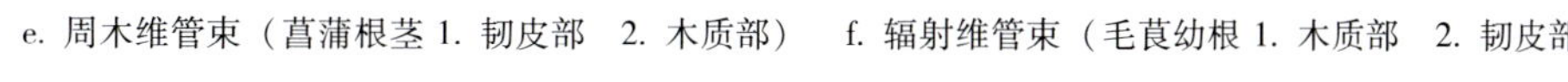

a. 无限外韧维管束（马兜铃 1. 韧皮部　2. 形成层　3. 木质部）　b. 有限外韧维管束（玉米 1. 韧皮部　2. 木质部）
c. 双韧维管束（南瓜茎 1、3. 韧皮部　2. 木质部）　d. 周韧维管束（芒萁的根茎 1. 木质部　2. 韧皮部）
e. 周木维管束（菖蒲根茎 1. 韧皮部　2. 木质部）　f. 辐射维管束（毛茛幼根 1. 木质部　2. 韧皮部）

根据韧皮部和木质部的排列位置，维管束又可分为下列五种，见图 2-16。

1. 外韧维管束　维管束中韧皮部位于外侧，木质部位于内侧，中间有形成层的为无限外韧型维管束，如双子叶植物和裸子植物茎的维管束。中间无形成层的为有限外韧型维管束，如单子叶植物茎玉米、石斛等的维管束。

2. 双韧维管束　维管束中木质部内外两侧均为韧皮部，常见于茄科、葫芦科植物，如南瓜和颠茄茎的维管束。

3. 周韧维管束　维管束中木质部居中，韧皮部包围在木质部四周，常见于蕨类的某些植物，如芒萁、绵马贯众的根状茎及叶的维管束。

4. 周木维管束　维管束中韧皮部居中，木质部包围在韧皮部的四周，存在于少数单子叶植物，如菖蒲根状茎的维管束。

5. 辐射维管束　韧皮部和木质部相间排列成辐射状，仅存在于被子植物根的初生结构中，如毛茛幼根的维管束。

扫一扫，查阅复习思考题答案

复习思考题

1. 比较厚角组织与厚壁组织在结构与功能上的异同。
2. 简述具有潜在分生能力的组织有哪些？为什么说这些组织具有潜在的分生能力？

项目三　识别根的形态及构造

扫一扫，查阅本项目 PPT、视频等数字资源

【学习目标】

知识目标

1. 掌握根的形态、类型及根的次生构造。
2. 熟悉根的变态、根的初生构造和根的异常构造。
3. 了解根的生理功能、根尖的构造。

能力目标

1. 能识别根及根系的类型和根的变态类型。
2. 能辨认根的初生构造和次生构造。
3. 能辨认根的异常构造。

根是植物重要的营养器官，通常是植物体向土壤中伸长的部分，具有向地性、向湿性和背光性。根无节和节间，不生叶和花，一般也不生芽。根具有吸收、输导、贮藏、繁殖等作用。植物体生活所要的水分和无机盐，都是靠根从土壤中吸收来的。根中贮存着丰富的营养物质和次生代谢产物，许多植物的根可供药用。如人参、当归、甘草、地骨皮、牡丹皮等以根或根皮入药。

第一节　根的形态和类型

根通常呈圆柱形，越向下越细，向四周分枝，形成复杂的根系。

一、根的类型

根分为主根、侧根、纤维根和不定根等。

1. 主根、侧根和纤维根　当种子萌发时，胚根突破种皮向下生长形成根的主轴，称为主根。主根生长到一定的长度，其侧面长出的分枝，称为侧根。侧根上长出的细小分枝，称为纤维根。见图 3-1。由于主根、侧根和纤维根都直接或间接由胚根发育而成，有固定的生长位置，故称为定根。

2. 不定根　秋海棠、落地生根的叶掉在地上长出根，玉米茎节周围长出根，杨树枝条埋入土中长出根，这种没有固定生长位置的根，称为不定根。见图 3-2。桑、垂柳树的枝条插入土中也能长出不定根，故栽培上常利用这种特性来进行压条、扦插等营养繁殖。

图 3-1 根（蒲公英）

1. 主根　2. 侧根　3. 纤维根

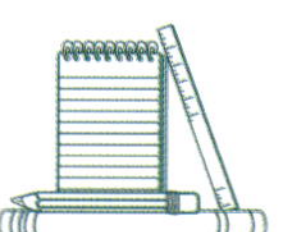

a

b

c

图 3-2 不定根

a. 落地生根 b. 芦根 c. 绿萝

二、根系的类型

一株植物地下所有的根，合称根系。根系有以下两种类型。见图 3-3。

1. 直根系 主根发达、粗壮，一般垂直向下生长，并与侧根、纤维根有明显的区别。裸子植物和大多数双子叶植物的根系都是直根系，如桔梗、人参、党参等的根系。

2. 须根系 主根不发达或早期枯萎，而从胚轴或茎的基部生长出许多粗细相仿的不定根，呈胡须状，无主根与侧根的区别。一般单子叶植物的根系是须根系，如麦冬、石蒜、百合等。也有少数双子叶植物的根系是须根系，如徐长卿、龙胆、白薇等。

a

b

图 3-3 根系

a. 直根系（桔梗） b. 须根系（麦冬）

第二节 根的变态

有些植物的根，由于长期适应生活环境的变化，其形态、构造和生理功能发生了许多变化，称为根的变态。常见的变态根有以下几种类型。

一、贮藏根

由于贮藏大量的营养物质而使根的一部分或全部变得肥大肉质，这种根称贮藏根。根据其形态的不同又可分为肉质直根和块根。见图 3-4。

1. 肉质直根 主要由主根发育而成，一株植物上只有一个肉质直根，其上部具有胚轴和节间很短的茎。有的肉质直根肥大呈圆锥形，如胡萝卜、桔梗的根；有的肥大呈圆柱形，如甘草、黄芪的根；有的肥大呈球形，如芜菁、萝卜的根。

2. 块根 由侧根或不定根肥大而成，形状不一，多呈块状或纺锤状。如麦冬、百部、何首乌等。

a　b　c　d

图 3-4　贮藏根

a. 圆锥根（白芷）　b. 圆柱根（甘草）　c. 圆球根（萝卜）　d. 块根（何首乌）

二、支持根

有些植物自茎基部产生一些不定根伸入土中，以增强支撑茎干的力量，这种根称为支持根。如薏米、玉米等。见图 3-5。

图 3-5　支持根（玉米）

图 3-6　攀缘根（爬山虎）

三、攀缘根

攀缘植物在茎上产生的不定根，能攀缘树干、墙壁或它物而使植物体向上生长，这种根称为攀缘根。如爬山虎、常春藤、络石藤等。见图 3-6。

四、气生根

从茎上产生的不伸入土里，暴露在空气中的不定根，能吸收和贮藏空气中的水分，这种根称为气生根。如榕树、石斛、吊兰等。见图 3-7。

a　b

图 3-7　气生根

a. 榕树　b. 石斛

五、寄生根

寄生植物的根插入寄主体内，吸取寄主体内的水分和营养物质，以维持自身生活，这种根称为寄生根。寄生植物有两种类型：一种是植物体内不含叶绿素，自身不能制造养料，完全依靠吸收寄主体内的养分维持生活，称为全寄生植物，如菟丝子、列当等；另一种是植物体不仅由寄生根吸收寄主体内的养分，同时自身含有叶绿素，能制造一部分养料，称为半寄生植物，如槲寄生、桑寄生等。见图 3-8。

a

b

图 3-8 寄生根

a. 菟丝子 b. 槲寄生

六、水生根

水生植物的根漂浮在水中呈须状，称水生根。如浮萍等。见图 3-9。

图 3-9 水生根（浮萍）

第三节 根的内部构造

一、根尖的构造

根尖是从根的最先端到着生根毛的区域。根据根尖细胞生长和分化的程度不同，分为根冠、分生区、伸长区和成熟区四部分。见图 3-10。

1. 根冠 位于根尖的最顶端，像帽子一样罩在生长锥的前端，由数列排列疏松的薄壁细胞组成，起保护作用。根冠的外层细胞破损并分泌黏液，使根容易伸入土中。

2. 分生区 位于根冠的上方或内方，呈圆锥状，又称生长锥或生长点。其最先端的一群细胞属于原分生组织。分生区不断地进行细胞分裂而增生细胞，一部分向先端发展，形成根冠细

胞；一部分向根后方的伸长区发展，经过细胞的生长、分化，逐渐形成根成熟区的各种结构。

3. 伸长区　位于分生区上方，到出现根毛的地方。多数细胞已逐渐停止分裂，细胞沿根的长轴伸长，使根不断延伸。伸长区的细胞开始出现了分化，细胞的形状已有差异，相继出现了导管和筛管。根的长度生长是分生区细胞的分裂和伸长区细胞的延伸共同活动的结果，特别是伸长区细胞的延伸，使根不断地向土壤深处推进，有利于根不断转移到新的环境，以吸取更多的矿质营养。

4. 成熟区　成熟区位于伸长区的上方，细胞停止伸长，并且多已分化成熟，形成各种成熟的初生组织，因此称为成熟区。本区的主要特征是表皮细胞向外突出形成众多细长的根毛，所以又叫根毛区。根毛的生活期较短，但生长速度较快，老的根毛不断死亡，新的根毛不断产生。根毛虽细小，但数量很多，大大增加了根的吸收面积。

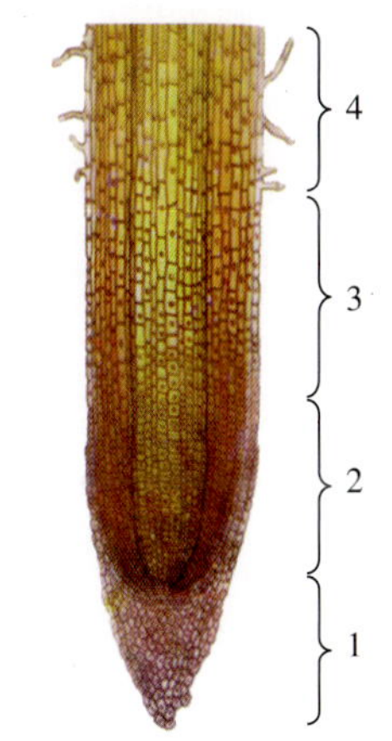

图 3-10　玉米根尖纵切面

1. 根冠　2. 分生区　3. 伸长区　4. 成熟区

二、根的初生构造

由初生分生组织分化形成的组织，称为初生组织，由其形成的构造称为初生构造。通过根尖的成熟区做横切片，可以观察到根的初生构造，从外向内依次为表皮、皮层和维管柱三部分。见图 3-11。

1. 表皮　位于幼根最外面的一层扁平的薄壁细胞。细胞排列整齐、紧密，无细胞间隙，未角质化。部分表皮细胞的外壁向外突起形成根毛，根毛有吸收水分的功能。有些单子叶植物的根，在表皮形成时，常进行切向分裂，形成多列木栓化细胞称为根被。如麦冬、百部等。

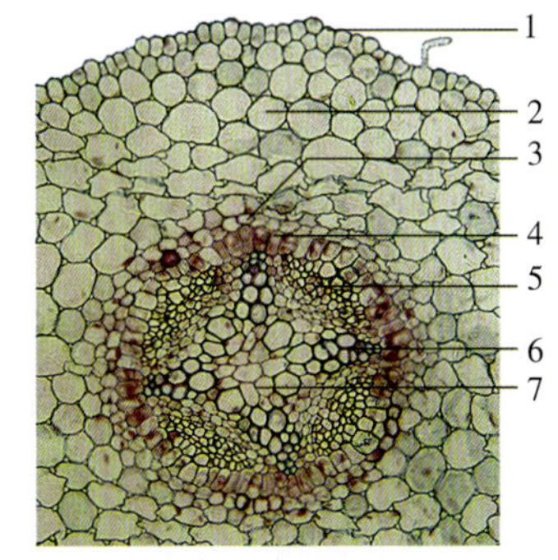

图 3-11　双子叶植物毛茛根的初生结构

1. 表皮　2. 皮层　3. 内皮层　4. 维管柱鞘　5. 初生韧皮部　6. 原生木质部　7. 后生木质部

2. 皮层　位于表皮内方，占幼根的绝大部分。由众多排列疏松的薄壁细胞组成。可分为外皮层、皮层薄壁组织和内皮层。

（1）*外皮层*：为皮层最外方的一层细胞，细胞排列整齐、紧密，无细胞间隙。当表皮破坏后，外皮层细胞木栓化后代替表皮起保护作用。

（2）*皮层薄壁组织（中皮层）*：为外皮层内方的多层细胞，占皮层的绝大部分。细胞多呈类圆形，排列疏松。具有吸收、运输和贮藏的作用。

（3）*内皮层*：为皮层最内方的一层细胞，包围在维管柱的外面。细胞排列整齐、紧密，无细胞间隙。细胞壁通常有两种情况增厚，一种是内皮层细胞的径向壁（侧壁）和横向壁（上下壁）上，形成木质化与木栓化的带状增厚，环绕径向壁和横向壁而成一整圈，称为凯氏带。其宽度不一，但常远比其所在的细胞壁狭窄，从横切面观察，有的增厚部分呈点状，故又称凯氏点。见图 3-12。另一种是内皮层细胞的径向壁、横向壁和内切向壁（内壁）五面增厚，只有外切向壁（外壁）未增厚，因此横切面观时，内皮层细胞壁呈马蹄形增厚。少数植

物内皮层细胞外壁也增厚，即六面增厚。除马蹄形增厚和六面增厚的内皮层，留下的少数正对初生木质部角的细胞不增厚，这些未增厚的细胞称为通道细胞。通道细胞有利于水分和养料的输送。见图3-13。

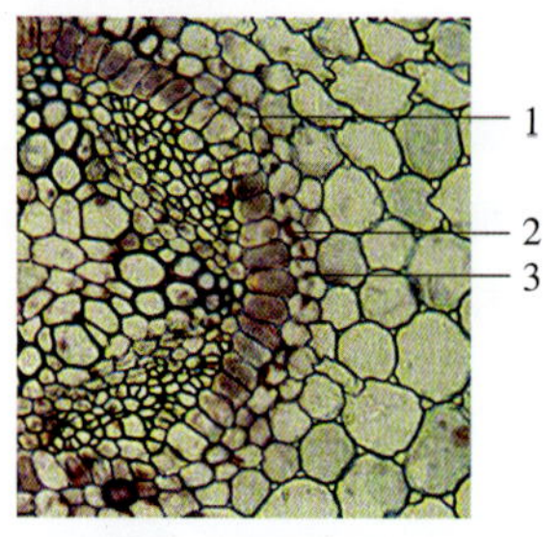

图3-12　内皮层及凯氏带

1. 内皮层　2. 凯氏带　3. 凯氏点

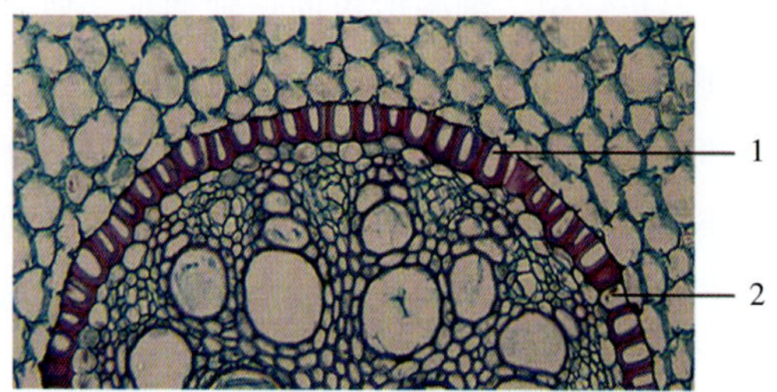

图3-13　鸢尾根横切面一部分

1. 内皮层（马蹄形增厚）　2. 通道细胞

知识链接

凯氏带

最初由德国植物学家凯斯伯里于1865年发现，其名由此而来。植物根毛吸收的水分和溶解于其中的无机盐在经皮层向木质部运输的过程中，由于凯氏带的存在使得水分和无机盐只有经过内皮层细胞的原生质体才能进入维管柱。主要功能是控制着皮层和维管柱之间的物质运输。

---

3. 维管柱　内皮层以内的所有组织，统称为维管柱，包括中柱鞘、初生木质部和初生韧皮部三部分。

（1）中柱鞘：又称维管柱鞘，是维管柱最外方一层或数层薄壁细胞，紧靠内皮层，细胞排列整齐，具有潜在的分生能力。在特定时期能产生侧根、不定根、不定芽，以及参与形成层和木栓形成层的形成等。

（2）初生木质部和初生韧皮部：位于根的最内方，是根的输导系统。初生木质部和初生韧皮部相间排列，木质部在内呈放射棱状（木质部束），韧皮部位于其外侧凹陷处，为辐射型维管束。初生木质部由外向内逐渐成熟，这种成熟方式，称为外始式。外方先成熟的初生木质部称为原生木质部，内方后分化成熟的木质部，称为后生木质部。初生木质部的放射棱数（木质部束数）因植物种类而异，为此将根分成若干类型。如十字花科、伞形科的一些植物的根中只有2束初生木质部，称二原型；毛茛科的唐松草属有3束，称三原型；葫芦科、杨柳科的一些植物有4束，称四原型；束数多的称为多原型。被子植物的初生木质部由导管、管胞、木薄壁细胞和木纤维组成；初生韧皮部由筛管、伴胞、韧皮薄壁细胞组成，偶有韧皮纤维。一般双子叶植物的根，初生木质部一直分化到维管柱的中心，因此没有髓部；但少数双子叶植物，如乌头、龙胆等初生木质部不分化到维管柱中心，因而有髓部。单子叶植物的根，初生木质部一般不分化到中心，中央仍保留未经分化的薄壁细胞，因而有发达的髓部，如百部的块根；个别植物如鸢尾，其髓部细胞增厚木化而成厚壁组织。

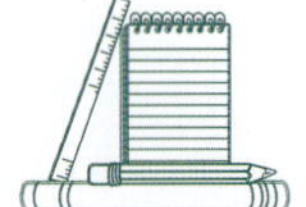

三、根的次生构造

一般双子叶植物和裸子植物的根生长时，能产生次生分生组织，即形成层和木栓形成层。由次生分生组织细胞的分裂、分化产生的新组织，称为次生组织，由次生组织形成的构造称为次生构造。

1. 形成层的产生及其活动　当根进行次生生长时，初生木质部和初生韧皮部之间的薄壁细胞恢复分裂能力，形成弧形段的形成层。这部分形成层与初生木质部束顶端正对的中柱鞘细胞产生的形成层相连接，形成了凹凸相间的形成层环。形成层细胞不断进行切向分裂，向内分生次生木质部加于初生木质部的外方。向外分生次生韧皮部加于初生韧皮部的内方。由于位于韧皮部内方的形成层分生的木质部细胞多，分裂的速度快，使凹凸相间的形成层环逐渐形成圆形环。此时，根的维管束由辐射型转变为外韧型。次生木质部和次生韧皮部合称为次生维管组织，是次生结构的主要部分。又由于形成层向内分裂的细胞多，向外分裂的细胞少，次生木质部的增加远远大于次生韧皮部。同时形成层进行切向分裂扩大自身周径，使形成层的位置逐渐向外推移，根逐渐加粗。根加粗后，初生韧皮部被挤破，成为颓废组织，而初生木质部仍留在根的中央。见图3-14。

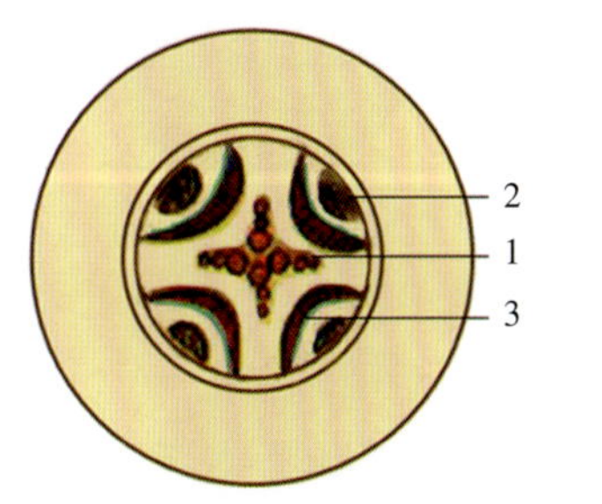

a. 根的次生生长初期

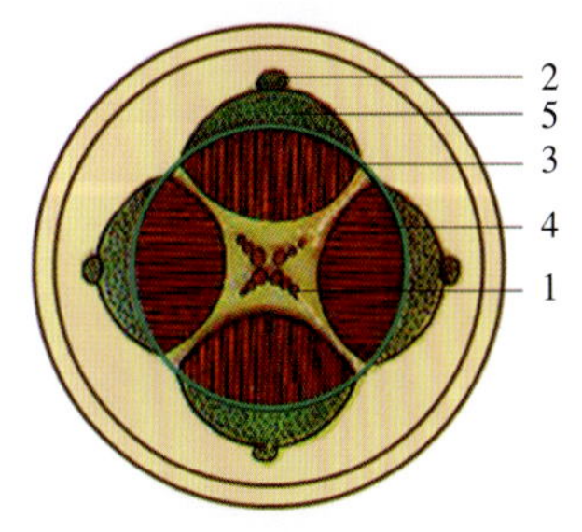

b. 根的次生生长成熟期

图 3-14　根的次生结构（模式图）

1. 初生木质部　2. 初生韧皮部　3. 形成层　4. 次生木质部　5. 次生韧皮部

形成层细胞在一定的部位也分生一些薄壁细胞，这些薄壁细胞呈辐射状排列，称维管射线。贯穿于木质部的称木射线，贯穿韧皮部的称韧皮射线。维管射线具有横向输送水分和营养物质的功能。此外，在次生韧皮部中常有油细胞、树脂道、油室或乳汁管等分泌组织。薄壁细胞中常有淀粉、晶体、糖类、生物碱等。

2. 木栓形成层的产生及其活动　形成层的活动使根不断加粗，表皮和皮层遭受破坏，中柱鞘细胞恢复分裂能力，形成木栓形成层。木栓形成层向外分生木栓层，向内分生栓内层。栓内层为数层薄壁细胞，排列较疏松，不含叶绿体，有的植物根的栓内层较发达，有类似于皮层的作用，称为次生皮层。木栓层细胞多呈扁平状，排列整齐紧密，常多层相叠，细胞壁木栓化。木栓层、木栓形成层和栓内层三者合称为周皮。周皮形成后，木栓层外的表皮和皮层得不到水分和营养物质而逐渐枯死脱落，周皮代替表皮起保护作用。

最初的木栓形成层产生后，随着根的进一步增粗，老周皮中的木栓形成层逐渐终止活动，其内方的部分薄壁细胞（皮层和韧皮部内）又能恢复分生能力，产生新的木栓形成层，进而形成新的周皮。

绝大多数单子叶植物的根，无形成层和木栓形成层，因而无次生结构。但有一些单子叶植物，如石斛、百部、麦冬等植物的根，在表皮形成时，常进行切向分裂形成多列细胞，其细胞壁木栓化，成为一种无生命的死组织，起保护作用，这种组织称为根被。

植物学上的根皮就是指周皮，而药材中的根皮是指形成层以外的所有部分，包括韧皮部和周皮。如地骨皮、牡丹皮和桑白皮等。

四、根的异常构造

某些双子叶植物的根，除正常的次生构造外，还可产生一些特有的维管束，称为异常维管束，形成根的异常构造，也称三生构造。见图 3-15。常见的有以下几种类型：

1. 同心环状排列的异常维管组织　在根的正常维管束形成不久，形成层往往失去分生能力，而相当于中柱鞘部位的薄壁细胞转化成新的形成层，由于此形成层的活动，产生一圈小型的异型维管束。在它的外方，还可以继续产生新的形成层环，再分化成新的异型维管束，如此反复多次，构成同心性的多环维管束。如苋科的牛膝、商陆科的商陆等。

图 3-15　根的异常结构（何首乌、牛膝）

a. 何首乌横切面显微图　b. 牛膝横切面显微图　c. 何首乌药材断面图　d. 牛膝药材断面图

1. 异常维管束　2. 正常维管

2. 附加维管柱　有些双子叶植物的根，在正常维管柱外围的薄壁组织中能产生新的附加维管柱，形成异常构造。如何首乌块根在正常维管束形成后，一些初生韧皮纤维束周围的薄壁组织细胞恢复分裂功能，细胞内储藏的淀粉粒逐渐减少以至消失，细胞发生以纤维束为中心的切向分裂，形成一圈异常形成层，向内产生木质部，向外产生韧皮部，形成异型维管束。异型维管束有单独的和复合的，其构造与中央维管柱相似。所以在何首乌块根的横切面上可看到一些大小不一的圆圈状花纹，药材鉴别上称为“云锦花纹”。

3. 木间木栓　有些双子叶植物的根，在次生木质部内也形成木栓带，称为木间木栓或内涵周皮，其通常由次生木质部薄壁组织细胞分化形成。如黄芩老根中央常见木栓环，新疆紫草根中央也有木栓环带，甘松根中的木间木栓环包围部分木质部和韧皮部而把维管柱分隔成 2~5 个束。

扫一扫，查阅复习思考题答案

复习思考题

1. 举例说明单子叶植物和双子叶植物的根系有何不同？
2. 列举你所了解的变态根的实例？

项目四　识别茎的形态及构造

扫一扫，查阅本项目 PPT、视频等数字资源

【学习目标】

知识目标

1. 掌握茎的形态特征、茎及变态茎的类型，双子叶植物茎的次生构造，单子叶植物茎及根状茎的构造。
2. 熟悉双子叶植物茎的初生构造和异常构造。
3. 了解芽的类型和茎尖构造。

能力目标

1. 能识别茎的形态和类型、茎的变态类型。
2. 能辨认双子叶植物茎的初生构造。
3. 能辨认双子叶植物木质茎、草质茎和根状茎的次生构造。
4. 能辨认双子叶植物茎及根状茎的异常构造
5. 能辨认单子叶植物茎和根状茎的内部构造。

茎是植物体生长于地上的营养器官，是联系根、叶，输送水分、无机盐和有机养料的轴状结构。茎通常生长在地面以上，但有些植物的茎生长在地下，如泽泻、百合、贝母。有些植物的茎极短，叶由茎生出呈莲座状，如蒲公英、车前。种子萌发后，随着根系的发育，上胚轴和胚芽向上发展为地上部分的茎和叶。茎端和叶腋处着生的芽萌发生长形成分枝。继而新芽不断出现与生长，最后形成了繁茂的植物地上部分。

茎有输导、支持、贮藏和繁殖的功能。根部吸收的水分和无机盐以及叶制成的有机物质，通过茎输送到植物体各部分以供给器官生活的需要。有些植物的茎有贮藏水分和营养物质的作用，如仙人掌茎贮存水分，甘蔗茎贮存蔗糖，半夏茎贮存淀粉。此外，有些植物茎能产生不定根和不定芽，常用茎来进行繁殖，如杨、桑、川芎、半夏等。

第一节　茎的形态和类型

一、茎的形态

茎是植物地上部分的轴，上承叶、花、果实和种子，下与根相连。茎上有节和节间，顶端有顶芽，叶腋有腋芽。顶芽、腋芽的发育可以使茎不断延伸并向空间发展。许多植物的茎或茎皮可供药用，如苏木、桂枝、黄连、厚朴、肉桂等。

茎通常呈圆柱形，但也有方柱形，如薄荷、益母草等；或三角柱形，如荆三棱、莎草等；或扁平形，如仙人掌、竹节蓼等。茎通常是实心的，但也有空心的，如芹菜、南瓜等。禾本科植物

的茎，节明显，节间常中空，特称为秆。生长有叶和芽的茎，称为枝条。茎和枝条一般具有节、节间、叶痕、维管束痕和皮孔等。见图4-1。

图4-1　茎的外形（含笑）

1. 顶芽　2. 腋芽　3. 节　4. 节间

（一）节和节间

着生叶和腋芽的部位称为节，相邻两节之间的部分称为节间。节和节间是识别茎枝的主要依据。有些植物的节比较明显，如竹、玉米的节呈环状，牛膝的节膨大似膝状，莲藕的节则环状缢缩。但多数植物的节并不明显，仅在着生叶的部位稍有膨大。各种植物节间的长短有差异，如竹的节间长达60cm，而蒲公英的节间长只有1mm。有些木本植物有两种枝条，一种节间较长，称长枝。一种节间较短，称短枝；通常短枝开花结果，故短枝又称果枝，如苹果、银杏、梨等。

（二）叶痕、维管束痕、托叶痕和芽鳞痕

木本植物的叶脱落后，叶柄在茎节上留下的痕迹称叶痕。叶痕有三角形、心形、半月形等。叶痕中的点状小突起称为维管束痕，维管束痕的分布方式因植物不同而有差异。托叶痕是托叶脱落后留下的痕迹，如木兰科植物具有环状托叶痕；芽鳞痕是包被芽的鳞片脱落后留下的痕迹。

（三）皮孔

茎枝表面突起的小裂隙称为皮孔，通常呈椭圆形或圆形。皮孔是植物茎枝与外界进行气体交换的通道。

二、芽的类型

芽是处于幼态而尚未发育的枝条、花或花序，即枝条、花或花序的原始体。根据芽的生长位置、发育性质、有无鳞片包被以及活动能力等情况将芽分为以下类型：

（一）依芽生长位置分类

1. 定芽　在茎上有一定生长位置的芽。

（1）顶芽：生长于茎枝顶端，如玉兰。

（2）腋芽：生长于叶腋，腋芽因生在枝的侧面，亦称侧芽，如紫藤。

（3）副芽：有些植物的顶芽和腋芽旁边还可生出一两个较小的芽称为副芽，如桃、葡萄等，在顶芽和腋芽受伤后可代替它们发育。

2. 不定芽　无固定生长位置的芽。芽不是从叶腋或枝顶发出，而是生在茎的节间、根、叶及其他部位，如甘薯根上的芽，落地生根和秋海棠叶上的芽，柳、桑等的茎枝或创伤切口上产生的芽。不定芽在植物的营养繁殖上有重要意义。

（二）依芽的发育性质分类

1. 叶芽　发育成枝和叶的芽。

2. 花芽　发育成花或花序的芽。

3. 混合芽　能同时发育成枝叶和花或花序的芽，如苹果、梨等。

（三）依芽鳞的有无分类

1. 鳞芽　在芽的外面有鳞片包被，如杨、柳、玉兰等。

2. 裸芽　在芽的外面无鳞片包被，多见于草本植物和少数木本植物，如茄、薄荷；木本植物的枫杨、吴茱萸。

（四）依芽的活动状态分类

1. 活动芽　指正常发育的芽，即当年形成，当年萌发或第二年春天萌发的芽，如一年生草本植物和一般木本植物的顶芽及距顶芽较近的芽。

2. 休眠芽（潜伏芽）　长期保持休眠状态而不萌发的芽。在一定条件下，休眠芽和活动芽是可转变的，如在生长季节突遇高温、干旱，会引起一些植物的活动芽转入休眠；另一方面，如树木砍伐后，树桩上往往由休眠芽萌发出许多新枝条。

三、茎的类型

茎的类型较多，可按下列两种方法来分类。

（一）按茎的生长习性分类

1. 直立茎　茎直立于地面向上生长，如樟、松、红花等。见图 4-2。

2. 缠绕茎　茎靠自身缠绕他物而呈螺旋状向上生长，如牵牛、忍冬、何首乌等。见图 4-3。

图 4-2　直立茎（红花）

图 4-3　缠绕茎（忍冬）

图 4-4　攀缘茎（常春藤）

知识链接

缠绕植物的缠绕方向

缠绕植物利用茎尖的“转头运动”不断向上攀爬。大多数植物的“转头运动”是有一定方向，如金银花、菟丝子、鸡血藤等为右旋，牵牛、扁豆、马兜铃、薯蓣等为左旋，而何首乌、天冬等旋向不固定。有学者认为缠绕植物旋转的方向，是它们祖先遗传下来的本能。缠绕植物的始祖，一种生长在南半球，一种生活在北半球。为了获得更多的光照，使其更好地生长发育，茎的顶端随时朝向东升西落的太阳。这样，生长在南半球植物的茎就向右旋转，生长在北半球植物的茎则向左旋转。经过漫长的进化过程，它们逐步形成了各自固定的旋转方向。现在，它们虽被移植到不同的地方，但其旋转的方向特性被遗传下来。而起源于赤道附近的缠绕植物，由于太阳当空，它们就不需要随太阳旋转，因而其旋绕方向不固定。

3. 攀缘茎　茎靠卷须、不定根、吸盘等攀附他物向上生长，如常春藤具有不定根、葡萄具有茎卷须、豌豆具有叶卷须、爬山虎具有吸盘等。见图 4-4。

4. 平卧茎　茎平卧于地面生长，节上没有不定根，如马齿苋、蒺藜、地锦等。见图4-5（a）。

5. 匍匐茎　茎平卧于地面生长，其节上有不定根，如番薯、连钱草、蛇莓等。见图4-5（b）。

a. 平卧茎（马齿苋）

b. 匍匐茎（连钱草）

图 4-5 平卧茎、匍匐茎

（二）依茎的质地分类

1. 木质茎 茎质地坚硬，木质部发达。具有木质茎的植物称为木本植物。其中植株高大，主干明显的称为乔木。如杜仲、银杏、厚朴等。见图 4-6。植株矮小，主干不明显，下部多分枝的称为灌木，如夹竹桃、连翘等。见图 4-7。其中仅在基部木质化的称半灌木或亚灌木，如麻黄、牡丹等。茎长，木质，常缠绕茎或攀缘它物向上生长的茎则称为木质藤本，如忍冬、华中五味子等。见图 4-8。

图 4-6 乔木（银杏）

图 4-7 灌木（连翘）

图 4-8 木质藤本（华中五味子）

2. 草质茎 茎质地柔软，木质化程度低。具草质茎的植物，称为草本植物。其中在一年内完成生命周期，开花结果后枯死的称一年生草本，如紫苏、红花、马齿苋等。见图 4-9。种子第一年萌发，第二年开花结果，然后枯死的称为两年生草本，如油菜、菘蓝、萝卜等。见图 4-10。若生命周期超过两年的则称为多年生草本。其中又分为两种类型：一种为宿根草本，地上部分每年有一段时间枯死，而地下部分存活，当年或翌年又长出新苗，如芍药、桔梗、人参等；另一种为常绿草本，植株终年保持常绿，不枯萎，如麦冬、万年青等。见图 4-11。植物体细长柔软，草质，常攀缘或缠绕它物而生长，称为草质藤本，如何首乌、薯蓣。见图 4-12。

3. 肉质茎 茎的质地柔软多汁，肉质肥厚。如仙人球、马齿苋、景天等。见图 4-13。

图 4-9　一年生草本（紫苏）

图 4-10　两年生草本（菘蓝）

a. 常绿草本（麦冬）

b. 宿根草本（芍药）

图 4-11　多年生草本

图 4-12　草质藤本（何首乌）

图 4-13　肉质茎（仙人球）

第二节　茎的变态

茎和根一样，由于植物长期适应不同的生活环境，产生了变态，可分为地下茎的变态和地上茎的变态两大类。

一、地下茎的变态

生长在地面以下的茎，称为地下茎。地下茎和根类似，但仍具有茎的特征，其上有节和节间，退化的鳞叶及顶芽、侧芽等，可与根相区分。地下茎多贮藏各种营养物质而发生变态，常见的类型有：

1. 根状茎（根茎）　具明显的节和节间，节上生有不定根和退化的鳞叶，具顶芽和侧芽，常横卧地下。根状茎的形态及节间的长短随植物而异，有的植物根状茎短而直立，如人参、三七等；有的细长，如芦苇、白茅、鱼腥草等；有的短粗呈团块状，如白术、姜、川芎等；有的具明

显的茎痕，如多花黄精、玉竹。见图4-14。

图4-14 根状茎（多花黄精）

图4-15 块茎（半夏）

2. 块茎 与块根相似，肉质肥大呈不规则块状，节间很短或不明显，节上有芽，叶退化成鳞片状或早期枯萎脱落。如天南星、半夏、马铃薯等。见图4-15。

3. 球茎 肉质肥大呈球形或扁球形，顶芽发达，其上半部具有明显的节和缩短的节间，节上有腋芽和较大的膜质鳞片叶，基部具有不定根。如慈姑、荸荠等。见图4-16。

图4-16 球茎（荸荠）

4. 鳞茎 呈球形或扁球形。茎极度缩短成盘状称鳞茎盘，盘上生有肉质肥厚的鳞叶。鳞茎盘上节很密集，顶端有顶芽，鳞叶腋内有腋芽，基部生有不定根。有的鳞茎鳞叶阔，内层被外层完全覆盖，称有被鳞茎，如洋葱、大蒜；有的鳞茎鳞叶狭，呈覆瓦状排列，内层不能被外层完全覆盖，称无被鳞茎，如百合、贝母等。见图4-17。

a. 有被鳞茎（大蒜）

b. 无被鳞茎（百合）

图4-17 鳞茎

二、地上茎的变态

1. 叶状茎或叶状枝 茎变为绿色的扁平状或针叶状，易被误认为叶，如仙人掌、竹节蓼、天门冬等。见图4-18。

图4-18 叶状茎（仙人掌）

2. 刺状茎（枝刺或棘刺） 茎变为刺状，常粗短坚硬不分枝，如野山楂、酸橙等。皂荚、枸橘的刺常分枝。刺状茎生于叶腋，可与叶刺相区别。月季、花椒茎上的刺是由表皮细胞突起形成，无固定的生长位置，易脱落，称皮刺，与刺状茎不同。见图4-19。

a. 有分枝的枝刺（皂荚）

b. 无分枝的枝刺（野山楂）

图 4-19　枝刺

3. 钩状茎　通常钩状，粗短，坚硬，无分枝，位于叶腋，由茎的侧轴变态而成，如钩藤。见图 4-20。

4. 茎卷须　常见于具攀缘茎的植物，茎变为茎卷须状，柔软卷曲，多生于叶腋，如栝楼、绞股蓝。但葡萄的茎卷须由顶芽变成，而后腋芽代替顶芽继续发育，使茎成为合轴式生长，而茎卷须被挤到叶柄对侧。见图 4-21。

图 4-20　钩状茎（钩藤）

图 4-21　茎卷须（绞股蓝）

5. 小块茎和小鳞茎　有些植物的腋芽常形成小块茎，形态与块茎相似，如山药的零余子（珠芽）。有的植物叶柄上的不定芽也形成小块茎，如半夏。有些植物在叶腋或花序处由腋芽或花芽形成小鳞茎，如卷丹腋芽形成小鳞茎，洋葱、大蒜花序中花芽形成小鳞茎。小块茎和小鳞茎均有繁殖作用。见图 4-22。

图 4-22　小块茎（薯蓣）

第三节　茎的内部构造

一、茎尖的构造

茎尖是指主茎及分枝的顶端部分，其结构与根尖基本相似，即由分生区（生长锥）、伸长区和成熟区三部分组成。所不同的是茎尖顶端没有根冠样的结构，而是由幼小的叶片包围着几个小突起，这些小突起称叶原基或腋芽原基，以后发育成叶或腋芽，腋芽则发育形成枝条；其次茎成熟区的表皮不形成根毛，却常有气孔和毛茸等附属物。

由生长锥分裂出来的细胞逐渐分化为原表皮层、基本分生组织和原形成层等初生分生组织，这些分生组织细胞继续分裂分化，所形成的构造即为茎的初生构造。见图 4-23。

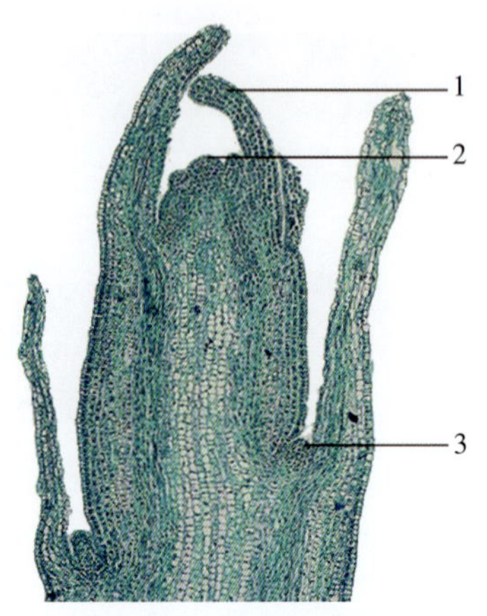

图 4-23 芽的纵切图

1. 幼叶 2. 生长点 3. 腋芽原基

二、双子叶植物茎的初生构造

通过茎的成熟区作一横切片，可观察到茎的初生构造。从外到内分为表皮、皮层和维管柱三部分。

（一）表皮

表皮是由原表皮层细胞发育而来，位于茎的表面，是由一层长方形、扁平、排列整齐紧密、无细胞间隙的生活薄壁细胞组成。细胞一般不含叶绿体，少数植物含有花青素，使茎呈紫红色，如甘蔗、蓖麻等。表皮细胞的外壁稍厚，通常角质化形成角质层；细胞上通常还有气孔和毛茸存在；少数植物还具有蜡被。

（二）皮层

皮层是由基本分生组织发育而来，位于表皮的内方，是表皮和维管柱之间的部分，由多层生活细胞构成。通常不如根的皮层发达，横切面观所占比例比较小，主要由薄壁细胞组成，细胞常为多面体形、球形或椭圆形，排列疏松，具有细胞间隙；靠近表皮的细胞常含叶绿体，故嫩茎常为绿色；有些植物近表皮部位常具厚角组织，以增强茎的韧性，其中有的呈环状排列，如菊科和葫芦科的一些植物；有的分布在棱角处，如益母草、薄荷等；有的植物在皮层的内方有纤维束或石细胞群，如黄柏、桑等；有的有分泌组织，如向日葵、棉花等。

茎的内皮层通常不明显，所以皮层与维管区域之间无明显界线。有少数植物茎皮层最内一层细胞含大量淀粉粒，称淀粉鞘，如蚕豆、蓖麻等。

（三）维管柱

维管柱位于皮层以内，包括呈环状排列的初生维管束、髓和髓射线等，所占比例比较大。

1. 初生维管束 是茎的输导系统，位于皮层的内方，成环状排列，由初生韧皮部、初生木质部和束中形成层组成。木本植物维管束排列紧密，束间区域较窄，维管束似乎连成一圆环状；而藤本植物和大多数草本植物束间距离比较宽。

（1）*初生韧皮部*：位于维管束的外方，由筛管、伴胞、韧皮薄壁细胞和初生韧皮纤维组成。分化成熟的方向与根相同，由外向内，为外始式。初生韧皮纤维常成群或呈环状分布于韧皮部外侧，可增强茎的韧性，过去称为中柱鞘纤维，现在称初生韧皮纤维束。

（2）*初生木质部*：位于维管束的内侧，由导管、管胞、木薄壁细胞和木纤维组成，其分化成熟的方向与根相反，由内向外，为内始式。

（3）*束中形成层*：又称为束内形成层，位于初生韧皮部和初生木质部之间，由 1~2 层具分生能力的细胞组成，能分裂产生大量细胞，使茎不断加粗。

2. 髓 位于茎的中央，被初生维管束围绕，由基本分生组织产生的一些较大的薄壁细胞组成。草本植物茎的髓部比较大，木本植物茎的髓部比较小，但通脱木、接骨木等木本植物也有比较大的髓部。有些植物茎的髓部细胞部分消失，形成一系列的髓横隔，如猕猴桃、胡桃等。有些植物茎的髓部在发育过程中逐渐消失而形成中空，如连翘、南瓜等。有些植物茎的髓部最外层有一层紧密的、小型的、壁较厚的细胞围绕着大型的薄壁细胞，这层细胞称环髓区或髓鞘，如椴树。

3. 髓射线　也称初生射线，是位于初生维管束之间的薄壁细胞区域，外接皮层，内连髓部，细胞径向延长，横切面观呈放射状，具有横向运输和贮藏的作用。一般双子叶草本植物茎的髓射线比较宽，而木本植物茎的髓射线却很窄。髓射线细胞分化程度较浅，具有潜在的分生能力。在次生生长开始时，与束中形成层相邻的髓射线细胞能转变为形成层的一部分，成为束间形成层。此外，在一定条件下，髓射线细胞还能分裂产生不定芽和不定根。见图 4-24。

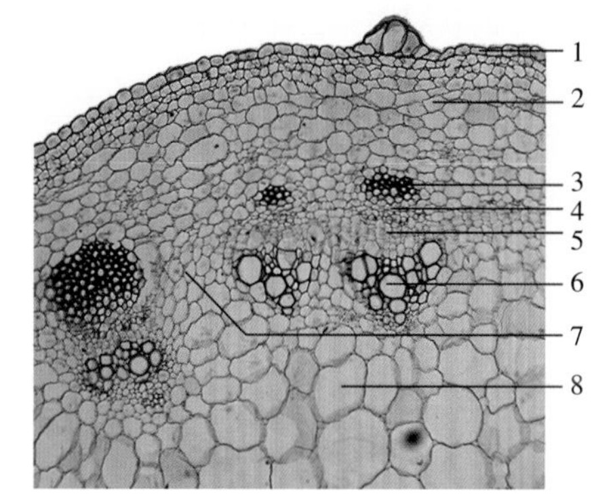

图 4-24　双子叶植物茎（向日葵）的初生结构

1. 表皮　2. 皮层　3. 纤维束　4. 韧皮部　5. 形成层　6. 木质部　7. 髓射线　8. 髓

三、双子叶植物茎的次生构造

双子叶植物茎在初生构造形成后，接着产生次生分生组织——形成层和木栓形成层，它们进行细胞分裂、分化，使茎不断增粗生长，这种生长称为次生生长，由此形成的构造称为次生构造。

（一）双子叶植物木质茎的次生构造

木本双子叶植物茎的次生生长可持续多年，故次生构造特别发达。

1. 形成层及其活动　在植物茎开始次生生长时，靠近束内形成层的髓射线薄壁细胞恢复分生能力，转变为束间形成层，并与束中形成层连接，形成一个形成层圆筒，横切面观呈一个完整的形成层环。

大部分形成层细胞略呈纺锤形，液泡明显，称纺锤原始细胞；少部分形成层细胞近于等径，称射线原始细胞。当形成层成为一完整环后，纺锤原始细胞即开始进行切向分裂，向内产生次生木质部细胞，向外产生次生韧皮部细胞；射线原始细胞则向内向外分裂产生次生射线细胞。

在次生生长中，束中形成层产生的次生木质部细胞增殖于初生木质部的外方；产生的次生韧皮部细胞，增添于初生韧皮部的内方，并将初生韧皮部向外挤；产生的次生射线细胞，存在于次生木质部和次生韧皮部中，形成横向的联系组织，称维管射线，位于次生木质部内的称木射线，位于次生韧皮部内的称韧皮射线。通常产生的次生木质部细胞比次生韧皮部细胞数量多得多，由此，横切面观，次生木质部比次生韧皮部大很多。而束间形成层细胞，一部分形成薄壁细胞，延续髓射线，另一部分则分裂分化产生新的维管组织，所以木本植物茎维管束之间距离会变窄。藤本植物茎次生生长时，束间形成层不分化产生维管组织，故藤本植物的次生构造中维管束之间距离较宽。

在形成层细胞进行切向分裂使茎增粗的同时，为适应内方木质部的增大，形成层也进行径向和横向分裂，增加细胞，扩大圆周，同时形成层的位置也逐渐向外推移。

（1）*次生木质部*：占木本植物茎的绝大部分。构成次生木质部的是导管、管胞、木薄壁细胞、木纤维和木射线细胞，其中导管主要是梯纹、网纹及孔纹导管，以孔纹导管最普遍。导管、管胞、木薄壁细胞和木纤维是次生木质部中的纵向系统，是由形成层的纺锤原始细胞分裂所产生的细胞发展而成的。木射线由多列保持生活状态的薄壁细胞组成，径向延长，也有一列细胞的，细胞壁有时木质化，是次生木质部中的横向系统。

形成层的活动受四季气候变化的影响很大。温带和亚热带的春季或热带的雨季，由于气候温和，雨量充足，形成层活动旺盛，所形成的次生木质部中的细胞径大壁薄，质地较疏松，色泽较淡，称早材或春材；温带的夏末秋初或热带的旱季，形成层活动逐渐减弱，所形成的细胞径小壁厚，质地紧密、色泽较深，称晚材或秋材。在一年中早材和晚材是逐渐转变的，没有明显界

限，但当年的秋材与第二年的春材却界限分明，形成一个同心环，一年一环，称年轮或生长轮。但有的植物一年可以形成2~3轮，这是由于形成层有节律的活动，每年有几个循环的结果，这些年轮称假年轮。假年轮通常呈不完整的环状，它的形成有的又是由于一年中气候变化特殊，或被害虫吃掉了树叶，生长受影响而引起的。终年气候变化不大的热带树木，通常不形成年轮。

在木质部横切面上，靠近形成层的边缘部分颜色较浅，质地较松软，称边材。边材具有输导能力。而中心部分，颜色较深，质地较坚固，称心材。心材没有输导能力，这是由于心材中的细胞常积累代谢产物，如挥发油、鞣质、树胶、色素等，以及有些射线细胞或轴向薄壁细胞，在生长过程中通过导管上的纹孔被挤入导管内，形成侵填体，从而使导管或管胞堵塞，失去输导能力。心材比较坚硬，不易腐烂，且常含有某些化学成分，因此，茎木类药材多为心材，如沉香、檀香、苏木、降香等，均为心材入药。见图4-25。

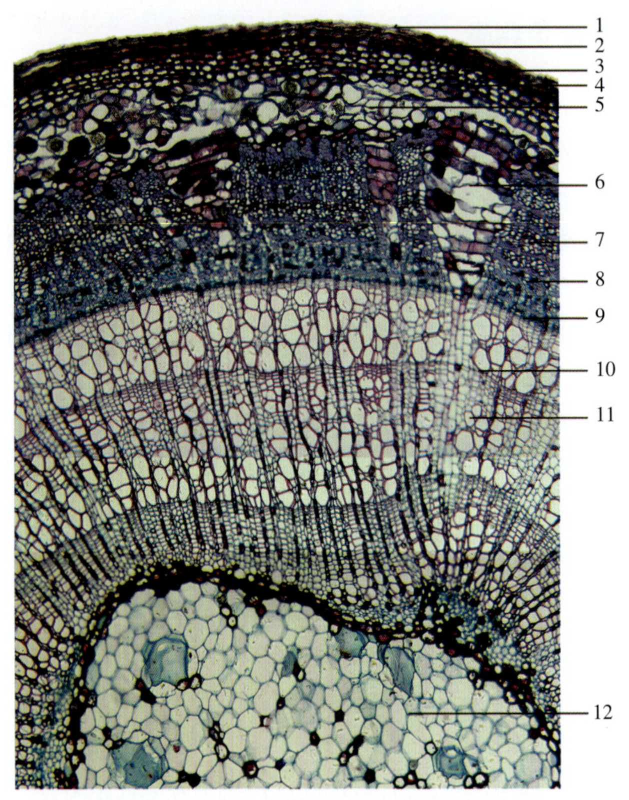

图4-25　双子叶植物木质茎的次生结构（椴树）

1. 枯萎的表皮　2. 木栓层　3. 木栓形成层　4. 栓内层　5. 皮层　6. 髓射线
7. 纤维束　8. 韧皮部　9. 形成层　10. 年轮　11. 木质部　12. 髓

茎内部各种组织，纵横交错，十分复杂。在鉴定茎木类药材时，应充分理解其立体结构，采用三种切面，即横切面、径向切面、切向切面进行比较观察，以便准确鉴定。见图4-26。

横切面是与纵轴垂直的切面，从切面上可见年轮呈同心环状，所见射线为木射线的纵切面，呈放射状排列，可观察到射线的长度和宽度。两射线间的导管、管胞、木纤维和木薄壁细胞等，都呈大小不一、细胞壁厚薄不等的类圆形或多角形。

径向切面是通过茎的直径所做的纵切面。可见年轮呈垂直平行的带状，射线则横向分布，与年轮呈直角，可观察到射线的高度和长度。一切纵长细胞如导管、管胞、木纤维等均为纵切面，呈纵长筒状或棱状，其长度和次生壁的增厚纹理都很清楚。

切向切面是不通过茎的中心而垂直于茎的半径所做的纵切面。可见射线为横切面，细胞群

呈纺锤形，做不连续的纵行排列。可观察到射线的宽度和高度以及细胞列数和两端细胞的形状。所见到的导管、管胞和木纤维等细胞的形态、长度及次生壁增厚的纹理等都与其径向切面相似。

在木材的三个切面中，射线的形状最为突出，可作为判断切面类型的重要依据。见图4-26。

（2）次生韧皮部：是由形成层向外分裂而形成的，由于向外分裂产生次生韧皮部细胞的次数远不如向内分裂产生次生木质部细胞的次数多，因此次生韧皮部要比次生木质部小得多。次生韧皮部形成时，初生韧皮部细胞被挤向外方，其中的筛管、伴胞及薄壁细胞被挤压而变形、破裂，成为颓废组织。构成次生韧皮部的是筛管、伴胞、韧皮纤维和韧皮薄壁细胞。有的植物次生韧皮部中有石细胞，如厚朴、肉桂、杜仲等；有的有乳汁管，如夹竹桃。

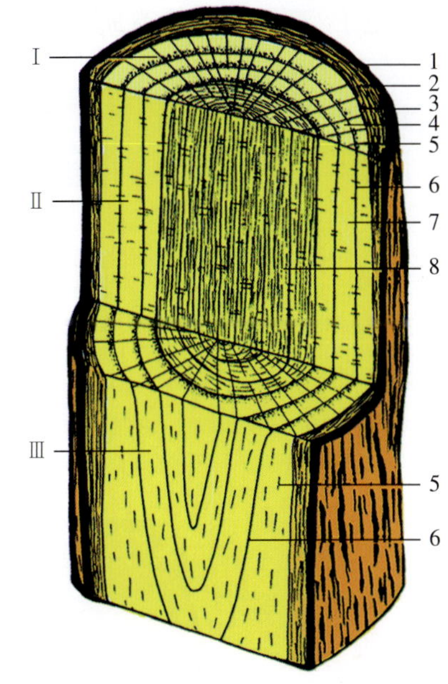

图4-26　木材的三种切面及年轮

Ⅰ. 横切面　Ⅱ. 径向切面　Ⅲ. 切向切面

1. 木栓组织　2. 韧皮部　3. 形成层　4. 木质部

5. 射线　6. 年轮　7. 边材　8. 心材

次生韧皮部中薄壁组织常占主要部分，细胞中含有多种营养物质和生理活性物质，如糖类、油脂、鞣质、生物碱、苷类、橡胶、挥发油等，故具有一定的药用价值，如肉桂、厚朴、黄柏等茎皮类药材。韧皮射线与木射线相连，是次生韧皮部内的薄壁组织，细胞壁不木质化，形状也不及木射线那样规则。韧皮射线的长短宽窄因植物种类而异。

2. 木栓形成层及周皮　形成层活动产生大量组织细胞，使茎不断增粗生长，但已分化成熟的表皮细胞一般不能相应增大和增多，从而失去了保护功能。此时，植物茎就由表皮细胞或皮层薄壁组织细胞也可能是韧皮薄壁细胞恢复分生能力（多为皮层薄壁组织细胞），转化为木栓形成层。木栓形成层则向外分裂产生木栓组织细胞、向内分裂产生栓内层薄壁组织细胞，逐渐形成了由木栓层、木栓形成层及栓内层三层结构所构成的周皮，代替表皮行使保护茎的作用。一般木栓形成层的活动只不过数月，在其停止活动后，大部分树木又可依次在其内方产生新的木栓形成层。这样，其发生的位置就会逐渐向内移，可深达次生韧皮部中，形成新的周皮。老周皮内方的组织被新周皮隔离后逐渐枯死，这些新周皮以及被它隔离的死亡组织的综合体常剥落，称落皮层。有的落皮层呈鳞片状脱落，如白皮松；有的呈环状脱落，如白桦；有的裂成纵沟，如柳、榆；有的呈大片脱落，如二球悬铃木，见图4-27。但也有的周皮不脱落，如黄柏、杜仲。落皮层也称外树皮。“树皮”有两种概念，狭义的树皮即落皮层；广义的树皮是指形成层以外的所有组织，包括落皮层和木栓形成层以内的次生韧皮部（内树皮）。如皮类药材肉桂、厚朴、黄柏、杜仲、秦皮、合欢皮等的药用部分均指广义的树皮。

图4-27　落皮层（二球悬铃木）

（二）双子叶植物草质茎的次生构造

双子叶植物草质茎因生长期短，次生生长有限，次生构造不发达，木质部细胞量少，质地柔软，与木质茎相比，有如下特点：

1. 最外面由表皮起保护作用，常具角质层、蜡被、气孔及毛茸等附属物。少数植物在表皮下方有木栓形成层的分化，向外产生 1~2 层木栓细胞，向内产生少量栓内层，但表皮未被破坏仍然存在。

2. 有些植物只有束中形成层，没有束间形成层。还有些植物不仅没有束间形成层，束中形成层也不明显。

3. 髓射线一般较宽。髓部发达，有的植物髓部中央破裂形成空洞。见图 4-28、图 4-29。

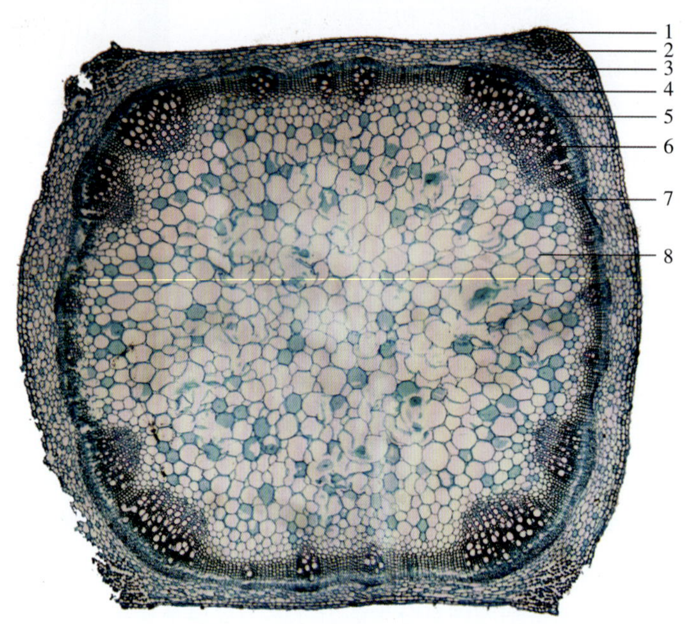

图 4-28　薄荷茎横切面

1. 表皮　2. 厚角组织　3. 皮层　4. 韧皮部

5. 束中形成层　6. 木质部　7. 束间形成层　8. 髓

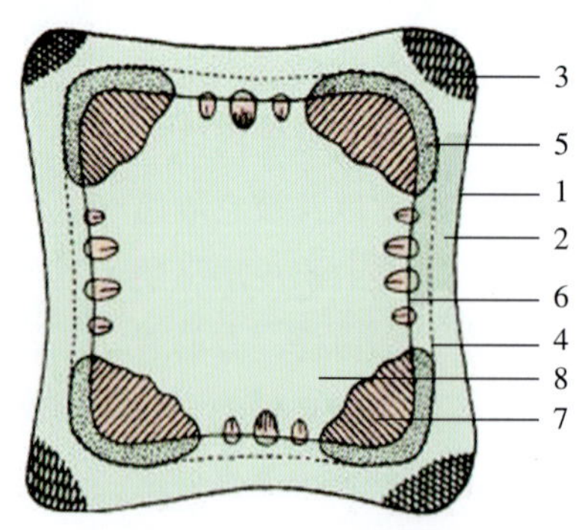

图 4-29　薄荷茎横切面简图

1. 表皮　2. 皮层　3. 厚角组织　4. 内皮层

5. 韧皮部　6. 形成层　7. 木质部　8. 髓

（三）双子叶植物根状茎的构造

双子叶植物根状茎一般系指草本双子叶植物根状茎，其构造与地上茎相类似，有如下特点：

1. 表面常为木栓组织，少数植物具有表皮或鳞叶。

2. 皮层中常有根迹维管束（茎中维管束与不定根中维管束相连的维管束）和叶迹维管束（茎中维管束与叶柄维管束相连的维管束）斜向通过。

3. 维管束为无限外韧型，呈环状排列。

4. 髓射线常较宽，中央有明显的髓部。

5. 薄壁组织发达，细胞中多含有贮藏物质；机械组织多不发达，仅皮层内侧有时具有纤维或石细胞。见图 4-30、图 4-31。

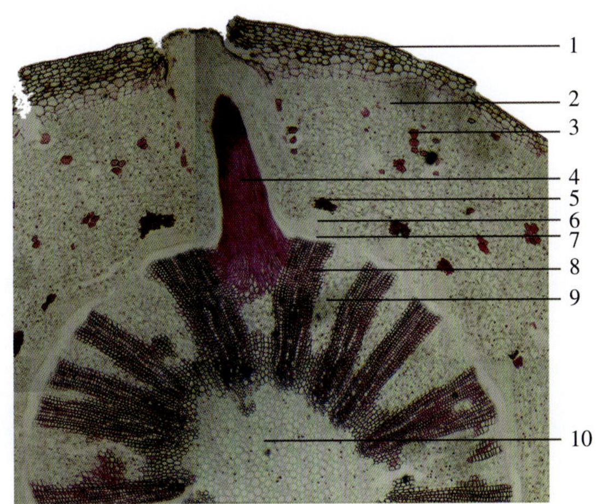

图 4-30　双子叶植物根状茎横切面（黄连）

1. 木栓层　2. 皮层　3. 石细胞群　4. 根迹维管束　5. 纤维束　6. 韧皮部　7. 形成层　8. 木质部　9. 射线　10. 髓

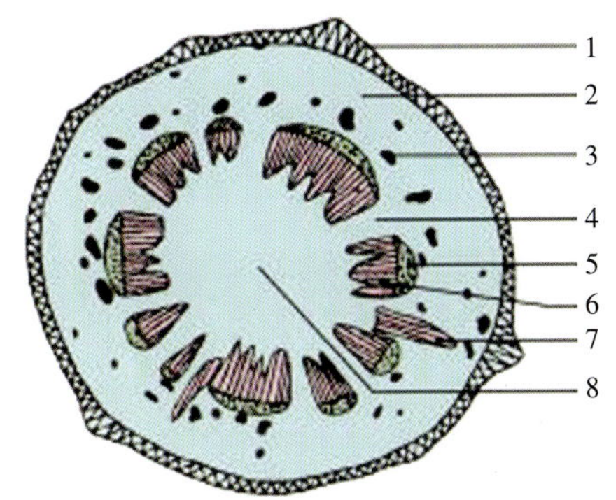

图 4-31　双子叶植物根状茎横切面简图（黄连）

1. 木栓层　2. 皮层　3. 石细胞群　4. 射线　5. 韧皮部　6. 木质部　7. 根迹维管束　8. 髓

（四）双子叶植物茎的异常构造

某些双子叶植物茎或根状茎除能形成正常的维管构造以外，通常有部分薄壁细胞，还能恢复分生能力，转化成非正常形成层。该形成层的活动所产生的维管束即为异型维管束，所形成的构造即为异常构造。常见的异常构造有：

1. 髓维管束　是指位于双子叶植物茎或根状茎髓部的维管束。如胡椒科植物海风藤茎的横切面上，除正常排成环状的维管束外，髓部还有 6~13 个异型维管束散在。大黄根状茎的横切面上，除正常的维管束外，髓部有许多星点状的异型维管束，其形成层呈环状，外侧为几个导管组

成的木质部，内侧为韧皮部，射线呈星芒状排列。见图4-32。

2. 同心环状排列的异常维管束　在某些双子叶植物茎内，初生生长和早期次生生长都是正常的。当正常的次生生长发育到一定阶段，次生维管柱的外围又形成多轮呈同心环状排列的异常维管组织。如密花豆老茎（鸡血藤）的横切面上，可见韧皮部呈2~8个红棕色至暗棕色环带，与木质部相间排列。其最内一圈为圆环，其余为同心半圆环。

3. 木间木栓　在甘松根状茎的横切面上，木间木栓呈环状，包围一部分韧皮部和木质部，把维管柱分隔为数束。

a. 大黄根状茎横切面

b. 大黄根状茎髓部（示星点）

图4-32　双子叶植物根状茎的异常构造（大黄）

1. 韧皮部　2. 形成层　3. 木质部　4. 射线　5. 异型维管束　6. 髓

四、单子叶植物茎和根状茎的构造

（一）单子叶植物茎的构造特征

1. 单子叶植物的茎一般没有形成层和木栓形成层，终生只有初生构造，没有次生构造，不能无限增粗。

2. 茎的最外面通常由一列表皮细胞起保护作用，不产生周皮。禾本科植物秆的表皮下方，往往有数层厚壁细胞分布，以增强支持作用。

3. 表皮以内为基本薄壁组织和星散分布于其中的有限外韧型维管束，因此没有皮层和髓及髓射线之分。多数禾本科植物茎的中央部位（相当于髓部）萎缩破坏，形成中空的茎秆。

此外，也有少数单子叶植物茎具形成层，而有次生生长，如龙血树和朱蕉等。但这种形成层的起源和活动情况与双子叶植物不同。如龙血树的形成层起源于维管束外的薄壁组织，向内分裂产生维管束和薄壁组织，向外也分裂产生少量薄壁组织。见图4-33。

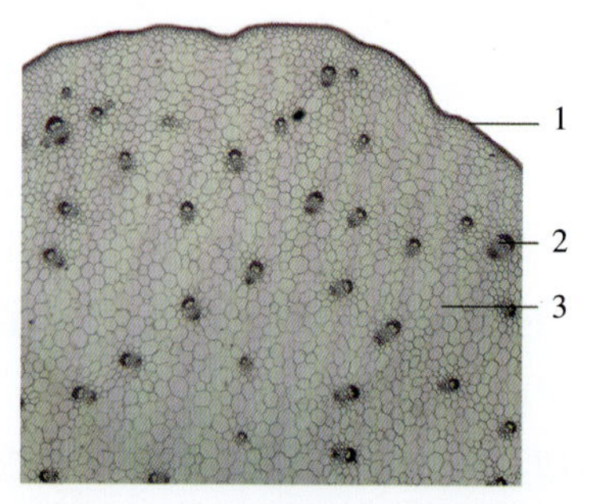

图4-33　单子叶植物茎的构造（石斛）

1. 表皮　2. 维管束　3. 薄壁组织

（二）单子叶植物根状茎的构造特征

1. 根状茎表面仍为表皮或木栓化的皮层细胞，起保护作用。少数植物有周皮，如射干、仙茅等。禾本科植物根状茎表皮较特殊，细胞平行排列，每纵行多为1个长细胞和2个短细胞纵向相间排列，长细胞为角质化的表皮细胞，短细胞中一个是木栓化细胞，一个是硅质化细胞，如白茅、芦苇等。

2. 皮层常占较大体积，其中常有细小的叶迹维管束存在，薄壁细胞内含有大量营养物质。维管束散在，多为有限外韧型，如白茅根、姜黄、高良姜等；少数为周木型，如香附；有的则兼有有限外韧型和周木型两种维管束，如石菖蒲。见图4-34。

3. 内皮层大多明显，具凯氏带，因而皮层和维管组织区域可明显区分，如姜、石菖蒲等。也有的内皮层不明显，如知母、射干等。

4. 有些植物根状茎在皮层靠近表皮部位的细胞形成木栓组织，如生姜；有的皮层细胞转变为木栓化细胞，形成所谓“后生皮层”，以代替表皮行使保护功能，如藜芦。

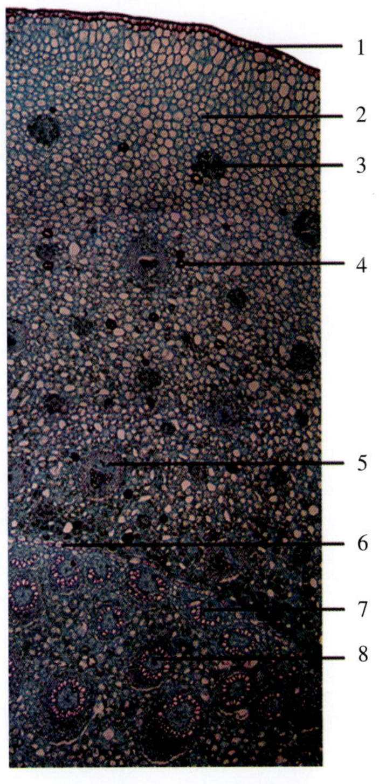

图4-34　单子叶植物根状茎的构造（石菖蒲）

1. 表皮　2. 薄壁组织　3. 纤维束　4. 油细胞　5. 叶迹维管束　6. 内皮层　7. 外韧维管束　8. 周木维管束

复习思考题

1. 植物茎按生长习性和质地分为哪些类型？
2. 茎的变态种类有哪些？
3. 比较双子叶植物根和双子叶植物茎的初生构造。
4. 双子叶植物木质茎的次生构造特点是什么？

扫一扫，查阅复习思考题答案

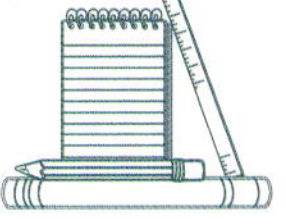

扫一扫，查阅本项目 PPT、视频等数字资源

项目五 识别叶的形态及构造

【学习目标】

知识目标

1. 掌握叶的组成、叶片的形态特征，双子叶植物叶的构造。
2. 熟悉单叶与复叶特征、复叶的类型、叶序的类型、叶的变态类型。
3. 了解叶的生理功能、单子叶植物叶的构造。

能力目标

1. 能识别叶片、叶柄和托叶。
2. 能识别单叶及复叶的各种类型。
3. 能识别叶序、脉序的类型。
4. 能辨认双子叶植物叶的构造。

叶是植物重要的营养器官，着生于植物的茎节上。叶一般呈绿色扁平状，含有大量叶绿体，具有向光性。叶是植物进行光合作用、制造有机养料的重要器官，叶还具有气体交换和蒸腾作用。

植物的叶除上述三种基本生理功能外，有的植物叶具有贮藏作用，如百合、贝母的肉质鳞片叶等。少数植物的叶具有繁殖作用，如秋海棠、落地生根等。

许多植物的叶可供药用，如大青叶、桑叶、紫苏叶、枇杷叶、荷叶等。

第一节 叶的组成和形态

一、叶的组成

叶起源于茎尖周围的叶原基。发育成熟的叶子一般由叶片、叶柄、托叶三部分组成。见图 5-1。

图 5-1 叶的组成部分

1. 叶片 2. 叶柄 3. 托叶

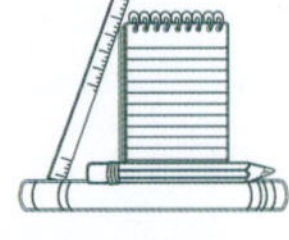

具有叶片、叶柄、托叶三部分的叶，称完全叶，如桑、桃、梨的叶。见图 5-2。

缺少其中任何部分的叶，称不完全叶。缺少叶柄和托叶的，如龙胆、莴苣；缺少托叶的，如女贞、连翘。有些植物的叶具托叶，但早脱落，称托叶早落。见图 5-3。

图 5-2　完全叶（桃）

图 5-3　不完全叶（女贞）

（一）叶片

叶片是叶的主要部分，常为绿色扁平体。叶片的全形称叶形，有上表面和下表面之分，顶端称叶端或叶尖，基部称叶基，边缘称叶缘。叶片内分布许多叶脉。

（二）叶柄

叶柄是连接叶片和茎枝的部分，具有支持叶片的作用。常呈圆柱形、半圆柱形或稍扁平，上表面（腹面）多有沟槽。其形状随植物种类的不同有较大的差异。如凤眼莲、菱等水生植物的叶柄上具膨胀的气囊，其结构有利于浮水。有的植物叶柄具膨大的关节，称叶枕，能调节叶片的位置和休眠运动，如含羞草。有的叶柄能围绕各种物体螺旋状地扭曲，起着攀缘作用，如旱金莲。亦有的植物叶片退化，叶柄变成叶片状，以代替叶片的功能，称为叶状柄，如台湾相思。见图 5-4。

a

b

c

图 5-4　特殊形态的叶柄

a. 菱　b. 凤眼莲　c. 旱金莲

有些植物的叶柄基部或叶柄全部扩大形成鞘状，称为叶鞘。叶鞘部分或全部包围着茎秆，加强了茎的支持作用，并保护了茎的居间生长和叶腋内的幼芽，如前胡、当归、白芷等伞形科植物的叶鞘，是由叶柄基部扩大形成。淡竹叶、芦苇、小麦等禾本科及姜、益智、砂仁等姜科植物叶的叶鞘，是由相当于叶柄的部位扩大形成的。见图 5-5。

禾本科植物叶的特点，除叶鞘外，叶鞘与叶片相接触的腹面还有膜状的突起物，称为叶舌。叶舌能使叶片向外弯曲，使叶片更多地接受阳光，同时可以防止水分和真菌、昆虫等进入叶鞘内。在叶舌的两旁，另有一对从叶片基部边缘延伸出来的突出物，称为叶耳。叶耳、叶舌的有无、大小及形状，常作为识别禾本科植物种的依据之一。见图 5-6。

a. 杭白芷

b. 淡竹叶

图 5-5　各种形态的叶鞘

a. 玉米

b. 芦苇

图 5-6　禾本科植物叶片与叶鞘交界处的形态

有些植物的叶不具有叶柄，叶片基部包围在茎上，称抱茎叶，如抱茎苦荬菜等多种菊科植物（图 5-7）。若无叶柄的基部或对生无柄叶的基部彼此愈合，被茎所贯穿，称贯穿叶（图 5-8）或穿茎叶，如元宝草。

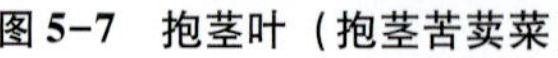
图 5-7　抱茎叶（抱茎苦荬菜）

图 5-8　贯穿叶（元宝草）

（三）托叶

托叶是叶柄基部的附属物，常成对着生于叶柄基部的两侧，托叶的形状多种多样，有的托叶很大，呈叶片状，如豌豆、贴梗海棠（图 5-9）等；有的托叶与叶柄愈合成翅状，如金樱子、月季（图 5-10）；有的托叶细小呈线状；如桑、梨（图 5-11）；有的托叶变成卷须，如菝葜（图 5-12）；有的托叶呈刺状，如锦鸡儿（图 5-13）；有的托叶联合成鞘状，并包围于茎节的基部，称托叶鞘（图 5-14），为何首乌、虎杖等蓼科植物的主要特征。

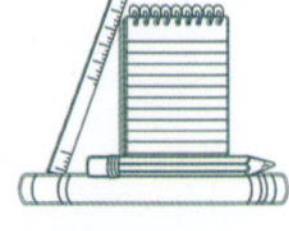

图 5-9　叶片状托叶（豌豆）

图 5-10　翅状托叶（月季）

图 5-11　线状托叶（桑叶）

a

b

图 5-12　卷须状托叶

a. 土茯苓　b. 菝葜

图 5-13　刺状托叶（锦鸡儿）

图 5-14　托叶鞘（虎杖）

二、叶片的形态

叶片的形态通常是指叶片的形状。若要比较准确地描述叶的形状应该首先描述叶片的全形，然后分别描述叶端、叶基、叶缘的形状和叶脉的分布等各部分的形态特征。

（一）叶片的全形

叶片的大小和形状变化很大，随植物种类而异，甚至在同一植株上，其形状也有不一样的，但一般同一种植物叶的形状是比较稳定的，在分类学上常作为鉴别植物的依据。叶片的形状主要是根据其长度和宽度的比例，以及最宽部位的位置来确定（图 5-15）。

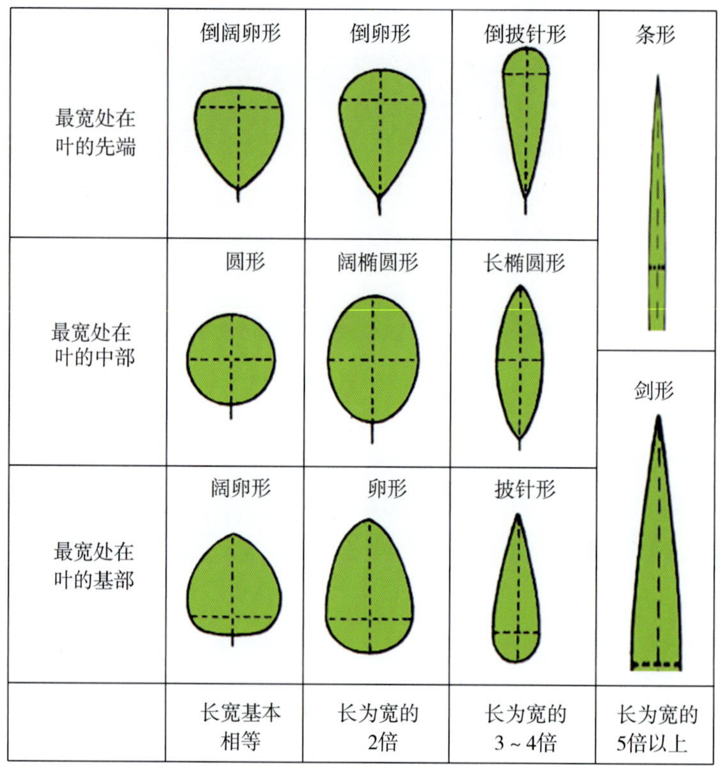

图 5-15 叶片形状示意图

常见的叶形有二十多种，如针形、披针形（图 5-16）、卵形（图 5-17）、椭圆形（图 5-18）等。但植物的叶片千差万别，故在描述时也常使用“广”“长”“倒”等字样，如广卵形（宽卵形）、长椭圆形、倒披针形等。有许多植物的叶并不属于上述任何一种类型，而是两种形状综合，这样就需用不同的术语予以描述（图 5-19～图 5-37）。如卵状椭圆形、椭圆状披针形等。

图 5-16 披针形（杠柳）

图 5-17 卵形（玉竹）

图 5-18 椭圆形（桃）

图 5-19　针状（油松）

图 5-20　匙形（紫叶小檗）

图 5-21　剑形（剑麻）

图 5-22　扇形（银杏）

图 5-23　矩圆形（五叶木通）

图 5-24　镰形（桉）

图 5-25　心形（圆叶牵牛）

图 5-26　提琴形（白英）

图 5-27　菱形（菱）

图 5-28　肾形（连钱草）

图 5-29　圆形（马蹄金）

图 5-30　三角形（杠板归）

图 5-31　鳞状（侧柏）

图 5-32　盾形（莲）

图 5-33　箭形（慈姑）

图 5-34　戟形（金荞麦）

图 5-35　管状（葱）

图 5-36　条状（麦冬）

图 5-37　掌状（蓖麻）

（二）叶端

叶片的尖端，简称叶端或叶尖，常见的有尾尖、渐尖、钝形、微凹、微缺、倒心形、截形、芒尖等。见图5-38。

渐尖  急尖  尾尖

芒尖  骤尖  凸尖

倒心形  微凸  钝形

微凹  微缺  截形

图5-38 叶端的形状

（三）叶基

叶片的基部，简称叶基。常见的形状有楔形、耳形、心形、盾形、渐狭、偏斜、抱茎、穿茎等。见图5-39。

圆形 心形 箭形

平截 楔形 盾形

耳形 穿茎 抱茎

合生穿茎 偏斜 渐狭

图5-39 叶基的形状

（四）叶缘

叶片的边缘称叶缘。当叶片生长时，叶的边缘生长若以均一的速度进行，结果叶缘平整，出现全缘叶。如果边缘生长速度不均，有的部位生长较快，而有的部位生长较缓慢或很早就停止生长，使叶缘不平整，出现各种不同的形态。常见的有全缘（图5-40）、波状（图5-41）、牙齿状（图5-42）、锯齿状（图5-43）、圆齿状（图5-44）、钝齿状（图5-45）等。

图 5-40 全缘（栀子）

图 5-41 波状（珊瑚樱）

图 5-42 牙齿状（地榆）

图 5-43 锯齿状（大麻）

图 5-44 圆齿状（朱砂根）

图 5-45 钝齿状（短叶赤车）

（五）叶脉和脉序

叶片上分布许多粗细不等的脉纹，即叶脉。叶脉是叶片中的维管束，有输导和支持作用。其中最大的叶脉称中脉或主脉。主脉的分枝称侧脉，侧脉的分枝称细脉。叶脉在叶片中的分布及排列形式称脉序，可分为网状脉序、平行脉序和分叉脉序三种主要类型。

1. 网状脉序 具有明显的主脉，经多级分枝后，最小细脉互相连接形成网状，是双子叶植物的脉序类型。其中有一条明显的主脉，两侧分出许多侧脉，侧脉间又多次分出细脉交织成网状，称羽状网脉（图 5-46），如桂花、桑等。有的由叶基分出多条较粗大的叶脉，呈辐射状伸向叶缘，再多级分枝形成网状，称掌状网脉（图 5-47），如冬瓜、蓖麻等。主脉只有 3 条，且均从叶基发出，则称掌状三出脉，如巴豆等；若主脉仅有 3 条，叶基两侧的 2 条主脉由叶基之上发出，则称离基三出脉（图 5-48），如肉桂、樟等。

少数单子叶植物也具有网状脉序，如薯蓣、天南星，但其叶脉末梢大多数是连接的，没有游离的脉梢。此点有别于双子叶植物的网状脉序。

图 5-46　羽状网脉（桑）

图 5-47 掌状网脉（冬瓜）

图 5-48　离基三出脉（肉桂）

2. 平行脉序　各条叶脉近似于平行分布，是单子叶植物的脉序类型。其中主脉和侧脉从叶片基部平行伸出直到尖端者，称直出平行脉，如淡竹叶、芦苇叶。有的主脉明显，其两侧有许多平行排列的侧脉与主脉垂直，称横出平行脉，如芭蕉。有的各条叶脉均自基部以辐射状态伸出，称射出平行脉，如棕榈。有些植物的叶脉从叶片基部直达叶尖，中部弯曲形成弧形，称弧形脉，如车前、百部（图 5-49）。

a. 直出平行脉（淡竹叶）

b. 横出平行脉（芭蕉）

c. 射出平行脉（棕榈）

d. 弧形脉（蔓生百部）

图 5-49　平行脉序

3. 分叉脉序 每条叶脉均呈多级二叉状分枝，是比较原始的一种脉序，在蕨类植物中普遍存在，而在种子植物中少见，如银杏（图 5-50）。

图 5-50 分叉状脉（银杏）

图 5-51 草质（薄荷）

（六）叶片的质地

常见的有膜质，叶片薄而半透明，如半夏；草质，叶片薄而柔软，如薄荷、商陆、扶桑等（图 5-51）；革质，叶片厚而较坚韧，略似皮革，如枇杷、山茶、夹竹桃等（图5-52）；肉质，叶片肥厚多汁，如芦荟、马齿苋、景天等（图 5-53）。

图 5-52 革质（山茶）

图 5-53 肉质（马齿苋）

（七）叶的表面附属物

叶和其他器官一样，表面常有附属物而呈各种表面形态特征。光滑的，如冬青、构骨；被粉的，如芸香；粗糙的，如紫草、腊梅；被毛的，如蜀葵、地黄（图 5-54）。

图 5-54 叶片表面附属物（地黄）

三、叶片的分裂

植物的叶片常是全缘或仅叶缘具齿或细小缺刻，但有些植物的叶片叶缘缺刻深而大，形成分裂状态，常见的叶片分裂有三出分裂（图 5-55）、掌状分裂（图 5-56）和羽状分裂（图 5-57）三种。依据叶片裂隙的深浅不同，又可分浅裂、深裂和全裂三种。

a.三出浅裂

b.三出深裂

图 5-55 三出分裂

a. 掌状浅裂（冬瓜）

b. 掌状深裂（掌叶覆盆子）

c. 掌状全裂（大麻）

图 5-56 掌状分裂

1. 浅裂 叶裂深度不超过或接近叶片宽度的四分之一，如冬瓜、博落回。

2. 深裂 叶裂的深度一般超过叶片宽度的四分之一，但不超过叶片宽度的二分之一，如掌叶覆盆子、蓟。

3. 全裂 叶裂几乎达到叶的主脉基部或两侧，形成数个全裂片，如大麻、裂叶荆芥。

a. 羽状浅裂（博落回）

b. 羽状深裂（蓟）

c. 羽状全裂（裂叶荆芥）

图 5-57 羽状分裂

四、异形叶性

一般情况下，每种植物的叶具有一定形状。但有的植物，在同一植物上却有不同形状的叶，这种现象称为异形叶性。异形叶性的发生有两种情况，一种是由于植物发育年龄的不同，所形成的叶形各异，如七叶一枝花幼苗期的叶为 1 枚，而以后生长的叶是由 3~9 枚叶排成一轮；蓝桉幼枝上的叶是对生、无柄的椭圆形叶，而老枝上的叶则是互生、有柄的镰形叶；异叶翅子木、半枫荷等同一棵植物也常有不同的叶形存在；益母草基生叶略呈圆形，中部叶椭圆形、掌状分裂，顶生叶不分裂而呈线形近无柄；另一种是由于外界环境的影响，引起叶的形态变化，如慈姑的沉水叶是线形，漂浮的叶呈椭圆形，气生叶则呈箭形。见图 5-58~图 5-62。

a. 苗期叶片

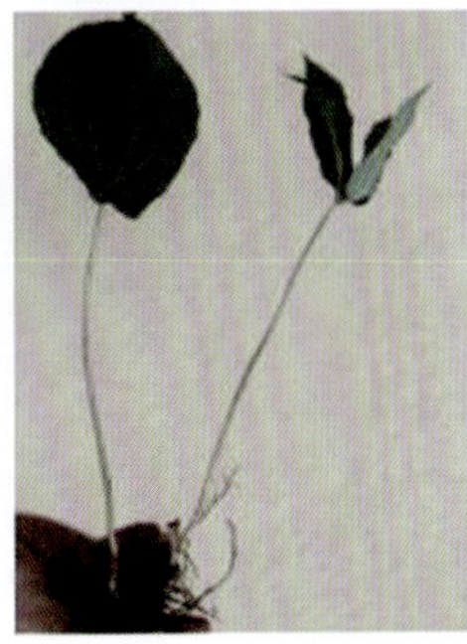
b. 同一株上的不同叶片

c. 5 片叶片轮生

图 5-58　不同时期的七叶一枝花的形态

图 5-59　异叶翅子木的异形叶

图 5-60　半枫荷的异形叶

图 5-61　半夏的异形叶

图 5-62　益母草的异形叶

第二节 单叶与复叶

植物的叶分为单叶和复叶两大类。

一、单叶

一个叶柄上只着生一个叶片或单独一叶片直接着生于茎上，叶腋处有芽，称单叶，如桑、女贞、枇杷等。见图 5-63。

图 5-63 单叶（桑）

二、复叶

一个叶柄上着生两个或两个以上叶片，称复叶，如五加、野葛等。复叶的叶柄称总叶柄，总叶柄以上着生小叶的部分称叶轴，复叶上的每片叶片称小叶，其叶柄称小叶柄。从来源来看，复叶是由单叶的叶片分裂成多个独立的小叶而成的。见图 5-64。根据小叶的数目和在叶轴上排列的方式不同，复叶又可分为以下几种：

图 5-64 复叶（枫杨）

（一）三出复叶

叶轴上着生三片小叶的复叶。若顶生小叶具有柄，称羽状三出复叶，如大豆、野葛等。若顶生小叶无柄，称掌状三出复叶，如酢浆草、半夏等（图 5-65）。

a. 羽状三出复叶（野葛）

b. 掌状三出复叶（酢浆草）

图 5-65 三出复叶

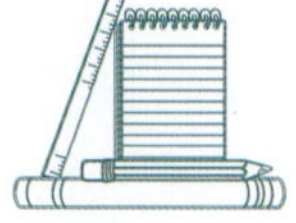

（二）掌状复叶

叶轴缩短，在其顶端集生三片以上小叶，呈掌状展开，如细柱五加、鹅掌柴等（图5-66）。

图 5-66 掌状复叶（细柱五加）

（三）羽状复叶

叶轴长，小叶 3 片以上，在叶轴两侧排成羽毛状。若羽状复叶的叶轴顶端生有一片小叶，则称单（奇）数羽状复叶，如苦参、甘草、刺槐等。若羽状复叶的叶轴顶端具 2 片小叶，则称双（偶）数羽状复叶，如决明、皂荚等。若羽状复叶的叶轴只有一次羽状分枝，形成许多侧生小叶轴，在小叶轴上又形成羽状复叶，称二回羽状复叶，如含羞草、合欢、云实等。若叶轴再作二次羽状分枝，第二级分枝上又形成羽状复叶的，称三回羽状复叶，如南天竹、苦楝等（图 5-67）。

a. 单（奇）数羽状复叶（刺槐）

b. 双（偶）数羽状复叶（决明）

c. 二回羽状复叶（合欢）

d. 三回羽状复叶（南天竹）

图 5-67 羽状复叶

（四）单身复叶

叶轴顶端只具有一个叶片，是一种特殊形态的复叶，可能是由三出复叶两侧的小叶退化成翼状形成，其顶生小叶与叶轴接连处，具一明显的关节，如柑橘、柠檬、柚等芸香科柑橘属植物的叶（图 5-68）。

图 5-68 单身复叶(柚)

复叶易和生有单叶的小枝相混淆。在识别时首先应弄清叶轴和小枝的区别。第一，叶轴的顶端无顶芽，而小枝的顶端具有顶芽；第二，小叶的腋内无侧芽，总叶柄的基部才有芽，而小枝的每一单

叶叶腋内均有芽；第三，通常复叶上的小叶在叶轴上排列在同一平面上，而小枝上的单叶与小枝常成一定的角度；第四，复叶脱落时，整个复叶由总叶柄处脱落，或小叶先脱落，然后叶轴连同总叶柄一起脱落，而小枝不脱落，只有叶脱落。具全裂叶片的单叶，其裂口虽可达叶柄，但不形成小叶柄，故易与单叶区分。见图 5-69。

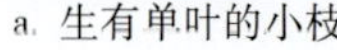

a. 生有单叶的小枝

b. 复叶

图 5-69 生有单叶的小枝与复叶的区别

第三节 叶序与叶镶嵌

一、叶序

叶在茎枝上排列的次序或方式称叶序。常见叶序有下列几种：

（一）互生

互生指在茎枝的每个节上只生一片叶子，各叶交互而生，它们常沿茎枝作螺旋状排列，如桑、桃、菊等的叶序（图 5-70）。

图 5-70 互生叶序（菊）

图 5-71 对生叶序（薄荷）

（二）对生

对生是指在茎枝的每一节上相对着生二片叶子，如栀子、番石榴、女贞、巴戟天等的叶序，有的与上下相邻的两叶成十字排列交互对生，如薄荷、忍冬、龙胆等的叶序；有的对生叶排列于茎的两侧成二列状对生，如小叶女贞、水杉等的叶序（图 5-71）。

（三）轮生

轮生指每个节上轮状着生三或三片以上的叶，如轮叶沙参、桔梗、直立百部等的叶序（图 5-72）。

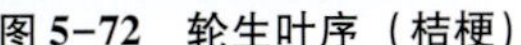

图 5-72　轮生叶序（桔梗）

图 5-73　簇生叶序（金钱松）

（四）簇生

簇生指两片或两片以上的叶子着生于节间极度缩短的短枝上，形成簇状，如银杏、金钱松等的叶序（图 5-73）。

此外，有些植物的茎极为短缩，节间不明显，其叶如从根上生出，称基生叶，基生叶常集生而呈莲座状称莲座状叶丛，如车前、蒲公英等（图 5-74）。

图 5-74　基生叶（车前）

有些植物同时存在两种或两种以上的叶序，如栀子的叶序有对生和三叶轮生，桔梗的叶序有互生、对生及三叶轮生。

二、叶镶嵌

叶在茎枝上排列无论是哪一种方式，相邻两节的叶子都不重叠，总是从相当的角度彼此镶嵌着生，称叶镶嵌。叶镶嵌使叶片不致相互遮盖，有利于进行光合作用。

第四节　叶的变态

叶容易受环境条件的影响和生理功能的改变而发生变异，形成叶的变态。叶的变态种类很多，常见的如下列几种：

一、苞片

生于花梗或花序轴上的无柄小叶，称苞片或苞叶（图 5-75）；位于花序基部一至多层的苞片合称为总苞。总苞中的各个苞片，称总苞片（图 5-76）；花序中每朵小花的花柄上或花的花萼下

较小的苞片称小苞片。苞片的形状多与普通叶不同，常较小，绿色，也有形大而呈各种颜色的。总苞的形状和轮数的多少，常为种属鉴别特征，如壳斗科植物的总苞常在果期硬化成壳斗状，成为该科植物的主要特征之一；菊科植物的头状花序基部则由多数绿色总苞片组成总苞；蕺菜花序下的总苞是由四片白色的花瓣状苞片组成；天南星科植物的花序外面，常围有一片大型的总苞片，称佛焰苞，如天南星、半夏等（图 5-77）。

a. 白及

b. 三角梅

图 5-75　苞片

a. 蓟

b. 蕺菜

图 5-76　总苞片

图 5-77　佛焰苞（东北天南星）

二、刺状叶（叶刺）

刺状叶是由叶片或托叶变态成坚硬的刺状，有保护和减少蒸腾面积的作用。如仙人掌的叶退化成针刺状；小檗的叶变成三刺，通称“三棵针”；红花、构骨上的刺是由叶尖、叶缘变成的；刺槐、酸枣的刺是由托叶变成的。见图 5-78。根据刺的来源及生长的位置不同，可与刺状茎或皮刺相区别。

图 5-78　刺状叶

三、鳞叶（鳞片）

图 5-79　鳞叶（百合）

叶特化或退化成鳞片状，称鳞片或鳞叶。可分为肉质和膜质两种，一种肉质鳞叶肥厚，能贮藏营养物质，如百合、洋葱等鳞茎上的肥厚鳞叶。另一种是膜质鳞叶很薄，一般不呈绿色，如麻黄的叶、姜的根状茎和荸荠球茎上的鳞叶，以及木本植物的冬芽（鳞芽）外的褐色鳞片叶，具有保护作用。见图 5-79。

四、叶卷须

叶的全部或一部分变为卷须，借以攀缘它物，如豌豆、小巢菜的卷须是由羽状复叶上的小叶变成的，菝葜和土茯苓的卷须是由托叶变成的。根据卷须的来源和生长部位也可与茎卷须区别。见图 5-80。

五、捕虫叶

食虫植物的叶，叶片形成囊状、盘状或瓶状等捕虫结构，当昆虫触及时，能立即自动闭合，将昆虫捕获，后被腺毛或腺体的消化液所消化。如捕蝇草、猪笼草等的叶。见图5-81。

图 5-80　叶卷须（豌豆）

图 5-81　捕虫叶（猪笼草）

第五节 叶的内部构造

叶是由茎尖生长锥后方的叶原基发育而来的。叶通过叶柄与茎相连，叶柄的构造和茎的构造很相似，但叶片是一个较薄的扁平体，在构造上与茎有显著区别。

一、双子叶植物叶的一般构造

（一）叶柄的构造

叶柄的横切面一般呈半圆形、圆形、三角形等，向茎的一面平坦或者凹下，背茎的一面凸出。叶柄与茎相似，最外面为表皮，表皮内方为皮层，皮层中具厚角组织，有时也具厚壁组织。在皮层中有若干个大小不同的维管束，每个维管束的结构和幼茎中的维管束相似，木质部位于上方（腹面），韧皮部位于下方（背面），木质部与韧皮部间常具短暂活动的形成层。

植物种类不同，叶柄的构造也往往不同，因此，叶柄有时可作为叶类、全草类药材的鉴别特征之一。

（二）叶片的构造

一般双子叶植物叶片的构造可分为表皮、叶肉和叶脉三部分。

1. 表皮 包被着整个叶片的表面，在叶片上面（腹面）的表皮称上表皮，在叶片下面（背面）的表皮称下表皮，表皮通常由一层排列紧密的生活细胞组成，也有由多层细胞构成的，称复表皮。叶片的表皮细胞中一般不含叶绿体。顶面观表皮细胞一般呈不规则形，侧壁（垂周壁）多呈波浪状，彼此相互嵌合，紧密相连，无间隙；横切面观表皮细胞近方形，外壁常较厚，常具角质层，有的还具蜡被、毛茸等附属物。大多数种类上、下表皮都有气孔分布，但一般下表皮的气孔较上表皮为多，气孔的数目、形状因植物种类不同而异。

2. 叶肉 在上、下表皮之间，由含有叶绿体的薄壁细胞组成，是绿色植物进行光合作用的主要部位。叶肉通常分为栅栏组织和海绵组织两部分。

（1）栅栏组织：位于上表皮之下，细胞呈圆柱形，排列整齐紧密，其细胞的长轴与上表皮垂直，形如栅栏。细胞内含有大量叶绿体，叶的腹面呈现深绿色，所以光合作用效能较强。栅栏组织在叶片内通常排成一层，也有排列成2层或2层以上的，如薄荷叶、枇杷叶。各种植物叶肉的栅栏组织排列的层数不一样，可作为叶类药材鉴别的特征。

（2）海绵组织：位于栅栏组织下方，与下表皮相接，由一些近圆形或不规则形状的薄壁细胞构成，细胞间隙大，排列疏松如海绵状，细胞中所含的叶绿体一般较少，叶的背面呈现浅绿色，光合作用的效能较弱。

多数植物叶片的内部构造中，栅栏组织与海绵组织分化明显。栅栏组织紧接上表皮下方，而海绵组织位于栅栏组织与下表皮之间，这种叶称两面叶或异面叶。有些植物的叶在上下表皮内侧均有栅栏组织，称等面叶，如番泻叶、桉叶等；有的植物没有栅栏组织和海绵组织的分化，亦为等面叶，如禾本科植物的叶。在叶肉组织中，有的植物含有油室，如桉叶、橘叶等；有的植物含有草酸钙簇晶、方晶、砂晶等，如桑叶、枇杷叶等；有的还含有石细胞，如茶叶。

叶肉组织在上下表皮的气孔内侧形成一较大的腔隙，称孔下室（气室）。这些腔隙与栅栏组织和海绵组织的胞间隙相通，有利于内外气体的交换。

3. 叶脉 是叶片中的维管束，分布于叶肉组织之间。主脉和各级侧脉的构造不完全相同。主脉和较大侧脉是由维管束和机械组织组成。维管束的构造和茎大致相同，维管束多为无限外韧型，由木质部和韧皮部组成，木质部位于向茎面，韧皮部于背茎面。在木质部和韧皮部之间常具形成层，但分生能力很弱，活动时间很短，只产生少量的次生组织。在维管束的上下方常有厚壁或厚角组织包围，这些机械组织在叶的背面最为发达，因此主脉和大的侧脉在叶片背面常呈显著的突起。侧脉越分越细，构造也越趋简化，最初消失的是形成层和机械组织，其次是韧皮部组成分子，木质部的构造也逐渐简单，组成它们的分子数目也减少。叶脉末端木质部中仅有1~2个短的螺纹管胞，韧皮部中则只有短而狭小的筛管分子和增大的伴胞。

另外，在许多植物的小叶脉末端的韧皮部内常有特化的细胞——具有内突生长的细胞壁，由于壁的向内生长形成许多不规则的指状突起，因而大大增加了壁的内表面与质膜表面积，使质膜与原生质体的接触更为密切，此种细胞称为传递细胞。传递细胞能够更有效地从叶肉组织输送光合作用产物到达筛管分子。叶片主叶脉部位的上下表皮内方一般为厚角组织和薄壁组织，无叶肉组织。但有些植物在主脉的上方有一层或几层栅栏组织，与叶肉中的栅栏组织相连接，如番泻叶、薄荷叶，这是叶类药材的鉴别特征。见图5-82。

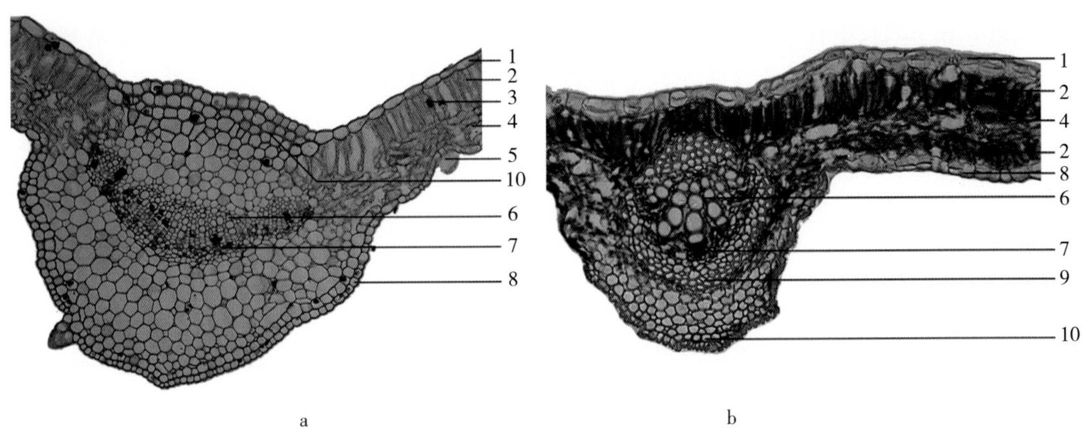

图5-82 双子叶植物叶的构造

a. 薄荷叶横切面详图 b. 番泻叶横切面详图

1. 上表皮 2. 栅栏组织 3. 橙皮苷结晶 4. 海绵组织 5. 腺毛 6. 木质部 7. 韧皮部 8. 下表皮 9. 厚壁组织 10. 厚角组织

二、单子叶植物叶的构造

单子叶植物的叶变异较大，外形多种多样，有条形（稻、小麦）、管形（葱）、剑形（鸢尾）、卵形（玉簪）、披针形（鸭跖草）等。叶可以有叶柄和叶片，但大部分分化成叶片和叶鞘。叶片较窄，内部结构常不相同，但仍和一般双子叶植物一样具有表皮、叶肉和叶脉三种基本结构。以禾本科植物为例加以说明。见图5-83。

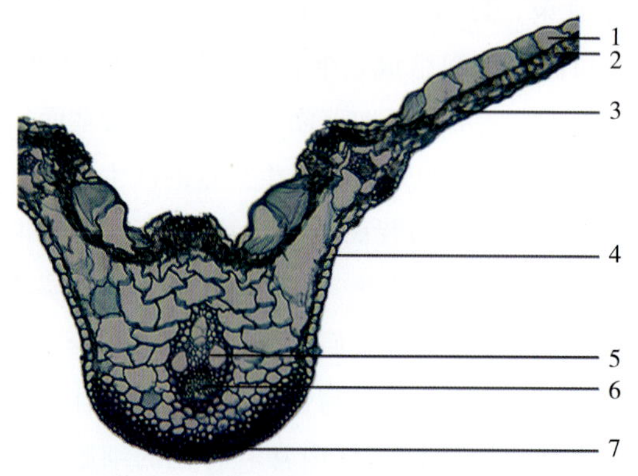

图 5-83　单子叶植物叶的构造（淡竹叶）

1. 运动细胞　2. 栅栏组织　3. 海绵组织　4. 下表皮　5. 木质部　6. 韧皮部　7. 厚壁组织

（一）表皮

表皮细胞的排列比双子叶植物规则，排列成行，有长细胞和短细胞两种类型，长细胞为长方柱形，长径与叶的纵轴平行，外壁角质化，并含有硅质。短细胞又分为硅质细胞和栓质细胞两种类型，硅质细胞的胞腔内充满硅质体，故禾本科植物叶坚硬而表面粗糙；栓质细胞则胞壁木栓化。此外，在上表皮中有一些特殊大型的薄壁细胞，称泡状细胞，细胞具有大型液泡，在横切面上排列略呈扇形，干旱时由于这些细胞失水收缩，使叶片卷曲成筒，可减少水分蒸发，故又称运动细胞。表皮上下两面都分布有气孔，气孔是由 2 个狭长或哑铃状的保卫细胞构成，两端头状部分的细胞壁较薄，中部柄状部分细胞壁较厚，每个保卫细胞外侧各有 1 个略呈三角形的副保卫细胞。

（二）叶肉

禾本科植物的叶片多呈直立状态，叶片两面受光近似，因此一般叶肉没有栅栏组织和海绵组织的明显分化，属于等面叶类型。但也有个别植物叶的叶肉组织分化成栅栏组织和海绵组织，属于两面叶类型，如淡竹叶的叶肉组织中栅栏组织由一列圆柱形薄壁细胞组成，海绵组织由一至三列（多两列）排成较疏松的不规则圆形细胞组成。

（三）叶脉

叶脉内的维管束近平行排列，主脉粗大，维管束为有限外韧型。主脉维管束的上下两方常有厚壁组织分布，并与表皮层相连，增强了机械支持作用。在维管束外围常有 1~2 层或多层细胞包围，构成维管束鞘。如玉米、甘蔗由一层较大的薄壁细胞组成，稻、小麦则由一层薄壁细胞和一层厚壁细胞组成。

扫一扫，查阅复习思考题答案

复习思考题

1. 何谓叶？何谓完全叶和不完全叶？
2. 单子叶植物的叶与双子叶植物的叶在形态上有何不同？
3. 双子叶植物叶片与单子叶植物叶片在构造上有何差异？

项目六 识别花的形态

扫一扫，查阅本项目 PPT、视频等数字资源

【学习目标】

知识目标

1. 掌握花的组成及形态、花的类型、花序的类型。
2. 熟悉雄蕊群、雌蕊群的形态及类型。
3. 了解花程式的书写方法。

能力目标

1. 能辨认花的各部分结构。
2. 能识别常见花冠类型、雄蕊群类型、雌蕊类型和花序类型。

花是被子植物重要的生殖器官，通过开花、授粉、受精形成果实，产生种子，从而繁衍下一代。在自然界中，唯有种子植物有花，所以种子植物又称显花植物或有花植物。种子植物包括裸子植物和被子植物。裸子植物的花较原始和简单，无花被、单性、成雄球花和雌球花；而被子植物的花高度进化，构造也较复杂，常有美丽的形态、鲜艳的颜色和芳香的气味。一般有花植物是指被子植物，通常所述的花即是被子植物的花。

花是由花原基形成的花芽发育而成的，其本质是一节间短缩、适应繁殖的变态短枝。花柄和花托是枝的一部分，花萼、花冠、雄蕊群、雌蕊群则是变态叶。不同的植物花的形态是不一样的，掌握不同植物花的形态特征，对研究药用植物分类、药用植物鉴别有重要的意义。

许多植物的花可供药用，有的是花序入药，如菊花、旋覆花、款冬花等；有的是开放的花朵入药，如洋金花、闹洋花等；有的是花蕾入药，如丁香、金银花、槐米等；有的是花的某一部入药，如西红花是柱头、莲须是雄蕊、玉米须是花柱、蒲黄和松花粉是花粉粒等。

第一节 花的组成及形态

一朵完整的被子植物的花由花柄、花托、花萼、花冠、雄蕊群和雌蕊群构成，有些花是由其中几部分组成。见图 6-1。

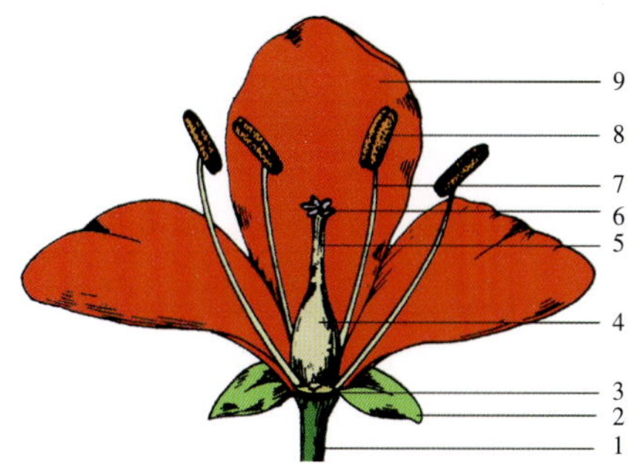

图 6-1 花的组成

1. 花柄 2. 花萼 3. 花托 4. 子房 5. 花柱 6. 柱头 7. 花丝 8. 花药 9. 花冠

一、花柄

花柄又称花梗，在某些花中称为花薹或花葶。它是植物适应繁殖的变态枝，是花与茎的连接部分，大部分花的花柄为绿色、圆柱形，有的则是紫色或其他颜色。它的作用是支撑花朵和运输营养，在结果后发育成果柄。花柄的长短和粗细因不同植物而异，有的很长，如莲、垂丝海棠等；有的很短，如贴梗海棠；有的则无花梗，如地肤、车前等。

二、花托

花托是花柄顶端的膨大部分，是花萼、花冠、雄蕊群、雌蕊群的着生部位。植物种类不同，花托的形状也不同。常见的花托形状有圆柱形、圆锥形、圆头形、平顶状、杯状和盘状等，如厚朴、木兰的花托呈圆柱状；草莓的花托膨大成圆锥状；金樱子、玫瑰的花托凹陷成瓶状或杯状；莲的花托膨大成倒圆锥状；落花生的花托在雌蕊受精后延伸成为连接雌蕊的柱状体，称雌蕊柄；枣、柑橘、卫矛等的花托顶部则形成扁平状或垫状的盘状体，能分泌蜜汁，称花盘。

三、花被

花被是花萼和花冠的总称，当花萼和花冠形态相似不容易区分时统称为花被。有些植物同时具有花萼和花冠，有些植物只有花冠或花萼，有些植物没有花被。花被的作用是保护幼花，虫媒花可通过其花被漂亮的颜色吸引昆虫授粉。

（一）花萼

花萼位于花的最外层，是所有萼片的总称，常呈绿色，叶片状。不同的植物萼片数目不同，一般以 3~5 片者多见。

花萼根据萼片是否分离分为离生萼和合生萼。一朵花的萼片彼此分离的称离生萼，如毛茛、油菜等；萼片相互连合的称合生萼，如曼陀罗、地黄等，其下部连合部分称萼筒或萼管，上部分离部分称萼齿或萼裂片。有的萼筒一侧向外延长成一个管状或囊状的突起称为距，如凤仙花、旱金莲等。

花萼根据开花后是否脱落分为落萼、宿萼和早落萼。花萼在花开放后脱落的称落萼，如山楂、油菜等；花萼在结果后仍存在并随果实一起发育的称宿萼，如柿、茄等；花开放前花萼即掉落的称早落萼，如白屈菜、虞美人等。

另外，若花萼有两轮，则外轮叫副萼，内轮称萼片，如棉花、草莓等。若花萼大而鲜艳呈花冠状，称瓣状萼，如乌头、铁线莲等。菊科植物的花萼细裂成毛状，称冠毛，如蒲公英、飞蓬等。此外，还有的花萼变成膜质半透明，如牛膝、青葙等。

（二）花冠

花冠是一朵花中所有花瓣的总称。花冠位于花萼内侧，有的植物的花冠具备各种鲜艳的颜色，起到招蜂引蝶的作用。

花冠根据花瓣彼此是否分离分为离瓣花和合瓣花。离瓣花花瓣彼此分离，如桃、萝卜等；合瓣花花瓣全部或部分连合，如牵牛、桔梗等。合瓣花的连合部分称花冠筒或花冠管，分离部分称花冠裂片。有的花瓣在其基部延长成囊状或管状也称距，如紫花地丁、延胡索等。由于花冠的离合、花冠筒的长短、花冠裂片的深浅和形状等的不同，形成各种类型的花冠，常见的有下列九种。见图 6-2。

a　b　c　d　e　f　g　h

图 6-2　花冠的类型

a. 十字形（油菜）　b. 蝶形（锦鸡儿）　c. 唇形（丹参）　d.［1. 舌状　2. 管状（向日葵）］
e. 高脚碟状（水仙）　f. 漏斗状（牵牛）　g. 钟状（党参）　h. 辐状（茄）

1. 十字形花冠　离瓣花冠，花瓣 4 枚，上部外展成十字形。如油菜、萝卜、菘蓝等十字花科植物的花冠。

2. 蝶形花冠　离瓣花冠，花瓣 5 枚，形似蝴蝶，上面位于花的最外方且最大的花瓣称旗瓣；侧面位于花的两翼且较小的两枚花瓣称翼瓣；最下面最小且顶部靠合，并向上弯曲成龙骨状的两枚花瓣，称龙骨瓣，如皂荚、甘草、黄芪、大豆等豆科植物的花冠。

3. 唇形花冠 合瓣花冠，下部合生成筒状，上部呈二唇形，通常上唇二裂，下唇三裂。如益母草、紫苏等唇形科植物的花冠。

4. 管状花冠 合瓣花冠，花瓣大部分合生成管状（筒状），花冠裂片沿花冠管方向伸出，花冠管细长，如红花、白术、刺儿菜等植物花冠。一般菊科植物头状花序的中心花为管状花冠，管状花颜色不鲜艳，但是结实，如向日葵等。

5. 舌状花冠 合瓣花冠，花冠基部连合成一短筒，上部向一侧延伸成扁平舌状。一般菊科植物头状花序的边缘花为舌状花冠，舌状花颜色鲜艳，不结实。如向日葵的外缘花冠、蒲公英的花冠等。

6. 高脚碟状花冠 合瓣花冠，花冠下部合生成细长管状，上部裂片呈水平状扩展，形如高脚碟子。如迎春、水仙、长春花等植物的花冠。

7. 漏斗状花冠 合瓣花冠，花冠筒较长，自基部向上逐渐扩大，形似漏斗。如牵牛、旋花等旋花科植物和曼陀罗等部分茄科植物的花冠。

8. 钟状花冠 合瓣花冠，花冠筒稍短而宽，上部扩大成钟状。如桔梗、党参等桔梗科植物的花冠。

9. 辐状或轮状花冠 合瓣花冠，花冠筒甚短，花冠裂片向四周辐射状广展，形似车轮。如枸杞、茄、龙葵等茄科植物的花冠。

知识链接

花冠的色彩与大小

不同植物花冠颜色不同，相同植物不同品种的花冠颜色也不同。花冠的颜色可以吸引昆虫来为其授粉，也可警告一些小动物敬而远之。花冠的颜色是由花冠中含有的色素决定的，红色花含有花青素，橘色花含有胡萝卜素，白色花不含任何色素，但是里面充满了许多微小的气泡，如果我们使劲儿用手捏一下白色的花冠，它里面的气泡被赶走，就会变成半透明状态。

花冠的大小、颜色也会影响到植株结果，花冠大而漂亮，势必消耗大量的养分，结果造成落花落果，这也就是我们所谓的“华而不实”。一般来说，花冠艳丽的花，香味较淡，不结果；花冠较小的花一般都结果。

（三）花被卷叠式

花被卷叠式是指花被各片的排列方式，其在花蕾即将绽放时尤为明显。植物种类不同，其花被卷叠式也不一样，常见的有下列几种类型：

1. 镊合状 花被各片的边缘彼此接触而不覆盖排成一圈，如葡萄、桔梗的花冠。若各片的边缘微向内弯称内向镊合，如沙参的花冠；若各片的边缘微向外弯称外向镊合，如蜀葵的花萼。

2. 旋转状 花被各片彼此以一边重叠成回旋状，如夹竹桃、黄栀子的花冠。

3. 覆瓦状 花被片边缘彼此覆盖，但其中有一片两边完全在外面，一片两边完全在内面，如山茶的花萼、紫草的花冠。

4. 重覆瓦状 在覆瓦状排列的花被片中，有两片全在内面，两片完全在外面，如野蔷薇、桃、杏等的花冠。见图6-3。

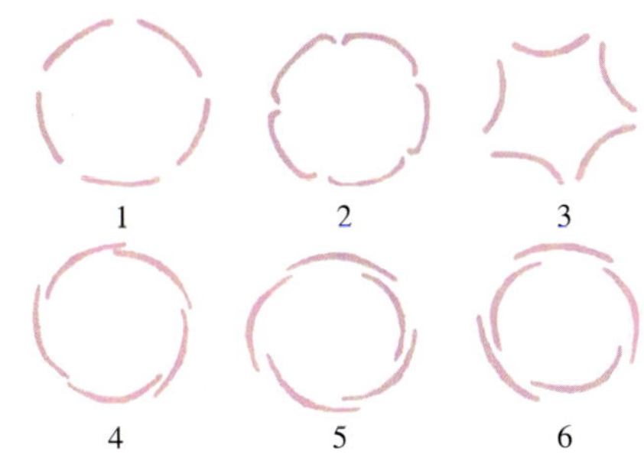

图 6-3　花被卷叠方式

1. 镊合状　2. 内向镊合状　3. 外向镊合状　4. 旋转状

5. 覆瓦状　6. 重覆瓦状

四、雄蕊群

雄蕊群是一朵花中所有雄蕊的总称。雄蕊常位于花被内侧，生于花托上，也有基部着生于花冠或花被上的，生于花冠上的称贴生。各类植物的雄蕊数目和形态不同，一般雄蕊数目与花瓣或花冠裂片同数或是其倍数，数目超过 10 枚的称为雄蕊多数。有的植物 1 朵花仅有 1 枚雄蕊，如白及、姜等。雄蕊的数目及形态是鉴定植物的重要标志之一。

（一）雄蕊的组成

典型的雄蕊由花丝和花药两部分组成。

1. 花丝　雄蕊下部细长呈丝状的部分，下部着生于花托或花被基部，上部支持花药。花丝长短、粗细随植物种类不同而不同。如细辛的花丝特别短小，合欢的花丝特别长。

2. 花药　位于花丝顶端，膨大呈囊状，是雄蕊的主要组成部分。通常由 4 个或 2 个花粉囊组成，分为左右两半，中间由药隔相连。花粉囊内可产生许多花粉，当花粉成熟时，花粉囊以各种方式自行裂开，散出花粉粒。

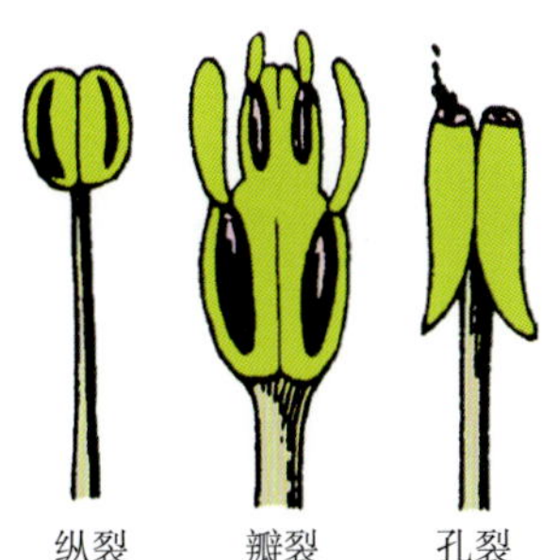

图 6-4　花粉囊裂开方式

花粉囊裂开的方式各不相同，常见的有：①纵裂，即花粉囊沿纵轴裂 1 缝，花粉粒从缝中散出，如水稻、百合等。②横裂，即花粉囊沿中部横裂 1 缝，花粉粒从缝中散出，如蜀葵、木槿等。③孔裂，即花粉囊顶部开一小孔，花粉由小孔散出，如茄、杜鹃等。④瓣裂，即花粉囊上形成 1～4 个向外展开的小瓣，成熟时，小瓣盖向上掀起，花粉粒散出，如香樟、淫羊藿等。见图6-4。

此外，不同的植物花药在花丝上的着生方式也不相同，常见的有下列：①全着药，即花药全部附着在花丝上，如紫玉兰等。②基着药，即花药基部着生于花丝的顶端，如樟、茄等。③背着药，即花药背部着生于花丝上，如杜鹃、马鞭草等。④丁字着药，即花药横向着生于花丝顶端，与花丝成丁字状，如百合、卷丹等。⑤个字着药，即花药上部联合，着生在花丝上，下部分离，略成个字状，如泡桐、地黄等。⑥广歧着药，即花药左右两半完全分离平展与花丝成垂直状着生，如益母草、薄荷等。见图 6-5。

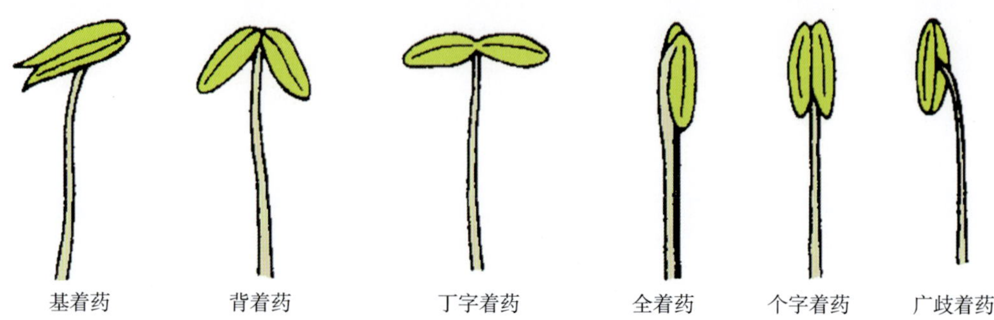

图 6-5　花药着生方式

（二）雄蕊群的类型

雄蕊在花中呈螺旋状或轮状排列，而一朵花中雄蕊的数目、长短、分离、连合及排列等状况，随植物种类不同而异，常见的有以下几种类型：

1. 二强雄蕊　雄蕊 4 枚，彼此分离，2 枚长 2 枚短。如紫苏、益母草等唇形科植物和地黄、紫花泡桐等玄参科植物。

2. 四强雄蕊　共 6 枚雄蕊，外轮 2 枚较短、内轮 4 枚较长。如菘蓝、萝卜等十字花科植物。

3. 单体雄蕊　雄蕊的花丝连合成一束，呈圆筒状、花药分离。如木槿、棉花等锦葵科植物和苦楝等楝科植物。

4. 二体雄蕊　雄蕊的花丝连合成两束，花药分离。如甘草、黄芪等豆科植物，雄蕊十枚，九枚花丝连合成一束，一枚分离。也有的植物如延胡索、紫堇等，有六枚雄蕊，每三枚花丝连合成两束。

5. 多体雄蕊　雄蕊的花丝连合成三束或三束以上，花药分离。如酸橙、金丝桃、蓖麻等。

6. 聚药雄蕊　雄蕊的花药连合成筒状，而花丝彼此分离。如向日葵、红花、蒲公英等菊科植物。见图 6-6。

图 6-6　雄蕊的类型

还有少数植物花中，一部分雄蕊不具花药，或花药发育不全，或虽有花药形状但不含花粉粒，称不育雄蕊或退化雄蕊，如鸭趾草；还有少数植物的雄蕊发生变态，无花丝与花药的区别，成花瓣状，如美人蕉和姜科的一些植物。

知识链接

花粉粒

不同植物的花粉粒形态、颜色、大小、表面纹饰、萌发孔或萌发沟是不一样的，因此可通过花粉粒的特征鉴别花类中药材。

花粉粒的形状有圆球形、椭圆形、三角形、多角形等。表面光滑或具各种雕纹，雕纹有刺状、颗粒状、瘤状、网状等。根据萌发孔或萌发沟的数目及排列方式的不同，可分为单孔花粉粒、单沟花粉粒和单孔花粉粒、双孔花粉粒、双沟花粉粒和双孔花粉粒、三孔花粉粒、三沟花粉粒和三孔花粉粒、多孔花粉粒、多沟花粉粒和多孔花粉粒等。

成熟的花粉粒具有内、外两层壁。内壁较薄，主要由果胶和纤维素构成，外壁较厚，含脂类和维生素，具有抗酸碱和抗分解的能力。

五、雌蕊群

雌蕊群位于花的中央，是一朵花中所有雌蕊的总称，具有生殖功能。

（一） 雌蕊的形成

雌蕊由心皮构成，心皮是具有生殖功能的变态叶。裸子植物的一个雌蕊就是一个敞开的心皮，胚珠裸露于心皮上。被子植物的雌蕊则由一个至多个心皮构成。被子植物的心皮形成雌蕊时，边缘向内卷，相邻两个边缘结合在一起，心皮边缘结合的缝线称腹缝线，心皮背部相当于叶的中脉的部分称背缝线，胚珠通过胎座与腹缝线连接。

（二） 雌蕊的组成

雌蕊由子房、花柱和柱头三部分组成。

1. 子房　雌蕊基部膨大成囊状的部分，通常其底部着生于花托上，呈椭圆形、卵形或其他形状，有时表面有棱沟或被毛，子房的外壁称子房壁，子房壁内的腔室为子房室，子房室内着生胚珠。

2. 花柱　位于子房上方，顶端为柱头，是花粉管进入子房的通道。花柱的粗细长短随植物种类不同而有差异，有条形、花瓣状等，如玉米的花柱细长如丝，莲的很短，罂粟则无花柱，柱头直接着生在子房的顶端。花柱一般直接着生于子房顶端，而唇形科植物花柱着生于纵向分裂的子房基部，称花柱基生；也有的植物其雄蕊与花柱合生成一柱状体称合蕊柱，如白及。

3. 柱头　位于花柱顶端，表面不平滑，有乳头状突起和黏液，有利于花粉固着、萌发。当花粉粒落在柱头上，柱头识别后促使花粉粒萌发花粉管。其形态变化较大，有盘状、羽毛状、头状、星状等。

（三） 雌蕊的类型

雌蕊根据组成的心皮数目不同可分为以下几种类型：

1. 单雌蕊　由一个心皮构成的雌蕊，子房室是一室，胚珠一至多数，如杏、桃、黄芪等。

2. 复雌蕊（合生心皮雌蕊）　由两个或两个以上的心皮彼此连合构成的雌蕊，又称合生心皮雌蕊。子房室可以是一室，也可以是多室。如桑、向日葵、连翘等的雌蕊是由两枚心皮构成；百合、蓖麻、石斛等的雌蕊是由三枚心皮构成；梨、苹果等的雌蕊是由5枚心皮构成；柑橘、马兜铃的雌蕊是由多心皮构成。

根据复雌蕊各部分的连合情况可分为下列三种情形：

（1）子房合生，但花柱、柱头分离。

（2）子房、花柱合生，柱头分离。

（3）子房、花柱、柱头全部合生，柱头呈斗状。

组成复雌蕊的心皮数可根据柱头和花柱分裂数目、子房上背缝线及腹缝线数目、子房室数判断。但是主要判断依据是腹缝线或背缝线的条数，因为构成复雌蕊的心皮数与腹缝线或背缝线的条数是相同的，而柱头数、花柱数、子房室数则因心皮在构成雌蕊时愈合程度的不同不能严格反映心皮数。

3. 离生心皮雌蕊 一朵花中心皮多数，彼此分离，每个心皮构成一个雌蕊，从而集合成雌蕊群。如芍药、八角茴香、五味子等。见图6-7。

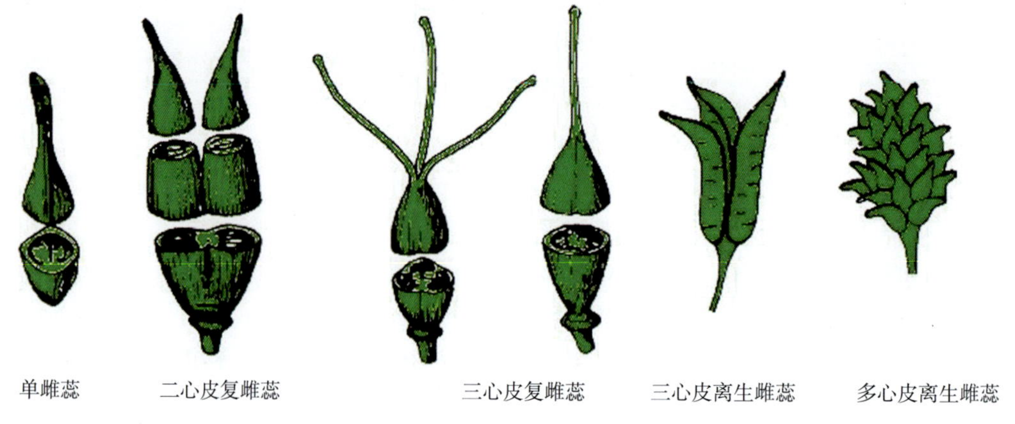

图6-7 雌蕊的类型

（四）子房着生的位置

子房着生于花托上，根据子房与花托的愈合情况及其与花各部分的关系，可将其位置分为以下三种情况：

1. 子房上位 花托扁平或突起，子房仅在底部与花托相连，花萼、花冠和雄蕊均着生在子房下方的花托上，称子房上位，下位花，如油菜、百合等；若花托凹陷，子房位置下陷，但子房侧壁不与花托愈合，花的其他部分着生在花托上端的边缘上，位于子房周围，称子房上位，周位花，如桃、杏等。

2. 子房半下位 子房仅下半部与凹陷的花托愈合，上半部外露，花萼、花冠、雄蕊着生在子房周围，称子房半下位，周位花，如桔梗、党参等。

3. 子房下位 子房全部生于凹陷的花托内，并与花托完全愈合。花被和雄蕊着生于子房的上方，称子房下位，上位花，如丝瓜雌花、梨等。见图6-8。

子房上位是比较原始的花，子房半下位、下位的花由它发展而来。

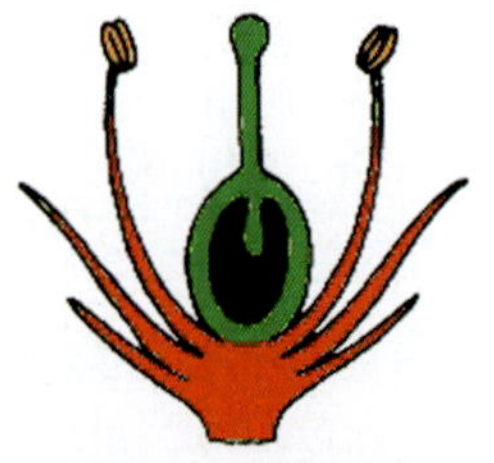
子房上位（下位花）

子房上位（周位花）

子房半下位（周位花）

子房下位（上位花）

图6-8 子房位置

（五）子房室数

子房室的数目由心皮数和心皮的结合状态决定。单雌蕊的子房只有1室。复雌蕊的子房可以是1室（各个心皮彼此在边缘连合而不向子房室内卷入），也可以是多室（各心皮向内卷入，在子房中心彼此相互靠合，心皮的一部分形成子房壁，其余部分形成子房内的隔膜，将子房分成与心皮数目相等的子房室）。也有的子房室可能被假隔膜分隔而使得子房室数多于心皮数，因此，复雌蕊子房室数有的与心皮数相等，有的多于心皮数，子房室内着生有胚珠，故子房是雌蕊的重要组成部分。

（六）胎座

胚珠在子房内着生的部位，称胎座。常见的胎座类型有以下六种类型：

1. 边缘胎座　由一个心皮构成，属单雌蕊，子房一室，胚珠着生于子房内的腹缝线上。如大豆、甘草等豆科植物。

2. 侧膜胎座　由合生心皮雌蕊构成，子房一室，胚珠着生于心皮相连的各条腹缝线上。如南瓜、栝楼等葫芦科植物。

3. 中轴胎座　由合生心皮雌蕊构成，子房二至多室，各心皮边缘向内伸入在子房的中央构成中轴，胚珠着生于中轴上，如柑橘、百合、棉、桔梗等。

4. 特立中央胎座　由合生心皮雌蕊构成，子房一室，各心皮边缘向内伸入到子房的中央构成中轴的上部和假隔膜消失，胚珠着生在残留的中轴周围。如石竹、马齿苋、报春花等。

5. 基生胎座（底生胎座）　由一个或多个心皮合生而成，子房一室，胚珠直接着生于子房室底部，如大黄、向日葵、大葱等。

6. 顶生胎座（悬垂胎座）　由一个或多个心皮合生而成，子房1室，胚珠直接着生（悬挂）于子房室顶部，如桑、樟、杜仲等。见图6-9。

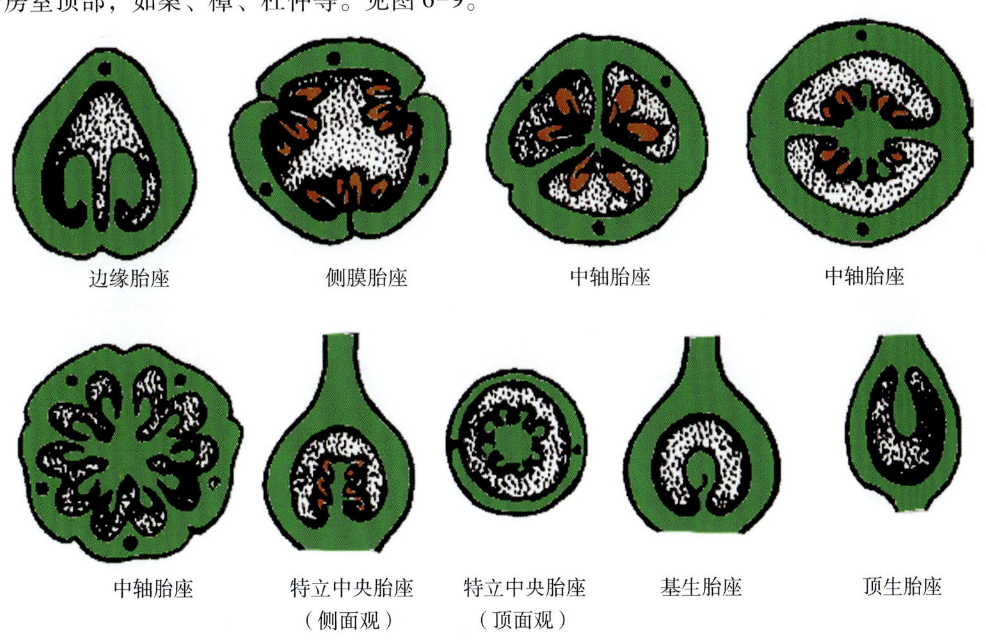

图6-9　胎座类型

（七）胚珠

胚珠着生于子房的胎座上，每个子房内胚珠的数目与植物种类有关，受精后发育成种子。

1. 胚珠的构造　胚珠由珠柄、珠被、珠孔、珠心、合点组成。常呈椭圆形或近球形。

（1）珠柄：连接胚珠和胎座的部分，珠柄中有维管束连接母体与胚珠。

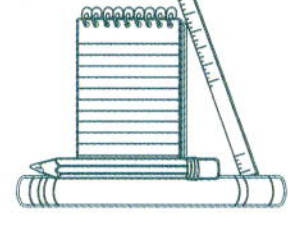

（2）珠被：胚珠最外面的部分为珠被，多数被子植物的珠被由外珠被和内珠被组成；也有一层珠被或无珠被的植物，如禾本科植物的胚珠。

（3）珠孔：珠被在胚珠的顶端不完全连合而留下的小孔，称珠孔。

（4）珠心：珠被内侧的部分，由薄壁细胞组成，是胚珠的重要组成部分。珠心中央发育形成胚囊，被子植物的成熟胚囊内一般有 8 个细胞，近珠孔一端有 1 个卵细胞和 2 个助细胞，与珠孔相对的另一端有 3 个反足细胞，中央有 2 个极核细胞。卵细胞与从花粉管中释放到胚囊内的 1 个精细胞结合，发育形成种子的胚，极核细胞与 1 个精细胞结合发育形成种子的胚乳，这种现象称为双受精。

（5）合点：珠心基部、珠被和珠柄三者的汇合处称合点，是维管束进入胚囊的通道。

2. 胚珠的类型 由于珠柄、珠被、珠心各部的生长速度不同，常形成以下四种类型。

（1）直生胚珠：胚珠各部生长速度一致，胚珠直立，珠孔在上，珠柄在下，珠柄、合点、珠心和珠孔在一条直线上，如蓼科和胡椒科等的一些植物。

（2）横生胚珠：胚珠因一侧生长较快，另一侧生长较慢，胚珠全部横向弯曲，合点、珠心的中点、珠孔成一直线并与珠柄垂直，如玄参科、茄科、锦葵科等的一些植物。

（3）弯生胚珠：胚珠下半部的生长较一致，但上半部一侧生长较快，另一侧生长较慢，生长快的一侧向慢的一侧弯曲，因此珠孔朝下方靠近珠柄，整个胚珠弯曲似肾形，珠柄、珠心和珠孔不在一条直线上，如十字花科、豆科中的一些植物。

（4）倒生胚珠：胚珠一侧生长较快，另一侧生长较慢，使胚珠向生长慢的一侧弯转 180 度，胚珠倒置，合点在上，珠孔向下靠近珠柄基部，珠柄与珠被愈合形成一条明显的纵脊称珠脊，如蓖麻、百合、杏等多数被子植物。见图 6-10。

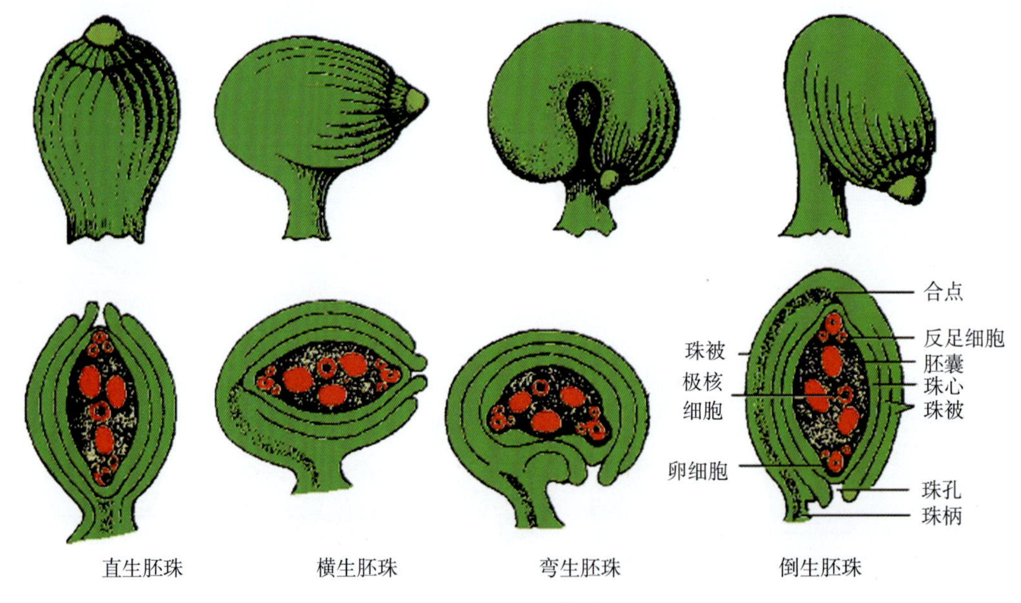

图 6-10 胚珠类型

第二节 花的类型

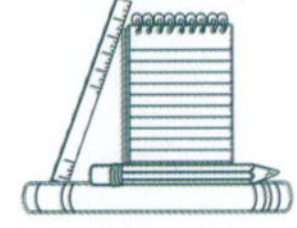

被子植物的花在长期演化过程中，其各部发生了不同程度的变化，形成不同的类型，一般有以下几种分类方法。

一、根据花的完整程度分类

（一） 完全花

花萼、花冠、雄蕊群和雌蕊群四大部分同时具备的花，如桃、桔梗等。

（二） 不完全花

花萼、花冠、雄蕊群、雌蕊群四大部分中缺少其中一部分或几部分的花，如桑、南瓜等。

二、根据花中有无花萼与花冠分类

（一） 重被花

一朵花中同时具有花萼、花冠的称重被花或两被花，如栝楼、党参、桃等。在重被花中，根据花瓣排列的轮数又可分为：

1. 单瓣花　花冠仅具一轮花瓣且数目稳定，如连翘。

2. 重瓣花　花冠由数轮花瓣形成，如牡丹、碧桃等栽培品种。

（二） 单被花

一朵花中只有花萼而无花冠，或花萼与花冠不易区分的称单被花。此时的花萼应叫花被，每一片称花被片。单被花的花被片可为1轮也可为多轮，但各轮在颜色和形态上常无区别，一般具有鲜艳的色泽，似花瓣状，也称无瓣花，如玉兰、贝母、百合等。

（三） 无被花

无花萼也无花冠称无被花，也叫裸花。无被花常具有苞片，如半夏、杜仲、杨、柳等。

三、根据花中有无雌、雄蕊分类

（一） 两性花

一朵花中同时具有雄蕊和雌蕊的花称两性花，如玫瑰、桔梗等。

（二） 单性花

一朵花中仅具有雄蕊或仅具有雌蕊的花称单性花。

1. 雄花　只有雄蕊而没有雌蕊的花称雄花。

2. 雌花　只有雌蕊而没有雄蕊的花称雌花。

根据植物是否具有雌花、雄花、两性花，又可分为以下三种株型。

1. 雌雄同花同株　在同一植株上只有两性花，自然界大部分植物都是这种。

2. 雌雄异花同株　在具有单性花的植物中，同一植株上既有雄花又有雌花，如南瓜、玉米等。

3. 雌雄异花异株　雄花和雌花分别生在同种异株上，如桑、栝楼等。

（1）雌株：只长有雌花的植株。

（2）雄株：只长有雌花的植株。

有些物种中，有两性花与单性花同时存在的现象，此现象称花杂性。在具有花杂性现象的植物中，若单性花和两性花存在于同株植物上称杂性同株，如朴树；若单性花和两性花存在于同种异株上，则称杂性异株，如臭椿、葡萄等。

（三） 无性花

雄蕊和雌蕊均退化或发育不全，称无性花，如绣球花序边缘的花。

四、根据花冠的对称方式分类

（一） 辐射对称花

花被（主指花冠）形状一致、大小相似，通过花的中心能做两个或两个以上对称面的称为辐射对称花，如桃、桔梗等。

（二） 两侧对称花

通过花的中心只能做一个对称面的称两侧对称花。如益母草等唇形科植物的唇形花、豆科植物的蝶形花等。

（三） 不对称花

无对称面的花称不对称花。如美人蕉、缬草等。

五、根据传播花粉的媒介分类

（一） 风媒花

借风传粉的花称风媒花。风媒花多为单性、单被或无被花，花粉量大，柱头面大，有黏质。如玉米、杨、柳等。

（二） 虫媒花

借昆虫传粉的花称虫媒花，传粉的昆虫有蜜蜂、蝴蝶、蛾子、蚂蚁、甲虫等。虫媒花多为两性，内有蜜腺、香味，花冠颜色鲜艳，花粉量少，但是花粉粒大而黏，能黏在昆虫身上。如桃、苹果等。

（三） 鸟媒花

借助小鸟传粉的花称鸟媒花。如某些凌霄属植物。

（四） 水媒花

借助水传粉的花称水媒花。如金鱼藻、黑藻等一些水生植物。

其中风媒花和虫媒花是植物长期自然选择的结果，也是自然界最普遍的适应传粉的花的类型。

第三节 花程式

花程式是花的组成的一种表示方法，可以更直观地说明不同植物花的结构。我们用字母、数字、符号写成固定的程式来表示花的性别、对称性及花被、雄蕊群和雌蕊群的情况称花程式。

一、花的各组成部分的字母表示法

一般采用花的各组成部分的拉丁名词的第一个字母大写表示，其简写如下：

P：表示花被，来源于拉丁文 perianthium。

K：表示花萼，来源于德文 kelch 一词，因拉丁词中花萼与花冠首字母均为 C。

C：表示花冠，来源于拉丁文 corolla。

A：表示雄蕊群，来源于拉丁文 androecium。

G：表示雌蕊群，来源于拉丁文 gynoecium。

二、用数字表示花各部分的数目

以“1、2、3、4…10”数字表示花各组成部分或每轮的数目；以“∞”表示数目在10个以上或数目不定；以“0”表示该组成部分不具备或退化；在雌蕊群“G”的右下方由左至右第1个数字表示一朵花中雌蕊群所包含的心皮数，第2个数字表示雌蕊群中每个雌蕊的子房室数，第3个数字表示每个子房室中的胚珠数，各数字之间以“:”隔开。上述各个数字均写在字母的右下方，字号比字母要小。

三、以符号表示花的各部分情况

如以括号“( )”表示合生；短横线“—”表示子房的位置。如“$\underline{G}$”表示子房上位，“$\overline{G}$”表示子房下位，“$\overline{\underline{G}}$”表示子房半下位；“↑”表示两侧对称花；“*”表示辐射对称花；“+”表示排列轮数的关系；“♂”表示雄花；“♀”表示雌花；“⚥”表示两性花。

四、书写顺序

花程式的书写顺序是：花的性别（若为两性花，也可以将符号省略不写），对称情况，花各组成部分从外部到内部依次记录P（K、C）、A、G等的情况。

五、花程式举例

1. 桃花 ⚥ $*\mathbf{K}_5\mathbf{C}_5\mathbf{A}_\infty\underline{\mathbf{G}}_{(1:1:1)}$ 表示桃花为两性花；辐射对称；花萼由5片离生的萼片组成；花冠由5片离生的花瓣组成；雄蕊群由多数离生的雄蕊组成；雌蕊群由1个1心皮形成的雌蕊组成，子房上位，有1个子房室，1个胚珠。

2. 桔梗花 ⚥ $*\mathbf{K}_{(5)}\mathbf{C}_{(5)}\mathbf{A}_5\overline{\underline{\mathbf{G}}}_{(5:5:\infty)}$ 表示桔梗花为两性花；辐射对称；花萼由5枚萼片合生而成；花冠由5枚花瓣合生而成；雄蕊群由5枚离生的雄蕊组成；雌蕊群具有1个5心皮结合而成的复雌蕊，子房为半下位，有5个子房室，每个室有多数胚珠。

3. 百合花 ⚥ $*\mathbf{P}_{3+3}\mathbf{A}_{3+3}\underline{\mathbf{G}}_{(3:3:\infty)}$ 表示百合花为两性花；辐射对称；花被由6片离生的花被片组成，成两轮排列，每轮3片；雄蕊群由6枚离生的雄蕊组成，成两轮排列，每轮3枚；雌蕊群由1个3心皮合生的雌蕊组成，子房上位，有3个子房室，每室有多数胚珠。

4. 苹果花 ⚥ $*\mathbf{K}_{(5)}\mathbf{C}_5\mathbf{A}_\infty\overline{\mathbf{G}}_{(5:5:2)}$ 表示苹果花为两性花；辐射对称；花萼由5片合生的萼片组成；花冠由5片离生的花瓣组成；雄蕊群由多数离生的雄蕊组成；雌蕊群具有1个5心皮结合而成的复雌蕊，子房下位，有5个子房室，每个室有2个胚珠。

5. 豌豆花 ⚥ $\uparrow\mathbf{K}_{(5)}\mathbf{C}_5\mathbf{A}_{(9)+1}\underline{\mathbf{G}}_{(1:1:\infty)}$ 表示豌豆花为两性花；两侧对称；花萼由5片合生的萼片组成；花冠由5片离生的花瓣组成；雄蕊群10枚雄蕊组成，其中9枚联合，1枚分离；雌蕊群由1个1心皮形成的雌蕊组成，子房上位，有1个子房室，每室有多数胚珠。

6. 桑花 ♂ $*\mathbf{P}_4\mathbf{A}_4$；♀ $*\mathbf{P}_4\underline{\mathbf{G}}_{(2:1:1)}$ 表示桑花为单性花。雄花：辐射对称；花被片由4片离生的花被组成；雄蕊群由4枚离生的雄蕊组成。雌花：辐射对称；花被片由4片离生的花被组成；雌蕊群具有1个2心皮结合而成的复雌蕊，子房在上位，有1个子房室，1个胚珠。

第四节 花 序

有些花单生于枝的顶端或叶腋，称为单生花，如桃、牡丹等；有些花则是按照一定顺序排列在花轴上，并按照一定顺序开放，称为花序。花序的总花梗或主轴称为花轴（花序轴），花轴可以分枝或不分枝。组成花序的每一朵花叫小花，小花的梗叫小花梗，有的植物花轴缩短膨大，这时支持整个花序的茎轴称为总花梗（柄），无叶的总花梗称花葶。

根据花在花轴上排列的方式和开放的先后顺序以及在开花期花轴能否不断生长等，花序可分为无限花序、有限花序两类。

一、无限花序（总状花序类）

在开花期内，花序轴顶端继续向上生长，产生新的花蕾，开放顺序是花序轴基部的花先开，然后向顶端依次开放，或由边缘向中心开放，这种花序称为无限花序。根据花序轴及小花的特点，无限花序又分为两类：

（一）单花序

无限花序中花序轴不分枝的称单花序，单花序根据花序及小花的特点又可分为如下几种：

1. 总状花序 花序轴细长，其上着生许多花柄近等长的小花，如油菜、荠菜等十字花科植物。

2. 穗状花序 似总状花序，但小花具短柄或无柄。如知母、车前等。

3. 葇荑花序 似穗状花序，但花序轴下垂，其上着生许多无柄的单性小花，花开后整个花序脱落，如杨、柳等。

4. 肉穗花序 似穗状花序，但花序轴肉质肥大呈棒状，其上密生许多无柄的单性小花，在花序外面常具一大型苞片，称佛焰苞，是半夏、芋等天南星科植物的主要特征。

5. 伞房花序 似总状花序，花梗长短不等，花轴下部的花柄较长，上部花柄依次渐短，整个花序的花几乎排列在一个平面上，如梨、山楂等。

6. 伞形花序 花序轴缩短，顶端集生许多花柄近等长的花，向四周放射排列，整个形状像张开的伞，如五加、人参等五加科植物。

7. 头状花序 花序轴极度缩短，呈盘状或头状的花序托（总花托），其上着生许多无柄或近于无柄的小花，下面有由苞片组成的总苞，如红花、菊花等菊科植物。

8. 隐头花序 花序轴肉质膨大而下凹成束状，束状体的内壁上着生许多无柄的单性小花，仅留一小孔与外方相通。如薜荔、无花果等桑科植物。

（二）复花序

无限花序中花序轴有分枝的称复花序，常见的如下：

1. 复总状花序 又称圆锥花序，在长的花序轴上分生许多小枝，每小枝各成一个总状花序，如女贞、南天竹等。

2. 复穗状花序 花序轴有 1、2 次分枝，每小枝各成一个穗状花序，如小麦、玉米、香附等。

3. 复伞形花序 花序轴顶端丛生若干长短相等的分枝，各分枝各成为一个伞形花序，如柴胡、胡萝卜、小茴香等。见图 6-11。

图 6-11 无限花序类型

a. 总状花序（油菜） b. 穗状花序（车前） c. 葇荑花序（杨） d. 肉穗花序（红掌） e. 伞房花序（山楂） f. 伞形花序（人参） g. 头状花序（红花） h. 隐头花序（无花果） i. 复总状花序（女贞） j. 复穗状花序（玉米） k. 复伞形花序（胡萝卜）

二、有限花序（聚伞花序类）

与无限花序相反，位于花序轴顶端或中心的花先开放，因此花序轴不能继续向上生长，各花由内向外或由上而下陆续开放，这样的花序称有限花序。根据在花序轴上的分枝情况，有限花序可分为如下列四种类型：

（一） 单歧聚伞花序

主轴顶端生一花，先开放，而后在其下方产生 1 侧轴，其长度超过主轴，侧轴同样顶端生一花，下方只有一个侧芽发育，如此连续分枝便形成了单歧聚伞花序。由侧轴产生的方向不同又分为如下两种类型：

1. 螺旋状聚伞花序 单歧聚伞花序中，若花序轴下分枝均向同一侧生出而呈螺旋状，称螺旋状聚伞花序，如紫草、附地菜。

2. 蝎尾状聚伞花序 单歧聚伞花序中，若分枝成左右交替生出，且分枝与花不在同一平面

上，称蝎尾状聚伞花序，如菖蒲、姜。

（二） 二歧聚伞花序

主轴顶端生一花，在其下两侧各生一等长的侧轴，每一侧轴以同样方式产生侧枝和开花，称二歧聚伞花序，如石竹、王不留行、大叶黄杨等植物的花序。

（三） 多歧聚伞花序

主轴顶端生一花，顶花下同时产生数个侧轴，侧轴常比主轴长，各侧轴又形成小的聚伞花序，称多歧聚伞花序，如蓖麻。若花轴下生有杯状花苞，则称杯状聚伞花序（大戟花序），是大戟科大戟属特有的花序类型，如泽漆、甘遂等。

（四） 轮伞花序

小花无梗，生于对生叶的叶腋成轮状排列，称轮伞花序。如薄荷、益母草等唇形科植物。见图6-12。

图 6-12 有限花序类型

a. 螺旋状聚伞花序（聚合草） b. 蝎尾状聚伞花序（蝎尾蕉） c. 二歧聚伞花序（王不留行）
d. 多歧聚伞花序（泽漆） e. 轮伞花序（薄荷）

花序的类型常随植物种类而异，同科植物往往具有同类型的花序。也有些植物在花序轴上生有两种不同类型的花序（有花序限、无限花序）称混合花序，如紫丁香是聚伞圆锥花序，楤木是圆锥状伞形花序。

复习思考题

扫一扫，查阅复习思考题答案

1. 如何判断花的对称情况？
2. 一朵完整的花自下而上包括哪几部分？
3. 已知十字花科植物的花程式为 $*K_{2+2}C_{2+2}A_{2+4}\underline{G}_{(2:1:\infty)}$，请用文字表述此花程式中包含的信息。
4. 何谓花？其对研究植物分类及药材原植物和花类药材的鉴定有何意义？
5. 如何判断组成雌蕊的心皮数目？

项目七　识别果实与种子形态

扫一扫，查阅本项目 PPT、视频等数字资源

【学习目标】

知识目标

1. 掌握果实的组成以及果实的类型。
2. 熟悉种子的形态和组成。
3. 了解种子的类型。

能力目标

1. 能辨认果实的各部分结构。
2. 能识别不同类型的果实。
3. 能辨认种子的各部分结构

果实和种子是种子植物特有的繁殖器官，果实一般由受精后的雌蕊的子房发育形成的特殊结构，包括果皮和种子两部分。种子是由胚珠受精后发育而成，包括种皮、胚、胚乳三部分。果实的主要生理功能是保护和传播种子。

许多植物的果实和种子可供药用。果实类中药少数是以幼果或未成熟的果实入药，如青皮、枳实等，多数是以成熟或近成熟的果实入药。有的用果实的部分入药，如陈皮、大腹皮用果皮入药，山茱萸用果肉入药。也有采用果实上的宿萼入药的，如柿蒂。种子类中药大多采用完整的干燥成熟种子，也有一些是种子的一部分，如肉豆蔻用种仁入药，龙眼肉用假种皮入药；也有用发了芽的种子入药，如大豆黄卷。

知识链接

无籽果实的形成

果实的形成，需要经过传粉和受精的作用，但有些植物只经过传粉而未经过受精作用，也能发育成果实。少数植物的雌蕊不经过受精作用形成具有食用价值的无籽果实，这种果实无籽，称单性结实。单性结实有的是自发形成的，称为自发单性结实，如香蕉、无籽葡萄等；有的是人工诱导形成的，称为诱导单性结实，如马铃薯的花粉刺激番茄的柱头，形成无籽番茄。无籽果实不一定都是由单性结实形成的，有些植物在受精后，胚珠发育受阻也会形成无籽果实。还有一些四倍体和二倍体杂交形成不孕性的三倍体植物，同样会形成无籽果实，如无籽西瓜等。

第一节　果　实

一、果实的形成和组成

（一）果实的形成

在果实发育过程中，花的各部分均发生了显著变化，花柄形成果柄；花萼脱落或者宿存；

花冠一般脱落；雄蕊和雌蕊的花柱、柱头也先后脱落枯萎，这时胚珠发育形成种子，子房逐渐膨大发育形成果实。完全由子房发育形成的果实称为真果，如桃、杏、柿等。有些植物除子房外，花的其他部分，如花被、花托或花序轴等一起发育形成果实，这种果实称为假果，如草莓的果实膨大部分是由肉质花托发育形成的；苹果、梨的主要食用部分是由花托和花被筒发育形成的，只有果实中心的一小部分是由子房发育形成的；南瓜、冬瓜较硬的皮部是由花托和花萼发育形成。

（二） 果实的组成

果实由果皮和种子两部分组成。果皮由子房壁发育而来，包于种子的外面。果皮由外向内可为外果皮、中果皮和内果皮三层，因植物种类不同，果皮的构造、色泽以及各层果皮发达程度不一样。

1. 外果皮 与叶的下表皮相当，是果实的最外层，一般较薄而坚韧，通常由一层表皮细胞构成，有时在表皮细胞层里面还会有一层或几层厚角组织细胞，如桃、杏等。有时还有厚壁组织细胞，如菜豆、大豆等。表皮层上偶有气孔存在，表面常有各种附属物，如桃的毛茸，柿子的蜡被，曼陀罗、鬼针草的刺，荔枝的瘤突，榆的翅等。

2. 中果皮 与叶肉组织相当，是外果皮与内果皮之间的部分，其结构变化较大，在肉质果中中果皮发达，肥厚肉质，为可食用部分，如桃；干果的中果皮多为干燥膜质，如荚果、角果等。有的中果皮维管束贯穿其中，形成复杂的网络，如丝瓜、柑和橘等。有的中果皮中含油细胞等，如胡椒、陈皮等。有的中果皮中含有石细胞、纤维，如连翘、马兜铃等。

3. 内果皮 与叶的上表皮相当，为果皮的最内层，多由一层薄壁细胞组成。内果皮在不同的果实中差异较大，一般膜质化，如荚果、角果；有的由多层石细胞组成而成为木质化硬壳，如桃、李、杏等；有的内有肉质表皮毛囊，形成囊状，如橘子、橙子、柚子等柑橘类果实；有的内果皮细胞全部由石细胞组成，如胡椒；还有的内果皮由 5~8 个长短不等的扁平细胞镶嵌状排列，这种细胞叫“镶嵌细胞”，是小茴香、蛇床子等伞形科植物果实的共同特征。

二、果实的类型

果实的类型有很多，依据参加果实形成的部分不同可分为真果和假果；依据果实的来源、结构和果皮性质的不同，可分为单果、聚合果和聚花果。

（一） 单果

一朵花中只有一个雌蕊（单雌蕊或复雌蕊）的子房发育而形成的果实，称为单果。单果根据果皮的质地不同分为干果和肉果两类。

1. 干果 果实成熟时，果皮干燥。依据果皮开裂与否分为裂果和不裂果（闭果）。

（1）裂果：果实成熟时，果皮自行开裂，果皮与种皮分离。依据果实的组成和开裂方式的不同又可分为 4 种类型。

①蓇葖果：由单雌蕊或者离生心皮雌蕊发育形成的果实，成熟时沿腹缝线或背缝线一侧开裂。由 1 朵花形成单个蓇葖果（如淫羊藿）的比较少见；也有 1 朵花形成 2 个蓇葖果的，如杠柳、徐长卿、萝藦等，1 朵花中有多个离生心皮雌蕊形成聚合蓇葖果（如八角茴香、芍药、牡丹）比较多见。见图 7-1。

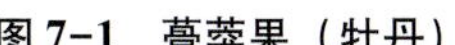

图 7-1　蓇葖果（牡丹）

图 7-2　荚果（豌豆）

②荚果：由单雌蕊发育成的果实，成熟时沿腹缝线和背缝线两侧开裂，荚果是豆科植物所特有的果实。如大豆、豌豆、白扁豆等。见图 7-2。

③角果：2 心皮合生成的复雌蕊发育而成的果实，子房 1 室，在果实形成的过程中，由 2 心皮边缘合生处生出隔膜，将子房隔成 2 室，这种隔膜称假隔膜。果实成熟后果皮沿两侧腹缝线开裂，成两片脱落，假隔膜仍留在果柄上（种子附于假隔膜上）。角果是十字花科所特有的果实，分为短角果和长角果；短角果如菘蓝、荠菜，见图 7-3。长角果如萝卜、油菜。见图 7-4。

图 7-3　短角果（荠菜）

图 7-4　长角果（油菜）

④蒴果：由两个或两个以上合生心皮的复雌蕊发育而成的果实，子房 1 至多室。每室含多数种子，是裂果中最普遍的一种果实，成熟时有多种开裂方式：a. 纵裂（瓣裂）：果实成熟时果皮沿长轴方向纵裂成数个果瓣，其中沿背缝线开裂的称室背开裂，如百合、鸢尾等，见图 7-5；沿腹缝线开裂的称室间开裂，如蓖麻、马兜铃等，见图 7-6；沿腹缝线和背缝线两缝线开裂，但隔膜与中轴仍然相连的称室轴开裂，如牵牛、曼陀罗等，见图 7-7。b. 孔裂：果实顶端或上部呈小孔开裂，如罂粟、桔梗等，见图 7-8。c. 盖裂：果实中部呈环状开裂，上部果皮呈帽状脱落，如车前、马齿苋等，见图 7-9。d. 齿裂：果实顶端呈齿状开裂，如石竹、王不留行等。见图7-10。

图 7-5　蒴果（室背开裂）（鸢尾）

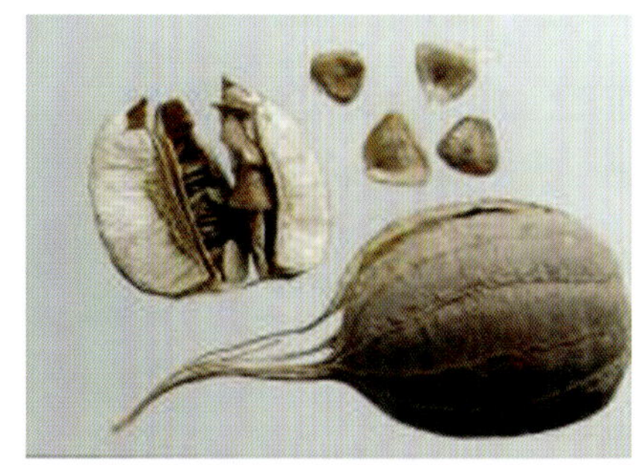

图 7-6　蒴果（室间开裂）（马兜铃）

图 7-7 蒴果（室轴开裂）（曼陀罗）

图 7-8 蒴果（孔裂）（罂粟）

图 7-9 蒴果（盖裂）（马齿苋）

图 7-10 蒴果（齿裂）（石竹）

（2）不裂果（闭果）：果实成熟后，果皮不开裂或分离成几个部分，但种子仍包裹于果实中，常见的有 6 种。

①瘦果：内含 1 粒种子的果实，成熟时果皮与种子易分离，是最普遍的一种闭果。1 心皮发育形成的瘦果，如向日葵、白头翁、红花等；菊科植物的瘦果由 2 心皮构成的下位子房与萼筒共同形成，称连萼瘦果；3 个心皮发育形成的，如何首乌等蓼科植物。见图 7-11。

图 7-11 瘦果（向日葵）

图 7-12 颖果（玉米）

图 7-13 坚果（板栗）

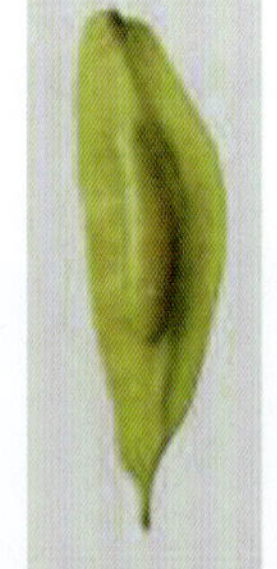
图 7-14 翅果（杜仲）

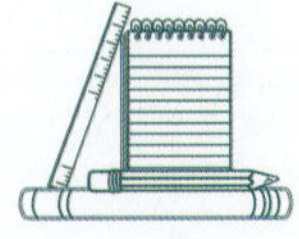

②颖果：内含 1 粒种子的果实，成熟时果皮与种皮愈合，不易分离，农业生产中常把颖果称为“种子”，是禾本科植物特有的果实，如麦、玉米、薏米等。见图 7-12。

③坚果：内含 1 粒种子的果实，成熟时外果皮坚硬，常有花序的总苞发育的壳斗包围或附着于基部，如板栗、栎等壳斗科植物的果实。有的坚果特别小，无壳斗包围称小坚果，如益母草、薄荷等。见图 7-13。

④翅果：内含 1 粒种子的果实，果皮一端或周边向外延伸成翅状，如杜仲、榆等。见图 7-14 。

⑤胞果：内含 1 粒种子的果实，由合生心皮上位子房发育形成的果实，果皮薄而膨胀疏松地包围种子，与种子极易分离，如青葙、地肤等。见图 7-15 。

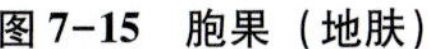

图 7-15　胞果（地肤）

图 7-16　双悬果（白芷）

⑥双悬果：由 2 心皮合生雌蕊发育而成，果实成熟后心皮分离成 2 分果（小坚果），双悬果挂在中央果柄上端，每个分果内含有 1 粒种子，如小茴香、白芷等，是伞形科植物所特有的果实。见图 7-16 。

2. 肉质果　果实肉质多汁，成熟时不开裂，又分为下面几种：

（1）浆果：由单心皮或多心皮合生雌蕊，上位或下位子房发育而来的果实。外果皮薄，膜质，中果皮和内果皮肥厚肉质，含丰富的浆汁，内有 1 至多粒种子。如葡萄、番茄。见图 7-17 。

（2）核果：由单心皮雌蕊，上位子房形成的果实，一般含一粒种子。其特征是外果皮薄、中果皮肉质，内果皮木质化成坚硬的果核，内含 1 粒种子。如桃、杏等。见图 7-18 。

图 7-17　浆果（番茄）

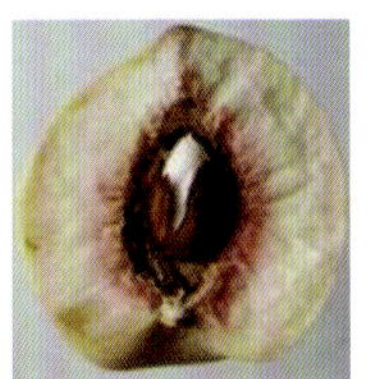

图 7-18　核果（桃）

图 7-19　柑果（甜橙）

（3）柑果：由多心皮合生雌蕊，具中轴胎座的上位子房发育而成的果实。外果皮较厚、革质并具有油室；中果皮与外果皮结合，界限不明显，常为白色海绵状，其间有许多分支的维管束（称柑络）；内果皮膜质，分隔成若干室，内壁生有许多内质多汁的囊状毛。如甜橙、柚等柑橘属植物。见图 7-19 。

（4）瓠果：由 3 心皮下位子房和花托一起发育而成，其胎座为侧膜胎座，是一种假果。花托与外果皮愈合形成坚韧的果实外层，中果皮、内果皮及胎座肉质，内含多数种子。如西瓜、南瓜等，是葫芦科所特有的果实。西瓜食用的是发达的胎座，南瓜、冬瓜主要食用果皮。见图 7-20 。

图 7-20　瓠果（西瓜）

图 7-21　梨果（苹果）

（5）梨果：由 5 个心皮下位子房和花筒一起发育形成的果实，是一种假果，食用的肉质部分主要是由花筒发育而成，外果皮与中果皮界限不明显，肉质，内果皮坚韧，常分隔为 5 室，每室有 2 粒种子。如苹果、梨等。见图 7-21 。

（二）聚合果

一朵花中有多数离生心皮单雌蕊，每个雌蕊形成一个单果，许多单果聚生在同一花托上，称聚合果。聚合果的花托常肉质，成为聚合果的一部分。根据组成聚合果的单果类型不同，可分为以下几类：

1. 聚合蓇葖果　单果为蓇葖果，多个蓇葖果聚生在花托上面形成的果实。如八角茴香、芍药等。见图 7-22 。

2. 聚合瘦果　单果为瘦果，多个瘦果聚生于突起的花托上面形成的果实。如毛茛、白头翁等。见图 7-23。也有多个瘦果聚生于凹陷的花托中。如金樱子、野蔷薇等。

3. 聚合坚果　单果为坚果，多个坚果聚生在膨大的海绵状花托上而形成的果实。如莲等。见图 7-24 。

图 7-22　聚合蓇葖果（八角茴香）

图 7-23　聚合瘦果（毛茛）

图 7-24　聚合坚果（莲）

4. 聚合浆果　单果为浆果，由许多浆果聚生在延长或不延长的花托上，如五味子等。见图 7-25 。

5. 聚合核果　单果为核果，有许多小核果聚生在突起的花托上，如掌叶覆盆子等。见图 7-26。

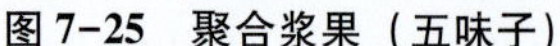
图 7-25　聚合浆果（五味子）

图 7-26　聚合核果（掌叶覆盆子）

（三）聚花果

聚花果又称复果，是由整个花序发育而成的果实，花轴参与果实的形成，花序上的每一朵花形成一个小果，许多小花果聚生在花轴上，成熟后整个果序自母株上脱落。如菠萝是由很多花与

肉质花轴一起发育而成，花不孕，肉质可食部分是花序轴，见图 7-27；桑椹是由整个花序发育而成，每朵花的子房各自发育成一个小瘦果，包藏在肥厚多汁的肉质花被中，成熟后从花轴基部整体脱落，可食部分为花被，见图 7-28；无花果是多数小瘦果包藏于肉质凹陷的囊状花轴内形成的一种复果，肉质可食部分是花序轴，见图 7-29 。

图 7-27　菠萝

图 7-28　桑椹

图 7-29　无花果

第二节　种　子

一、种子的形态

种子的形态主要包括种子的形状、大小、色泽、表面特征等，因植物种类不同，其特征也有差异。种子的形状多种多样，常见的有圆形、椭圆形、肾形、卵形、圆锥形、多角形等。种子的大小也不同，较大的种子如椰子、槟榔等；较小的种子如菟丝子、葶苈子等；极小的种子如白及、天麻等植物的种子。种子的颜色也各种各样，比如龙眼、荔枝为红褐色；绿豆为绿色；相思子一端为红色，另一端为黑色。种子的表面特征对于种子类药材的鉴别有一定意义，有的种子表面平滑，具有光泽，如红蓼、决明子；有的种子表面粗糙，如长春花、天南星等；有的种子表面不光滑而具褶皱，如车前、乌头等；有的种子表面长有附属物，如木蝴蝶种子有翅。

二、种子的组成

种子是由种皮、胚、胚乳三部分组成的。

（一）种皮

种皮位于种子的外层，由胚珠的珠被发育而成，有保护胚的作用。种皮常分为外种皮和内种皮两层，外种皮坚韧，内种皮较薄，内种皮由内珠被发育而成，个别的胚珠只有一层珠被，发育形成的种子只有一层种皮。有的种子在种皮外有假种皮，假种皮由珠柄或胎座部位的组织延伸而成，有的呈肉质，如龙眼、荔枝、苦瓜等，有的呈薄的膜质，如豆蔻、益智、砂仁等。另外在种皮上还可以看到以下一些结构：

1. 种脐　种子成熟后，从种柄或胎座上脱落后在种皮上留下的疤痕，一般为圆形或椭圆形，豆类种子的种脐特别明显。

2. 种孔（发芽孔或萌发孔）　是由胚珠的珠孔发育而成，常极细小，种子萌发多由种孔吸收水分，胚根也常从种孔伸出，故又叫萌发孔。

3. 种脊　由胚珠的珠脊发育而成，为种脐到合点间的隆起线，内含维管束。种脊的长短与明显程度，取决于胚珠在子房内的生长方向。

4. 合点　由胚珠上的合点发育而成，是种皮上维管束的汇集点。

5. 种阜　有些植物种子的外种皮，在珠孔处由珠被扩展成海绵状突起物，将种孔掩盖，叫

种皇，种子萌发有助于吸水，如蓖麻。

（二）胚乳

由极核受精后发育而成，是种子内的营养组织，通常位于胚的周围，呈白色，细胞中储藏有丰富的营养物质，如淀粉、蛋白质和脂肪类等。胚乳一般比胚发育早，许多植物种子在胚形成发育时，胚乳被胚全部吸收，并将营养物质储藏在子叶中，种子成熟后无胚乳或仅留一薄层，成为无胚乳种子，如豆类、瓜果种子。有的植物种子成熟时仍有发达的胚乳，而胚占相对小的体积，这类种子称有胚乳种子，如玉米、小麦等。一般植物的种子在胚和胚乳发育过程中，胚囊外面的珠心细胞完全被胚乳吸收而消失，也有的植物种子，珠心未被完全吸收而形成营养组织包围在胚乳和胚的外部，形成类似胚乳的另一种营养组织，称外胚乳，如石竹、槟榔等。外胚乳具有胚乳的作用，但来源与胚乳不同。也有少数植物种子的外胚乳内层细胞向内伸入与内胚乳交错形成错入组织，如肉豆蔻。

（三）胚

胚是种子中没有发育的幼小植物体，包藏在种皮和胚乳内，是种子最重要的部分。大多数种子成熟时，胚已分化成为胚根、胚轴（茎）、胚芽和子叶四部分。

1. 胚根 以后发育成植物的主根，正对着种孔。大多数成熟种子中，胚根是胚中分化较完全的部分，向上生长为根与茎相连接部分。

2. 胚茎 为连接胚根、子叶和胚芽的部分，向上生长成为根与茎相连接部分。

3. 胚芽 为胚顶端未发育的地上枝，种子萌发后，发育成为植物的主茎。

4. 子叶 是胚吸收养料或贮藏营养物质的器官，占胚的大部分。一般而言，单子叶植物的子叶常1枚；双子叶植物常有2枚子叶。

三、种子的类型

根据种子中胚乳的有无，可以将种子分为以下两种类型：

（一）有胚乳的种子

有胚乳的种子由种皮、胚和胚乳三部分组成。种子内胚乳发达，胚相对较小，子叶薄，如蓖麻、大黄、水稻、玉米等。见图7-30 。

图7-30 有胚乳种子

图7-31 无胚乳种子

（二）无胚乳的种子

无胚乳的种子由种皮和胚两部分组成。植物种子在发育过程中，胚乳的营养被吸收并贮藏在子叶中，因此该类种子没有胚乳或仅有残留的薄层，而子叶肥厚。如大豆、杏仁、泽泻、慈姑等。见图7-31 。

扫一扫，查阅复习思考题答案

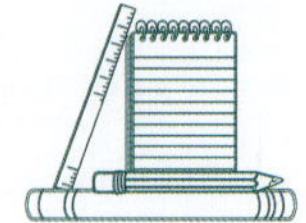

复习思考题

1. 果实包括哪几个部分？
2. 聚合果和聚花果怎么区别？

下篇　药用植物的分类

项目八　植物分类概述

【学习目标】

知识目标

1. 掌握植物分类等级、命名原则，以及被子植物检索表的使用方法。
2. 熟悉植物分类方法及系统。
3. 了解植物分类学的目的、任务。

能力目标

能利用被子植物检索表进行被子植物分科检索。

第一节　植物分类学的目的和任务

植物分类学是研究植物界中各类群的起源、彼此间亲缘关系及其演化发展规律的一门生命基础学科。即对自然界中繁杂多样的植物进行鉴定、命名、归类并按照亲缘关系进行系统排列的一门科学。

植物分类学的主要任务为：

1. 鉴定植物的种并命名　运用植物学基础知识，观察、分析、比较植物个体间的异同，将类似的个体归为“种”级分类群，并进行特征描述，确定拉丁学名。

2. 探索植物“种”的起源与进化　借助古植物学、植物地理学、植物生理生态学、生物化学、分子生物学等学科的研究方法及知识，探索植物“种”的起源与发展，为建立植物的自然分类系统提供依据。

3. 建立植物自然分类系统　通过研究植物类群间的亲缘关系，确定不同的分类等级，并加以规律排列，建立反映植物界演化发展规律的自然分类系统。

4. 编写植物志　运用植物分类学知识，对某地域、某用途或某类群植物经采集、鉴定、描述后，按照分类系统编排，形成不同用途的植物志，利于植物资源的合理开发及保护。

学习植物分类学，主要目的是应用其中的原理和方法对药用植物进行相关研究。比如药用植物资源调查、中药品种和基原的鉴定、药用植物种质资源保护等，以更为合理地开发、利用并保护药用植物资源，保证临床用药。

第二节 植物分类的单位

一、分类单位

植物分类上设立不同分类单位，又称分类等级。用来表示植物类群间的类似程度和亲缘关系的远近。植物分类单位，按照等级高低和从属关系，分别为界、门、纲、目、科、属、种等。

种是分类的基本单位。分类学上，把一定自然分布区内，具有一定的生理形态特征，并将相当稳定的植物群归为种，相似的种归为属；再把相似的属归为科。以此类推，相继归为目、纲、门、界。各分类单位之间，如果因范围过大，无法完全概括其特征，则可增设亚级单位，如亚门、亚纲等。

二、种及种以下分类单位

种是具有一定自然分布区、一定生理特征与形态，并具有相当稳定性质的植物群。同种植物的个体具有相同的遗传性状，彼此之间可以授粉产生能育的后代。不同种的个体之间一般不能杂交，或是杂交之后不能产生能育的后代。种以下有亚种、变种、变型、品种（栽培品）等分类等级。

亚种：是一个种内的类群在形态上出现变异，并具有地理分布、生态或季节隔离。

变种：是一个种内的类群在形态上出现稳定的变异，与种内其他类群有共同分布区。分布范围小于亚种。

变型：是一个种内形态出现了细小变异但无一定的分布区的个体群，是植物分类的最小单位。

品种：是人工栽培过程中出现的种内变异类群，通常具有形态、化学成分、经济价值的差异。日常生活中的药材“品种”，多指分类学上的种，有时也指中药栽培的品种。

第三节 植物的命名

为了充分利用植物资源，方便科学交流，国际植物学会议制定了《国际植物命名法规》，统一采用 1753 年瑞典著名植物学家林奈（C. Linnaeus）倡导的双名法，作为统一的植物命名法，又称植物的拉丁学名。双名法规定，每种植物的学名由两个拉丁词组成，第一个词为该种植物所隶属的属名；第二个词为种加词，通常具有一定含义，起着标志该“种”植物特征的作用，之后附上命名人的姓名或姓氏缩写。例如：

芍药	*Paeonia*	*lactiflora*	Pall.
	（属名：芍药属）	（种加词：大花的）	（定名人姓名缩写）

其中，属名是双名法的主体，为名词，首字母要大写；种加词一般为形容词，或为名词所有格，首字母不需大写；命名人常采用姓名或姓氏缩写，加缩写标记“.”，首字母大写。书写时，属名和种加词用斜体，命名人部分用正体。如有两个以上命名人，则用“et”连接。在标注植物学名时，一般为了简洁明了，命名人部分常略去。

种以下分类群的命名，通常采取“三名法”，即属名+种加词+种定名人+亚种（变种、亚型）加词+亚种（变种、亚型）定名人。如：

山里红 *Crataegus pinnatifida* Bge. var. *major* N. E. Br.

（变种缩写）（变种加词）（变种命名人）

栽培品种的命名，是在种加词后加品种加词，首字母大写，外加单引号。如：

亳菊 *Chrysanthemum morifolium* ‘Boju’；滁菊 *Chrysanthemum morifolium* ‘Chuju’；杭菊 *Chrysanthemum morifolium* ‘Hangju’。

第四节 植物的分类方法及系统

一、植物的分类方法

20世纪以来，现代科学技术的融入，使得植物分类学迅速发展，产生了许多新的分类方法。

（一）形态分类学

形态分类学是植物分类学的基本方法，以植物的外部形态特征，特别是花和果实的形态为主要的分类依据，在植物研究中具有重要意义，但也存在一些有争议的疑难类群不能适用的情况。

（二）实验分类学

实验分类学是利用异地栽培或观察环境因子对植物形态的影响，解释植物“种”的起源、形成与演化。

（三）细胞分类学

细胞分类学是利用细胞染色体资料来探讨分类学。

（四）化学分类学

化学分类学是利用植物中化学成分的特征来探索各类群间的亲缘关系和演化规律。

（五）数量分类学

数量分类学是利用计算机技术和数量法来确定有机体类群间的相似性，进而分类群。

（六）分子系统学

分子系统学是利用生物大分子数据和统计学方法，对生物、基因间的进化关系系统研究。

（七）孢粉学

孢粉学是利用扫描电子显微镜观察孢粉的精微特征并应用于植物科属鉴定之中。

二、植物的分类系统

早期的植物分类学多根据植物的用途、习性或生态环境等进行分类，即人为的分类系统。中世纪逐渐应用植物的外部形态差异来区分植物并进行分门别类，建立了各分类等级，近代，随着对植物种、属、科等之间的亲缘关系的认识逐步加深，建立了自然分类系统。目前国际普遍采纳的植物界自然分类系统为修订后的恩格勒系统，见图8-1。

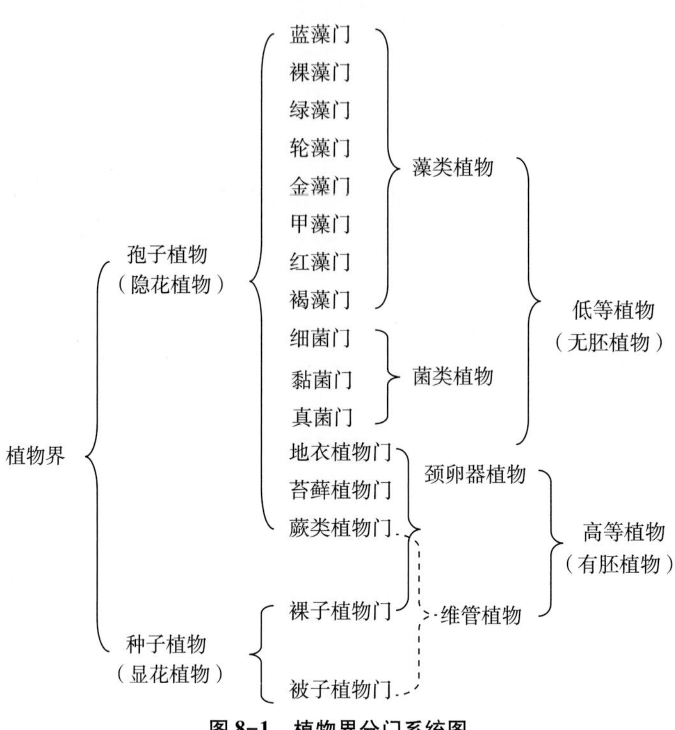

图 8-1　植物界分门系统图

第五节　植物分类检索表的编制和应用

植物分类检索表采用法国植物学家拉马克的二歧归类原则编制而成，是鉴定植物类群的重要工具。是在充分了解植物种及各类群特征的基础上，找出互相对立的主要特征，列成两个相对应的分支项，编列成相对项号，再在每分支中找出互相显著对立的性状依法分列、编排，以此类推，直至一定的分类等级。

使用检索表时，以要鉴定的植物特征与检索表某项所载特征进行比较，若特征相符则查其下一项，不相符则查该项的对立分支项，如此逐项检索，直至查出该植物的某分类单位。

植物分类检索表根据排列方式不同，有定距、平行、连续平行检索表三种式样。其中，定距式检索表项目排布清晰，使用最为方便，现以植物界分门检索表为例做介绍。

定距式检索表：将一对互相区别的特征标以相同的项号，分开编排在一定距离处，每低一项向后缩一格排列。

1. 植物体无根、茎、叶的分化，无胚。
　2. 植物体不为藻类和菌类所组成的共生体。
　　3. 植物体含光合色素，自养生活 …………………………………… 藻类植物
　　3. 植物体不含光合色素，异养生活 …………………………………… 菌类植物
　2. 植物体不为藻类和菌类所组成的共生体 …………………………………… 地衣植物
1. 植物体有根、茎、叶的分化，有胚。
　　4. 植物体有茎、叶，无真根 …………………………………… 苔藓植物
　　4. 植物体有茎、叶，有真根。
　　　5. 不产生种子，以孢子繁殖 …………………………………… 蕨类植物

5. 产生种子，以种子繁殖。
   6. 胚珠裸露 ………………………………………………………………………… 裸子植物
   6. 胚珠包被 ………………………………………………………………………… 被子植物

扫一扫，查阅复习思考题答案

复习思考题

1. 药用植物分类学的主要任务是什么？
2. 什么是双名法？双名法的编写原则是什么？

扫一扫，查阅本项目PPT、视频等数字资源

项目九　识别药用藻类植物

【学习目标】

知识目标

1. 掌握常用药用藻类植物的形态特征、药用部位及功效。
2. 熟悉藻类植物的主要特征。
3. 了解藻类植物的分类。

能力目标

能识别常用药用藻类植物。

第一节　藻类植物概述

藻类植物是植物界出现最早且最为原始的低等类群，一般为水生生活，海水、淡水均有，少数湿生，如潮湿的树干、岩壁等。水生藻类，有的浮游，有的固着生长。

植物体类型多样但构造简单，多为单细胞、多细胞群，无真正的根、茎、叶的分化。单细胞藻类通常微小，仅数微米左右，如小球藻，圆球形；多细胞藻类藻体较大，有的可达百米以上，形态多样，有丝状，如水绵；带片状、叶状，如海带；分枝状，如海蒿子。

细胞中具有叶绿素等光合色素，能进行光合作用，生成有机营养物质并贮藏，为自养型植物。此外，不同藻类往往还含有其他不同的色素，因而藻体呈现不同的颜色。

繁殖方式有营养养殖、无性生殖、有性生殖三种。营养繁殖是单细胞个体通过细胞分裂或出芽，多细胞个体通过营养体的一部分从母体分离、断裂产生新个体繁殖方式；无性生殖形成孢子囊，产生孢子，发育成新个体；有性生殖形成配子囊，产生配子，雌雄配子结合形成合子后直接发育成新个体，无胚胎发育阶段，故为无胚植物。

现存约3万种，分布广泛，从严寒的极地、雪山，到85℃的高温温泉，都有藻类植物生存，有些与真菌共生，形成地衣。

第二节　常用药用藻类植物

藻类植物根据形态构造、生殖方式、细胞色素和贮藏物等不同，分为八个门：蓝藻门、裸藻门、绿藻门、轮藻门、金藻门、甲藻门、红藻门、褐藻门。药用藻类主要分布于蓝藻门、绿藻门、红藻门、褐藻门。

一、蓝藻门

【形态特征】蓝藻门为低等原始的原核植物。藻体细胞中无真正的细胞核、无质体，色素分散在细胞质中，以叶绿素、藻蓝素居多，尚含藻红素、藻黄素等，贮藏营养物主要为蓝藻淀粉、多聚葡萄糖苷等。

【分布】本门约 150 属，1500 种，多生活于淡水中。

【药用植物】

葛仙米 *Nostoc commune* Vauch. 习称地木耳，属念珠藻科。植物体由许多圆球形细胞组成不分枝的单列丝状体，形如念珠状。丝状体外面有一个共同的胶质鞘，形成片状或团块状的胶质体。在丝状体上相隔一定距离产生一个异形胞，异形胞壁厚，与营养细胞相连的内壁为球状加厚，叫作节球。在两个异形胞之间，由于丝状体中某些细胞的死亡，将丝状体分成许多小段，每小段即形成藻殖段（连锁体）。见图 9-1。异形胞和藻殖段的产生，有利于丝状体的断裂和繁殖。藻体（地木耳）能清热明目、收敛益气。

图 9-1 葛仙米

二、绿藻门

【形态特征】绿藻门是藻类中最大的一门，藻体草绿色，有单细胞、多细胞群，呈丝、片等形状。形成了类似于叶绿体构造的载色体，内含光合色素，贮藏营养物主要为淀粉、蛋白质等。

【分布】本门约 350 属，6700 种，大多生活于淡水中，少数生活于海水。

【药用植物】

石莼 *Ulva lactuca* L. 属石莼科。藻体由 2 层细胞构成，膜状，黄绿色，边缘波状，基部有多细胞的固着器。见图 9-2。分布于浙江至海南岛沿海。供食用，也称“海白菜”，藻体能软坚散结，清热祛痰，利水解毒。

图 9-2 石莼

三、红藻门

【形态特征】藻体多为多细胞丝状、片状、枝状体，除光合色素外，还富含藻红素和一些藻

蓝素，故呈现紫或玫瑰红色，贮藏营养物主要为红藻淀粉、红藻糖。

【分布】本门约558属，3740种，多生活于海水礁岩等上。

【药用植物】

甘紫菜 *Porphyra tenear* Kjellm. 属红毛菜科。藻体薄叶片状，卵形或不规则圆形，通常高20~30cm，宽10~18cm，基部楔形、圆形或心形，边缘多少具皱褶，紫红色或微带蓝色。藻体（紫菜）能软坚散结，清热利尿，消痰。

石花菜 *Gelidium amansii* Lamouroux 属石花菜科。藻体扁平直立，丛生，四至五次羽状分枝，小枝对生或互生。藻体紫红色或棕红色。藻体能清热解毒，缓泻、驱蛔。见图9-3。

图9-3 石花菜

四、褐藻门

【形态特征】褐藻门均为多细胞群体，呈丝、片、枝状，有些已具有表皮、皮层、髓部等组织的分化。载色体中含叶绿素、胡萝卜素和6种叶黄素，以墨角藻黄素含量最大，因此，藻体显褐色。贮藏营养物主要为褐藻淀粉、甘露醇、油类。

【分布】本门约250属，1500种，多生活于海水。

【药用植物】

海带 *Laminaria japonica* Aresch. 属海带科。植物体分为固着器、柄、带片三部分。固着器呈叉状分枝，固着在岩石或其他物体上；柄呈短粗圆柱形；柄上方为带片，呈叶状，革质，中部较厚，边缘皱波状，深橄榄绿色，干后呈黑色。带片和柄部连接处的细胞具有分裂能力，能产生新的细胞使带片不断延长。见图9-4。干燥叶状体药用（昆布），能消痰软坚散结，利水消肿。

图9-4 海带

图 9-5　昆布

昆布 *Ecklonia kurome* Okam.　属翅藻科。藻体分为固着器、柄和带片三部分。带片扁平、深褐色，呈不规则羽状分裂，边缘有粗锯齿。同作昆布入药，功效同海带。见图 9-5。

海蒿子 *Sargassum pallidum*（Turn.）C. Ag.　属马尾藻科。植物体高 30~60cm，褐色。固着器盘状，主干圆柱形，单生，两侧有羽状分枝，小枝上的藻"叶"形态有较大的差异。主要分布于我国黄海、渤海沿岸地区。干燥藻体（海藻，习称大叶海藻），能消痰软坚散结，利水消肿。见图 9-6。

图 9-6　海蒿子

羊栖菜 *S. fusiforme*（Harv.）Setch.　属马尾藻科。藻体固着器假须根状；主轴周围有短的分枝及叶状突起，叶状突起棒状；其腋部有球形或纺锤形气囊和圆柱形的生殖托。分布于辽宁至海南，长江口以南较多。干燥藻体（海藻，习称小叶海藻），功效与海蒿子相同。

复习思考题

藻类植物有哪些特征？

扫一扫，查阅复习思考题答案

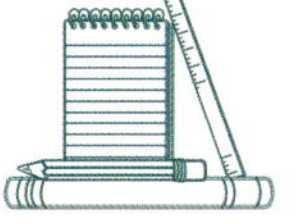

扫一扫，查阅本项目 PPT、视频等数字资源

项目十　识别药用菌类植物

【学习目标】

知识目标

1. 掌握常用药用菌类植物的形态特征、药用部位及功效。
2. 熟悉真菌的主要特征。
3. 了解菌类植物的分类。

能力目标

能识别常用药用菌类植物。

第一节　菌类植物概述

菌类植物和藻类植物一样，均属于低等植物，没有根、茎、叶的分化。菌类植物不含叶绿素，不能进行光合作用制造养料，属于异养型生物。菌类植物在植物学分类上常分为三个门：细菌门、黏菌门和真菌门。其中，药用种类最多的是真菌门，约有真菌 10 万种，我国已知约有 4 万种，其中药用真菌 300 余种，广泛用于增强免疫力、抗肿瘤、抗病毒、抗辐射、抗衰老，防治心血管病，保肝，健胃，减肥等方面。真菌分布广泛，在水、土壤、空气，甚至动植物体内都能生存，踪迹遍布各个角落。

真菌与人类和动植物关系非常密切，真菌既是人们餐桌上不可缺少的食物，有些真菌可用于治疗疾病，但有些真菌又能引发人和动植物疾病。我们应当充分认识真菌，科学地开发利用真菌资源。本章着重介绍真菌门。

真菌的拉丁文“Fungus（fungi）”原意是蘑菇。全世界已经被发现并命名的真菌种类有数万种之多。真菌包括酵母菌、霉菌和蕈菌三类。真菌是一类具有细胞核和细胞壁，不含叶绿素和质体，不能进行光合作用的异养型生物。真菌的异养方式有寄生和腐生。从活的动植物体吸收养分的称寄生；从动植物尸体或无生命的有机物中吸取养分的称为腐生；有的真菌只能寄生，称为专性寄生；有的真菌只能腐生，称为专性腐生。

一、真菌的营养体

真菌除少数种类是单细胞外，绝大多数是由纤细、管状的菌丝构成的。构成一个菌体的全部菌丝称为菌丝体。菌丝分无隔菌丝和有隔菌丝，大多数菌丝都有横隔，把菌丝分隔成许多细胞，称为有隔菌丝。有的低等真菌的菌丝不具横隔，有分枝或无，形成一个长管形细胞，称为无隔菌丝。真菌的细胞壁由几丁质和纤维素构成。菌丝细胞内贮藏的营养物质是肝糖、油脂和菌蛋白，不含淀粉。真菌的菌丝在正常生长时一般是很疏松的，但在不良环境下或繁殖的时候，菌丝相互

紧密交织在一起形成各种不同的菌丝组织体。常见的有根状菌索、菌核、子实体和子座。

根状菌索：高等真菌的菌丝体平行组成的长条形绳索状结构，外形似根。菌索可抵抗不良环境，环境恶劣时停止生长。根状菌索较粗，有的可达数米，也有助于菌体在基质上蔓延。引起木材腐烂的担子菌的菌丝体常见根状菌索。

菌核：是由菌丝紧密交织而成的休眠体，内层是疏丝组织，颜色深、质地坚硬。菌核的功能主要是抵抗不良环境，菌核内有丰富的养分，条件适宜时，菌核能萌发产生新的菌丝体和子实体。

子实体：某些高等真菌在生殖时期形成的具有一定形状和结构、能产生孢子的菌丝组织体。子实体的形态多样，如蘑菇的子实体呈伞状，马勃的子实体近球形。

子座：是由菌丝在寄主表面或表皮下交织形成的一种垫状结构，是容纳子实体的褥座。是营养阶段到繁殖阶段的过渡形式。

二、真菌的繁殖体

真菌的繁殖方式有营养繁殖、无性繁殖和有性繁殖三种。

1. 营养繁殖　通过细胞分裂产生孢子进行繁殖。孢子类型为芽生孢子、厚壁孢子和节孢子。真菌中以酵母属真菌为代表。

2. 无性繁殖　营养体不经过核配和减数分裂产生后代个体，直接由菌丝分化产生无性孢子。孢子类型有游动孢子、孢囊孢子和分生孢子。

3. 有性繁殖　经过两个性细胞结合后，经减数分裂产生孢子的繁殖方式。孢子类型有卵孢子、接合孢子和子囊孢子。

第二节　常用药用真菌植物

真菌是生物界较大的一个类群，世界上已经被描述的真菌约有 1 万属 12 万种。我国约有 4 万种。真菌分为 5 个亚门，即鞭毛菌亚门、接合菌亚门、子囊菌亚门、担子菌亚门和半知菌亚门。与药用关系较密切的是子囊菌亚门和担子菌亚门。

一、子囊菌亚门

子囊菌亚门是真菌门中种类最多的一个亚门，约 2000 属，64000 余种。因结构复杂与担子菌亚门同属于高等真菌。除少数低等子囊菌（如酵母菌）为单细胞外，绝大多数有发达的横隔菌丝并且紧密结合成一定形状的菌丝体。

【药用植物】

冬虫夏草 ***Cordyceps sinensis*** **(Brek.) Sacc.**　属麦角菌科。是一种寄生于蝙蝠蛾科昆虫幼体上的子囊菌。夏秋季子囊孢子从子囊中释放出来，断裂成许多小段即节孢子，然后萌发产生芽管，侵入幼虫体内。幼虫染菌后钻入土中越冬，菌丝从虫体吸收营养物质不断生长，而虫体则变成充满菌丝的僵虫，菌丝体也在虫体内变为菌核。翌年夏季，自幼虫头部长出棒状子座，伸出土表，故称之为“冬虫夏草”。子座顶端膨大，近表层生有一层子囊壳，壳内生有众多长形的子囊，每一子囊内生有 2~8 个子囊孢子，子囊孢子线形、有横隔，通常只有 2 个成熟，成熟后从子囊壳散射出去，继续侵染幼虫。主产于我国甘肃、青海、西藏、四川、云南等地海拔

3500~5000m 的高山草甸上。寄生在蝙蝠蛾科昆虫幼虫上的子座和幼虫尸体的干燥复合体（冬虫夏草）能补肾益肺，止血化痰。用于肾虚精亏，阳痿遗精，腰膝酸痛，久咳虚喘，劳嗽咯血。见图 10-1。

图 10-1　冬虫夏草

子囊菌亚门中主要供药用的菌类还有竹黄 *Shiraia bambusicola* P. Henn. 具有化痰止咳、活血祛风、利湿的功效。

二、担子菌亚门

担子菌亚门是真菌中最高等的亚门，无单细胞种类，均为有隔菌丝形成的发达的菌丝体。全世界有 1600 属、32000 余种，包括许多供食用和药用的种类和诱发植物病害的有害种类，以及多种有毒种类。

知识链接

药食同源的茯苓

茯苓，在《神农本草经》中被列为上品，“久服安魂养神，不饥延年”，既是一种常用中药，在药房出售，也是一种常见的食物，走入平常百姓家。

作为中药，茯苓能行气而和缓，利水而不伤正，故通补皆宜，古今方中用的很多，如著名方剂茯苓半夏汤、茯苓四逆汤、四苓散、茯苓甘草汤、茯苓补心汤等。

作为食物，北京名小吃茯苓饼的夹心就是以其为主料制作而成的，夹上淀粉烙制的外皮，香甜味美、入口清爽，深得百姓喜爱。此外，茯苓还可以煲汤、熬粥、做茶饮，是一种常用的保健食品。

【药用植物】

茯苓 *Poria cocos*（Schw.）Wolf.　属多孔菌科。菌核多为不规则的块状，近球形、椭圆形或不规则块状，大小不一；小者如拳，大者可达数千克；表面粗糙，灰棕色或黑褐色，呈瘤状皱缩；内部白色略带粉红色，由无数菌丝组成。子实体无柄，平伏于菌核表面，伞形，呈蜂窝状，通常附菌核外皮而生，幼时白色，成熟后变为淡棕色。全国大部分地区均有分布，现多栽培。寄生于赤松、马尾松、黄山松等松属植物的根上。菌核入药作“茯苓”，味甘、淡、性平，能利水渗湿、益脾和胃、宁心安神。见图 10-2。

赤芝 *Ganoderma lucidum*（Leyss ex Fr.）Karst.　属多孔菌科，外形呈伞状，为腐生真菌。子实体有柄，木栓质，由菌盖和菌柄组成。菌盖半圆形或肾形，具环状棱纹和辐射状皱纹。大型个体的菌盖为20cm×10cm，厚约2cm，一般个体为4cm×3cm，厚0.5～1cm，下面有无数小孔，管口呈白色或淡褐色，菌盖初生黄色后渐变成红褐色，外表有漆样光泽。菌柄生于菌盖的侧方。孢子卵形，褐色，内壁有无数小疣。全国均有分布。生于栎树及其他阔叶树的腐木上。子实体作"灵芝"入药，能补气安神、止咳平喘。见图10-3。

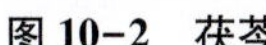

图10-2　茯苓

图10-3　赤芝

担子菌亚门中其他供药用的菌类还有猪苓 *Polyporus umbellatus*（Pers.）Fr.，菌核入药能利水渗湿。木耳 *Auricularia auricular*（L. ex Hook）Underw.，子实体入药能补气养血、润肺止咳。猴头菌 *Hericium erinaceus*（Bull.）Pers.，子实体入药能健脾养胃、安神。

复习思考题

1. 什么是子实体？
2. 担子菌亚门真菌在整个发育过程中，产生哪两种不同形式的菌丝？它们的特点各是什么？

扫一扫，查阅复习思考题答案

扫一扫，查阅本项目 PPT、视频等数字资源

项目十一 识别药用地衣植物

【学习目标】

知识目标

1. 掌握常用药用地衣植物的形态特征、药用部位及功效。
2. 熟悉地衣的类型。
3. 了解地衣的繁殖。

能力目标

能识别常用药用地衣植物。

第一节 地衣植物概述

地衣是植物界中一个特殊的类群，是由藻类和真菌高度结合形成的稳定而又互利的复合体。地衣中的共生真菌绝大多数为子囊菌亚门，少数为担子菌亚门和半知菌亚门；共生藻类均属于蓝藻门和绿藻门。地衣复合体的大部分由菌丝交织而成，能够吸收水分和无机盐，为藻类细胞光合作用提供原料，并使植物体保持一定的湿度，是地衣的主导部分；藻类细胞位于复合体的内部，可进行光合作用，为整个植物体制造有机养分，为地衣提供营养。两种植物长期结合在一起，从形态上、构造上、生理上都形成了独立的有机体，是长期历史发展进化的结果。

全世界地衣植物约有 500 余属，25000 余种。

知识链接

地衣的耐寒和耐旱性很强，能在岩石、沙漠或树皮上生长，在高山带、冻土带甚至南北极地衣也能生长繁殖，并形成地衣群落。

地衣是喜光植物，不耐大气污染，大城市及工业区很少有地衣生长。因此，地衣是检测环境污染程度的指示性植物。

一、地衣的形态

地衣按生长型分为壳状地衣、叶状地衣和枝状地衣三种类型：

1. 壳状地衣 植物体为多种多样颜色深浅的壳状物，菌丝与树干或石壁等基质紧贴，甚至生有假根嵌入基质中，难以从基物上剥离，占地衣总样量的 80%，如茶渍衣属、文字衣属等。

2. 叶状地衣 呈叶片状，有背腹性，四周有瓣状裂片，以假根或脐固着在基质上，易从基质上剥离，如石耳属、梅衣属。

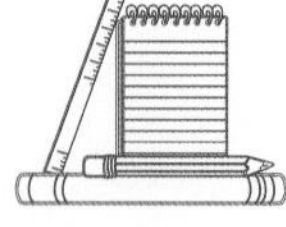

3. 枝状地衣　树枝状或丝状，直立或悬垂，仅基部附着在基质上，如直立地上的石蕊属、松萝属。

二、地衣的繁殖

1. 营养繁殖　是地衣最普通的繁殖方式。由地衣体断裂为数个裂片，每个裂片都可以发育成新个体。或者叶状体上产生粉芽、珊瑚芽等营养繁殖体进行营养繁殖。

2. 有性生殖　有性生殖仅由共生的真菌进行；主要为子囊菌和担子菌。分别产生子囊孢子或担孢子。前者为子囊菌地衣，较为常见，后者为担子菌地衣。

三、地衣的分类

地衣分为子囊衣纲、担子衣纲和半知衣纲。

第二节　常用药用地衣植物

节松萝 *Usnea diffracta* Vain.　属于松萝科。植物体丝状，长15~30cm，二叉状分枝，基部较粗，分支少，先端分枝较多。表面灰黄绿色，具光泽，有明显的环状裂沟，横断面中央有韧性丝状的中轴，具弹性，由菌丝组成，其外为藻环，常由环状沟纹分离或成短筒状。菌层产生少数子囊果，内生8个椭圆形子囊孢子。分布于全国大部分省区，生于深山老林树干上或岩壁上。全草入药，能止咳平喘，活血通络，清热解毒。

长松萝 *U. longissima* Ach.　属于松萝科。全株细长不分枝，体长可达1.2m，两侧密生细而短的侧枝，形似蜈蚣。分布于全国大部分地区。功效同节松萝。见图11-1。

图11-1　长松萝

地衣类植物主要的入药种类还有石耳 *Umbilicaria esculenta*（Miyoshi）Minks.，全草能清热解毒，止咳祛痰，平喘消炎，利尿，降血压。见图11-2。地茶 *Thamnolia vermicularis*（SW.）Ach.，全草能清热生津、醒脑安神。见图11-3。

图11-2　石耳

图11-3　地茶

扫一扫，查阅复习思考题答案

复习思考题

1. 地衣类植物通常分为哪几种类型？
2. 简述地衣类代表药用植物的功效。

扫一扫，查阅本项目PPT、视频等数字资源

项目十二 识别药用苔藓植物

【学习目标】

知识目标

1. 掌握常用药用苔藓植物的形态特征、药用部位及功效。
2. 熟悉苔藓植物的主要特征。
3. 了解苔纲与藓纲的区别。

能力目标

能识别常用药用苔藓植物。

第一节 苔藓植物概述

苔藓植物是绿色自养型植物，也是结构最简单的高等植物。多生于阴湿的环境中，是植物从水生到陆生过渡形式的代表。

知识链接

苔藓植物同地衣植物一样，也可以作为检测空气污染程度的指示植物。因为苔藓植物的叶只有一层细胞，二氧化硫等有毒气体可以从背腹两面侵入叶细胞，使苔藓植物无法生存。

苔藓植物形态一般比较矮小，比较高级的种类有茎、叶的分化，没有真正的根，只有单列细胞构成的假根。植物体内部构造简单，组织分化水平不高，仅有皮部和中轴的分化，没有真正的维管束构造。

苔藓植物的有性生殖器官由多细胞组成。雌性生殖器官为颈卵器，外形如瓶状，上部细长，下部膨大；雄性生殖器官为精子器，多为棒状或球状，内有许多精子。苔藓植物的受精需借助于水，精卵结合后形成合子，合子在颈卵器内发育为胚，胚发育为孢子体。

在苔藓植物的生活史中，由孢子萌发成为原丝体，再由原丝体发育成配子体，配子体产生雌雄配子，这一阶段为有性世代；而从受精卵发育成胚，由胚发育成孢子体的阶段称为无性世代。有性世代与无性世代互相交替形成了世代交替。配子体在苔藓植物的生活中占优势，并且能够独立生活。孢子体不能独立生活，需寄生在配子体上，这是与其他高等植物明显不同的特征。

苔藓植物约有23000种，我国约有3000多种，已知药用40余种。常生长在潮湿和阴暗的环境中。根据营养体的形态构造分为苔纲和藓纲。

第二节　常用药用苔藓植物

一、苔纲

植物体多为扁平的叶状体，有背腹之分。苔纲植物体内无维管组织，有由单细胞组成的假根。孢子体由基足、蒴柄和孢蒴组成。原丝体不发达，不产生芽体，每一个原丝体只发育成一个新植物体（配子体）。多生于阴湿的土地、岩石和潮湿的树干上。

地钱 *Marchantia Polymorpha* L.　属苔纲，地钱科。植物体（配子体）绿色叶状，扁平，呈叉状分枝；贴地生长，有背腹之分。在背面（上面）可见表皮上有气孔，腹面（下面）具紫色鳞片和带有花纹的两种假根。地钱有无性繁殖、有性生殖两种繁殖方式。

（1）地钱的无性繁殖：有两种。一种是由叶状体凹陷处的生长点不断地向前生长和分叉，后面老的叶状体逐渐死去；另一种是在叶状体上面产生胞芽杯，胞芽杯中有胞芽，胞芽成熟落地，萌发成新的叶状体。

（2）地钱的有性繁殖：地钱的配子体是雌雄异体，在雌配子体上产生伞状的雌器托，其上倒悬着颈卵器。雄配子上产生雄器托，上生精子囊，其内产生螺旋状具两根鞭毛的精子，精子在有水的条件下，游入颈卵器与卵结合。受精卵在颈卵器内发育成胚，由胚长成孢子体——苔蒴。苔萌由孢蒴、蒴柄、基足组成。苔蒴依附在配子体上。孢子成熟，借弹丝弹出，先萌发成原丝体，再发展成为叶状的配子体。

地钱分布于全国各地，生于林内、阴湿的土坡及岩石上，亦常见于井边、墙角等阴湿处。全草入药，能解毒、祛瘀、生肌、消炎。见图 12-1。

图 12-1　地钱

a. 雌株 b. 雄株

苔纲中的药用植物还有蛇地钱 *Conocephalum conicum*（L.）Underw.，全草（蛇苔）能清热、解毒，外用疗疮、蛇伤。

二、藓纲

植物体多直立，有茎、叶的分化，茎内具中轴但无维管组织，有由单列细胞组成的分枝状假根。孢子体由基足、蒴柄和孢蒴组成。原丝体发达，每个原丝体芽体形成多个新的植物体（配子体）。藓纲的植物比苔纲的植物耐低温，常见于温带、寒带和高山冻原。

金发藓（土马骔）*Polytrichum commune* Hedw. 属金发藓科。植物体（配子体）深绿色，老时黄褐色，常聚生成大片群落。茎直立，不分枝，高 10~30cm，叶多数密集在茎的中上部，向下逐渐稀疏且变小，基部叶鳞片状。广布全国各地，生于山野阴湿土坡、森林沼泽、酸性土壤上。全草入药，能清热解毒，凉血止血。见图 12-2。

葫芦藓 *Funaria hygrometrica* Hedw. 属葫芦藓科，植物体高约 2cm，直立，呈黄绿色，茎短小，植株基部有假根。雌雄同株、异枝。孢子体寄生于配子体上，由基足、蒴柄和孢蒴组成。孢子散发后，在适宜的环境中萌发成为原丝体。每个孢子发生的原丝体可产生几个芽体，每个芽体发育成一个新植物体。全草能除湿，止血。见图12-3。

图 12-2 金发藓

图 12-3 葫芦藓

知识链接

苔藓植物应用于医药的历史较久，我国十一世纪中期，《嘉祐本草》已记载金发藓（土马骔）能清热解毒。明代李时珍的《本草纲目》也记载了少数苔藓植物可以供药用。

扫一扫，查阅复习思考题答案

复习思考题

1. 苔藓植物生活史有何特点？
2. 苔藓植物门中常用的药用植物有哪些？
3. 苔纲和藓纲的配子体和孢子体有何区别？

项目十三　识别药用蕨类植物

扫一扫，查阅本项目 PPT、视频等数字资源

【学习目标】

知识目标

1. 掌握常用药用蕨类植物的形态特征、药用部位及功效。
2. 熟悉蕨类植物的主要特征。
3. 了解蕨类植物的分类。

能力目标

能识别常用药用蕨类植物。

蕨类植物，是陆地植物的始祖，如果没有蕨类植物登陆，就没有陆地生态系统。如果没有陆生生态系统，就没有当今的人类社会。因此蕨类植物是生物演化历史长河中不可或缺的重要植物类群，也是人类离不开的植物类群。

蕨类植物旧时称羊齿植物，是植物界的一个自然类群，从蕨类植物开始内部已出现了维管束，因而又把蕨类植物和种子植物称为维管植物。在蕨类植物的生活史中，形成两个独立生活的植物体，即孢子体和配子体，这点和苔藓植物及种子植物均不相同。蕨类植物是介于苔藓与种子植物之间的一类植物，较苔藓植物进化，较种子植物原始，既是较高等的孢子植物，又是较原始的维管植物。

蕨类植物广泛分布于世界各地，以热带、亚热带和温带为多。蕨类植物适于在林下、山野、溪旁、沼泽等较为潮湿的环境下生长。

知识链接

现代蕨类植物分类学研究的开拓者和奠基人——秦仁昌（1898-1986）

秦仁昌是我国著名植物分类学家。1932 年编写了《中国蕨类植物志初稿》，是我国蕨类植物研究的第一部专著。1940 年发表《水龙骨科的自然分类》，创建了一个崭新而经典的自然分类系统，国际上统称为“秦仁昌系统”。1978 年发表了《中国蕨类植物科属的系统排列和历史来源》一文，该系统已被全国植物学界和各标本室所采用。

第一节　蕨类植物的特征

一、蕨类植物的孢子体

蕨类植物常见的植物体（孢子体）发达，一般为多年生草本，有根、茎、叶的分化。

1. 根　通常为不定根。

2. 茎　大多为根状茎，少数具树状茎（桫椤）、藤状茎（爬树蕨）、鞭状茎（肾蕨）和块茎。

知识链接

蕨类植物的根状茎

蕨类植物根状茎多埋于地下或贴生近地面，又分为根状茎直立、根状茎斜升、根状茎横卧叶丛生、根状茎横卧叶簇生、根状茎横卧叶近生、根状茎横走叶远生等类型。蕨类植物的树状茎挺立于地上，如桫椤的树状茎和苏铁蕨的树状茎等。蕨类植物的鞭状茎是横走的根状茎细长呈鞭状，如肾蕨的鞭状茎，鞭状茎上生有块茎，如肾蕨的块茎。块茎能长出新的植株。蕨类植物的藤状茎是少数附生或攀附蕨类植物的形态特征，如网藤蕨的藤状茎。

3. 叶　多从根状茎上长出，幼时大多数呈拳曲状，叶片形态类型多样，从单叶至复叶，从掌状分裂至羽状分裂均有之。蕨类植物的叶片有同型叶和异型叶之分。叶异型时，不生孢子囊的叶称营养叶（不育叶），生孢子囊的叶称孢子叶（能育叶）。根据叶的起源及形态特征，又可分为小型叶和大型叶 2 种类型。

知识链接

蕨类植物的叶脉

蕨类植物的叶脉是分类特征之一，蕨类植物的叶脉有分离叶脉、网状叶脉等类型。

4. 孢子囊和孢子　孢子囊群的类型是蕨类植物的重要分类特征。孢子囊在小型叶蕨类中，单生在孢子叶的叶腋或叶基部，通常很多孢子叶集生于枝的顶端形成球状或穗状，称孢子叶球或孢子叶穗，如石松；大型叶蕨类的孢子囊聚集成孢子囊群或孢子囊堆，生于孢子叶的背面或边缘。孢子囊群有圆形、长圆形、肾形、线形等形状，孢子囊群上有的有膜质囊群盖，有的没有囊群盖。孢子囊内产生孢子，多数蕨类植物的孢子大小相同，称孢子同型，有少数蕨类的孢子有大小之分，称孢子异型。孢子在形态上分为两类，一类是肾形，单裂缝，两侧对称，称两面型孢子；一类是网形或钝三角形，三裂缝，辐射对称，称四面型孢子。孢子的壁上常具不同的突起或纹饰，有的具弹丝。

5. 维管组织　蕨类植物的孢子体内部有明显的维管组织的分化，形成各种类型的中柱，主要有原生中柱、管状中柱、网状中柱和散状中柱等。其中原生中柱为原始类型，仅由木质部和韧皮部组成，无髓部，无叶隙。原生中柱包括单中柱、星状中柱、编织中柱。管状中柱包括外韧管状中柱、双韧管状中柱。网状中柱、真中柱和散状中柱是演化至最进化的类型，在种子植物中常见。蕨类植物的各种中柱类型常是蕨类植物鉴别的依据之一。真蕨类植物很多是根状茎入药，而根状茎上常带有叶柄残基，其叶柄中的维管束的数目、类型及排列方式都有明显的不同。见图 13-1。

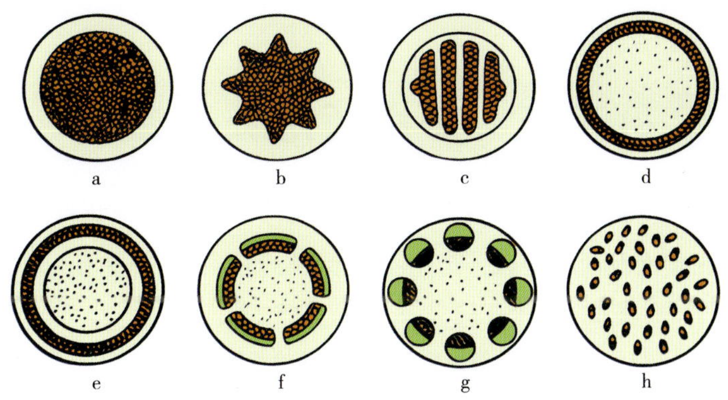

图 13-1　中柱类型横剖面图解

a. 单中柱　b. 星状中柱　c. 编织中柱　d. 外韧管状中柱

e. 双韧管状中柱　f. 网状中柱　g. 真中柱　h. 散状中柱

二、蕨类植物的配子体

孢子成熟后从孢子囊中散落出来，在适宜的环境里萌发成一片细小的呈各种形状的绿色叶状体，称原叶体，这就是蕨类植物的配子体，具背腹性，能独立生活。当配子体成熟时在腹面产生颈卵器和精子器，分别生有卵和精子，精卵成熟后，精子借水为媒介进入颈卵器内与卵结合，受精卵发育成胚，由胚发育成孢子体。

三、蕨类植物的生活史

蕨类植物具有明显的世代交替。从受精卵萌发开始，到孢子母细胞进行减数分裂前为止，这一阶段称孢子体世代（无性世代），其染色体是二倍的（2n），从孢子萌发到精子和卵结合前的阶段，称配子体世代（有性世代），其染色体是单倍的（n）。这两个世代有规律地交替完成其生活史。蕨类植物的生活史中孢子体和配子体都能独立生活，但孢子体世代占优势。见图 13-2。

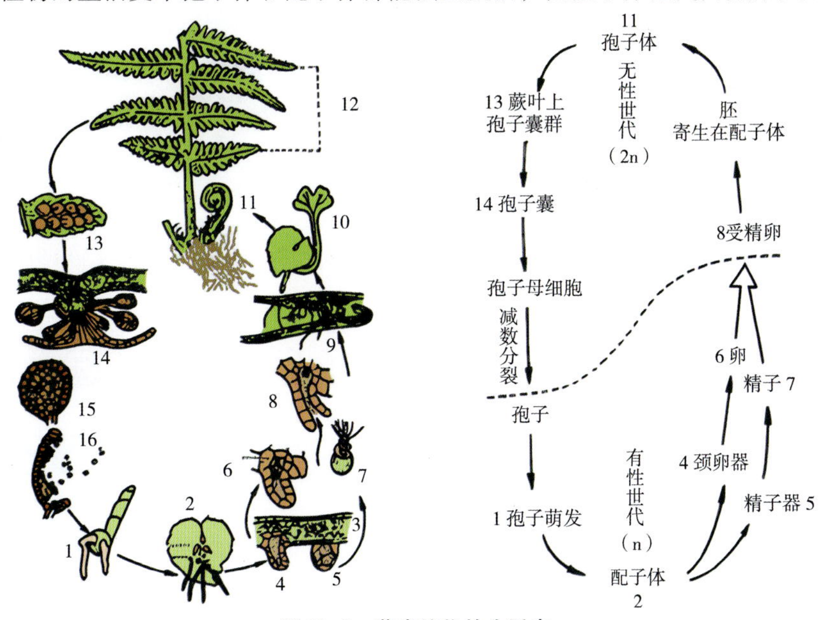

图 13-2　蕨类植物的生活史

1. 孢子的萌发　2. 配子体　3. 配子体切面　4. 颈卵器　5. 精子器　6. 雌配子（卵）　7. 雄配子（精子）　8. 受精作用　9. 合子发育成幼孢子体　10. 新孢子体　11. 孢子体　12. 蕨叶一部分　13. 蕨叶上孢子囊群　14. 孢子囊群切面　15. 孢子囊　16. 孢子囊开裂及孢子散出

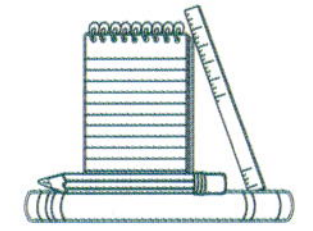

第二节　常用药用蕨类植物

现存蕨类植物约有 16000 种，广泛分布于世界各地，以热带、亚热带和温带为多。我国约 2100 种，主要分布在华南及西南地区，药用 400 余种。蕨类植物分为松叶蕨亚门、石松亚门、楔叶亚门、水韭亚门和真蕨亚门 5 个亚门。

蕨类植物 5 个亚门的检索表

1. 植物体无真根，仅具假根，2~3 个孢子囊形成聚囊 ………………………… 松叶蕨亚门（Psilophytina）

1. 植物体均具真根，不形成聚囊，孢子囊单生，或聚集成孢子囊群。

  2. 植物体具明显的节和节间，叶退化成鳞片状，不能进行光合作用，孢子具弹丝 …………………………………………………………………………………… 楔叶亚门（Sphenophytina）

  2. 植物体非如上状，叶绿色，小型叶或大型叶，可进行光合作用，孢子均不具弹丝。

    3. 小型叶，幼叶无拳曲现象。

      4. 茎多为二叉分枝，叶小型、鳞片状，孢子叶在枝顶端聚集成孢子叶穗，孢子同型或异型，精子具 2 条鞭毛………………………………………………………… 石松亚门（Lycophytina）

      4. 茎粗壮似块茎，叶长条形似韭菜叶，不形成孢子叶穗，孢子异型，精子具多鞭毛 ……………………………………………………………………………… 水韭亚门（Isoephytina）

    3. 大型叶，幼叶有拳曲现象，孢子囊在孢子叶的背面或边缘聚集成孢子囊群 ……………………………………………………………………………… 真蕨亚门（Filicophytina）

其中药用植物较多的是石松亚门、楔叶亚门和真蕨亚门，现将这三个亚门中的主要科及其重要的药用植物介绍如下：

1. 石松科　Lycopodiaceae

【形态特征】 属石松亚门。土生或附生草本。主茎伸长呈匍匐状或攀缘状，或短而直立，具原生中柱或星芒状中柱；侧枝二叉分枝或近合轴分枝，极少为单轴分枝状。叶为小型叶，钻形、线形至披针形，仅具中脉，螺旋状排列。孢子囊穗圆柱形，通常生于枝顶形成穗状囊穗或生于孢子叶腋。孢子叶的形状与大小不同于营养叶，膜质，一型，边缘有锯齿；孢子囊无柄，肾形，二瓣开裂。孢子球状四面形。

【分布】 10 余属，约 300 余种，广布于世界各地。我国有 5 属，14 种，已知 9 种入药。

【药用植物】

图 13-3　石松

石松 *Lycopodium japonicum* Thunb.　别名伸筋草，多年生常绿草本，匍匐茎蔓生，直立茎高 15~30cm，二叉分枝。叶小，线状钻形。孢子枝生于直立茎的顶端。孢子叶穗长 2.5~5cm，有柄，通常2~6 个生于孢子枝的顶端。孢子囊肾形，孢子黄色，为三棱状锥形。分布于除东北、华北以外的各省区。生于林下、灌丛下、草坡、路边或岩石上。干燥全草（伸筋草）能祛风除湿，舒筋活络。孢子可作丸药包衣。见图 13-3。

2. 卷柏科　Selaginellaceae

【形态特征】 属石松亚门。多年生草本。常有根托，茎有背腹面之分，原生中柱或管状中柱。单叶鳞形，4 行排列，或钻形，螺旋状排列，有叶舌。孢子囊穗生于枝顶，孢子叶 4 行排列；孢子异型，即分为大孢子和小孢子；配子体分雌雄。

【分布】仅 1 属，700 余种，分布于世界各地，我国有约 60 余种，已知药用的 25 种。

【药用植物】

卷柏 ***Selaginella tamariscina*** **（P. Beauv.）Spring**　主茎直立，常单一，下生多数须根，上部分枝多而丛生，莲座状，高 5~15cm，干旱时分枝向内卷缩成球状，遇雨复原。叶鳞片状，中叶（腹叶）斜向上，不并行，侧叶（背叶）斜展，长卵圆形。孢子叶穗着生于枝顶，四棱形，孢子囊网肾形，孢子二型。全国均有分布，生于向阳山坡或岩石上。干燥全草（卷柏）能活血通经。见图 13-4。

图 13-4　卷柏

垫状卷柏 ***S. pulvinata*** **（Hook. et Grev.）Maxim.**　形态似卷柏，但腹叶并行，指向上方，肉质，全缘。分布于全国各地。药用部位和功效同卷柏。见图 13-5。

翠云草 ***S. uncinata*** **（Desv.）Spring**　主茎伏地蔓生，分枝疏生。节处有不定根，叶卵形，二列疏生。多回分叉。营养叶二型，背腹各二列，淡绿色，嫩时有翠蓝色荧光。分布于华东、华南、西南等地。生于山谷林下潮湿的地方。全草能清热解毒，利湿通络，止血生肌。见图 13-6。

图 13-5　垫状卷柏

图 13-6　翠云草

3. 木贼科　Equisetaceae

【形态特征】属楔叶亚门。陆生多年生草本。根状茎长而横走，黑色，分枝，有节，节上生根，披绒毛。地上茎直立，圆柱形，绿色，有节，节间多中空。叶片退化，轮生，呈鳞片状；孢子叶盾形，在小枝顶端集成孢子叶球；孢子同型，具弹丝 4 条。

【分布】2 属，约 30 种，分布于世界各地。我国有 2 属，10 余种，已知 8 种入药。

【药用植物】

木贼 ***Equisetum hyemale*** **L.**　多年生草本。地上茎直立，单一不分枝，中空，有棱脊20~30条，棱脊上有 2 行疣状突起，极粗糙。叶细小，鳞片状，轮生，基部连成鞘状，包于节间基部。叶鞘基部和鞘齿成黑色两圈。孢子叶穗生于茎顶，长网形具小尖头。孢子同型。分布于东北、华北、西北，以及四川等地。生于山坡湿地或疏林下。干燥地上部分（木贼）能疏散风热，明目

退翳。见图 13-7。

图 13-7 木贼

问荆 ***E. arvense* L.** 多年生草本。地上茎直立，二型。孢子茎早春先发，常紫褐色，肉质，不分枝。叶膜质，连合成鞘状，具较粗大的鞘齿。孢子叶穗顶生，孢子叶六角形，盾状，下生 6 个长形的孢子囊。孢子茎枯萎后，生出营养茎，表面具棱脊，多分枝，轮生，中实。叶退化，下部联合成鞘，鞘齿披针形，黑色，边缘灰白色，膜质。分布于东北、华北、西北、西南各省区。生田边、沟旁。全草能利尿，止血，清热，止咳。见图 13-8。

1. 营养枝

2. 孢子枝

图 13-8 问荆

4. 紫萁科 Osmundaceae

【形态特征】 属真蕨亚门。陆生草本。根状茎直立或斜升，或有直立树状茎。叶柄基部膨大，两侧有狭长翅，无鳞片。一至二回羽状复叶，二型叶，或二型羽片，叶脉分离。孢子囊着生于强度收缩变形的能育叶或能育叶羽片边缘，其顶端具有几个增厚的细胞（盾状环带），能纵裂为两瓣，孢子为网球状，四面型。

【分布】 本科 3 属，20 余种，分布于温、热带。我国产 1 属，8 种，已知 6 种入药。

紫萁

紫萁 ***Osmunda japonica* Thunb.** 多年生草本。根状茎短块状，斜生，集有残存叶柄，无鳞片。叶丛生，二型，幼时密被绒毛，营养叶三角状阔卵形，顶部以下二回羽状，小羽片披针形至三角状披针形，叶脉叉状分离；孢子叶小羽片狭窄，卷缩成线形，沿主脉两侧密生孢子囊，成熟后枯死。分布于秦岭以南温带及亚热带地区，生于林下或溪边酸性土上。干燥根茎和叶柄残基（紫萁贯众）能清热解毒，止血，杀虫。有小毒。见图 13-9。

1. 营养叶

2. 孢子叶

图 13-9 紫萁

5. 海金沙科 Lygodiaceae

【形态特征】属真蕨亚门。陆生藤状植物。根状茎长而横走，有毛，无鳞片，具原生中柱。叶轴无限生长，藤状缠绕攀缘，沿叶轴有短枝，枝顶两侧生出一对羽片，羽片为一至二回二叉掌状或为一至二回羽状复叶，近二型，不育羽片生于叶轴下部，可育羽片生于叶轴上部，孢子囊生于能育羽片边缘的小脉顶端，两行并行组成孢子囊穗。孢子囊梨形，环带顶生。孢子四面型。

【分布】本科1属，40余种，分布于热带、亚热带及温带。我国1属，10种，已知药用5种。

【药用植物】

海金沙 *Lygodium japonicum*（Thunb.）Sw. 缠绕草质藤本。根状茎横走，羽片近二型，能育羽片卵状三角形，不育羽片三角形，二至三回羽状，小羽片2~3对。孢子囊穗生于能育羽片边缘的小脉顶端，排成流苏状，暗褐色，孢子表面有瘤状突起。分布于长江流域及南方各省区，多生于山坡林边、灌丛、草地。干燥成熟孢子（海金沙）能清利湿热，通淋止痛。茎藤，能清热解毒，利尿。见图13-10。

海金沙

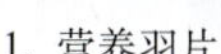
1. 营养羽片

2. 孢子羽片

图13-10 海金沙

6. 蚌壳蕨科 Dicksoniaceae

【形态特征】属真蕨亚门。陆生，植物体小树状，主干粗大，直立或平卧，具复杂的网状中柱，密被金黄色长柔毛，无鳞片。叶片粗大，三至四回羽状，革质，叶柄长而粗。孢子囊群生于叶背边缘，囊群盖两瓣形如蚌壳，内凹，革质。孢子囊梨形，环带稍斜生。孢子四面型。

【分布】本科5属，40种，分布于热带地区及南半球。我国有1属，1种，已知1种入药。

【药用植物】

金毛狗脊 *Cibotium barometz*（L.）J. Sm. 植物树状，高2~3m，根状茎粗壮，木质，密被金黄色长柔毛，形如金毛狗。叶大，具长柄，叶片三回羽状分裂，末回小羽片狭披针形，革质，孢子囊群生于小脉顶端，每裂片1~5对，囊群盖二瓣，形如蚌壳。分布于我国南部各省区，生于山脚沟边及林下阴处，喜酸性土壤。干燥根茎（狗脊）能祛风湿，补肝肾，强腰膝。见图13-11。

1. 叶

2. 根茎

图13-11 金毛狗脊

7. 凤尾蕨科 Pteridaceae

【形态特征】属真蕨亚门。陆生草本。根状茎直立、斜升、横卧或横走，被鳞片，网状中柱。叶簇生，叶一型或近二型，有柄，与茎之间无关节相连，一至二回羽状分裂，少有掌状分裂。孢子囊群线形，生于叶背边缘或缘内。囊群盖膜质，由变形的叶缘反卷而成，孢子囊有长柄。孢子四面型或两面型。

【分布】10 属，300 余种，分布于全世界。我国有 3 属，约 100 种，已知约 20 种入药。

【药用植物】

井栏边草 *Pteris multifida* Poir. 又名井口边草、凤尾草，多年生常绿草本。根状茎直立，顶端有钻形黑褐色鳞片。叶二型，簇生，草质。能育叶长卵形，一回羽状，下部羽片 2~3 叉，羽片或小羽片条形，不育叶的羽片或小羽片较宽，边缘有不整齐的尖锯齿。孢子囊群线形，沿叶边连续分布。分布于华东、中南、西南等省区。全草（凤尾草）能清热利湿，凉血止痢。见图 13-12。

图 13-12 井栏边草

8. 鳞毛蕨科 Dryopteridaceae

【形态特征】属真蕨亚门。陆生草本。根状茎直立、短而斜生或长而横走，具网状中柱，连同叶柄多被鳞片。叶柄基部横切有 4~7 个或更多维管束，叶轴上面有纵沟，叶片一至多回羽状或羽裂，孢子囊群圆形，背生或顶生于小脉上，囊群盖盾形或圆形，有时无盖。孢子两面型，表面有疣状突起或有翅。

【分布】约 14 属，1200 余种，主要分布于温带、亚热带地区。我国有 13 属，472 余种。分布全国各地。已知 60 种入药。

【药用植物】

粗茎鳞毛蕨 *Dryopteris crassirhizoma* Nakai 又名东北贯众、绵马鳞毛蕨。多年生草本。根状茎直立，粗大，连同叶柄密生棕色大鳞片。叶簇生，二回羽裂，叶轴上被黄褐色鳞片。孢子囊群生于叶中部以上的羽片下面，每裂片 1~4 对；囊群盖肾圆形，棕色。分布于东北、华北等省区，生于山地林下。干燥根茎和叶柄残基（绵马贯众）能清热解毒，驱虫。见图 13-13。

贯众 *Cyrtomium fortunei* J. Sm. 多年生草本。根状茎短，斜生或直立。叶柄密被黑褐色大鳞片；叶一回羽状，簇生，羽片镰状披针形，基部上侧稍呈耳状突起；叶脉网状。孢子囊群圆形，在羽片上散生；囊群盖大，网盾形。分布于华北、西北、长江以南各地。生于山坡林下、溪沟边、石缝中、墙脚边等阴湿处。根状茎及叶柄残基能清热解毒，止血，杀虫。见图 13-14。

图 13-13 粗茎鳞毛蕨

图 13-14 贯众

9. 水龙骨科 Polypodiaceae

【形态特征】属真蕨亚门。附生或土生植物。根状茎横走至横卧，具网状中柱，被阔鳞片。叶一型或二型，叶柄基部具关节，单叶，全缘或羽状半裂至一回羽状分裂；全缘或多少深裂，或羽状分裂，叶脉网状。孢子囊群圆形或线形，或有时布满叶背，无囊群盖。孢子囊梨形或球状梨形。孢子两面型。

【分布】40 余属，500 余种，分布于热带和亚热带。我国有 25 属，270 余种，已知 80 余种入药。

【药用植物】

石韦 ***Pyrrosia lingua*** **（Thunb.）Farwell** 多年生草本。高 10~30cm。根状茎细长，横走，密生褐色披针形鳞片。叶远生，革质；叶片披针形，背面密被灰棕色星状毛；叶柄基部有关节。孢子囊群无盖，紧密而整齐地排列于侧脉间，初为星状毛包被，成熟时露出。分布于长江以南各省区，附生于岩石或树干上。干燥叶（石韦）能利尿通淋，清肺止咳，凉血止血。见图 13-15。

庐山石韦 ***P. sheareri*** **（Bak.）Ching** 多年生草本。植株高大，高 30~60cm。根状茎粗短，横走，密被鳞片。叶片阔披针形，长 20~40cm，宽 3~5cm，革质，叶基不对称，背面密生黄色星状毛及孢子囊群。分布于长江以南等省区。药用部位和功效同石韦。见图 13-16。

图 13-15 石韦

图 13-16 庐山石韦

有柄石韦 ***P. petiolosa*** **（Christ）Ching** 多年生草本。根状茎横走。叶具长柄，叶脉不明显，孢子囊群成熟时布满叶背。分布于东北、华北、西南、长江中下游地区。药用部位和功效同石韦。见图 13-17。

水龙骨 ***Polypodiodes chinensis*** **（Christ）S. G. Lu.** 多年生草本，高 10~40cm。根状茎长而横走，黑褐色，带白粉，顶部具网卵状披针形鳞片。叶远生，薄纸质，两面密生灰白色短柔毛，叶柄长，叶片长网状披针形，羽状深裂几达叶轴。孢子囊群生于主脉两侧各排成一行，无囊

群盖。分布于长江以南各省区。生于林下阴湿的岩石上。根状茎能清热解毒，平肝明目，祛风利湿。见图 13-18。

图 13-17　有柄石韦

图 13-18　水龙骨

槲蕨

槲蕨 ***Drynaria fortunei*** **（Kunze）J. Sm.** 多年生常绿附生草本。根状茎肉质，粗壮，长而横走，密被钻状披针形的鳞片。叶二型，营养叶厚，革质，枯黄色，卵圆形，边缘羽状浅裂，无柄，覆瓦状叠生在孢子叶柄的基部；孢子叶绿色，叶柄短，叶片长椭圆形，羽状深裂，基部裂片耳状，裂片 7~13 对，叶脉明显，细脉连成 4~5 行长方形网眼。孢子囊群圆形，生于叶背主脉两侧，各 2~3 行，无盖。分布于长江以南各省区及台湾省。附生于岩石上或树上。根茎（骨碎补）能疗伤止痛，补肾强骨；外用消风祛斑。见图 13-19。

图 13-19　槲蕨

扫一扫，查阅复习思考题答案

复习思考题

1. 蕨类植物与苔藓植物有哪些主要区别？
2. 蕨类植物孢子叶集生的状态有哪些类型？举例说明。

项目十四　识别药用裸子植物

扫一扫，查阅本项目 PPT、视频等数字资源

【学习目标】

知识目标

1. 掌握常用药用裸子植物的形态特征、药用部位及功效。
2. 熟悉裸子植物的主要特征。
3. 了解裸子植物的分类。

能力目标

能识别常用药用裸子植物。

裸子植物是一类保留着颈卵器，又能产生种子和具维管束的植物，是介于蕨类植物和被子植物之间的一类维管植物。裸子植物具胚珠，形成种子，与被子植物特点一致。与被子植物不同的是，胚珠和种子是裸露的，没有心皮包被，不形成子房，因此称为裸子植物。

现今裸子植物广布于全世界，主要在北半球，常组成大面积森林。大多数是林业生产的主要用材树种，也有很多可以入药和食用。银杏种子和叶、松花粉、松针、松油、麻黄茎和根、侧柏叶和种仁等均可入药。落叶松、云杉等多种树皮、树干可提取鞣质、挥发油和树脂、松香等。银杏、华山松、红松和榧树的种子是可以食用的干果。

裸子植物出现于3亿多年前的古生代，最盛时期是2亿年前的中生代，由于地壳发展历史、气候经过多次重大变化，古老的种类相继绝迹，现存的裸子植物种类已为数不多。

第一节　裸子植物的特征

裸子植物体（孢子体）多为乔木、灌木，少为亚灌木（麻黄）或藤本（倪藤）。大多为常绿植物，极少为落叶性（银杏）；茎内维管束环状排列，有形成层和次生生长；木质部大多为管胞，极少有导管（麻黄科、买麻藤科除外），韧皮部中有筛胞而无伴胞。叶针形、条形或鳞片形，极少为扁平的阔叶，无托叶。花单性，同株或异株；无花被或仅具原始的花被，雄蕊（小孢子叶）多数，聚生成雄球花（小孢子叶球）；雌蕊的心皮（大孢子叶）不形成密闭的子房，丛生或聚生成雌球花（大孢子叶球）；胚珠裸生在心皮上，传粉受精后发育成种子，种子裸露于心皮上，成熟后无果皮包被，所以称为裸子植物。这是与被子植物的重要区别点。

裸子植物的生殖器官在生活史的各个阶段与蕨类植物基本上是同源的，但所用的形态术语却各不一样。见表14-1。

表 14-1　裸子植物与蕨类植物特征对比

裸子植物	蕨类植物
雌（雄）球花	大（小）孢子叶球
雄蕊	小孢子叶
花粉囊	小孢子囊
花粉粒（单核期）	小孢子
雌蕊（珠鳞或心皮）	大孢子叶
珠心	大孢子囊
胚囊（单细胞期）	大孢子

通常分为苏铁纲 Cycadopsida、银杏纲 Ginkgopsida、松柏纲（球果纲）Coniferopsida、红豆杉纲（紫杉纲）Taxopsida 及买麻藤纲（倪藤纲）Gnetopsida 5 纲。

裸子植物门分纲检索表

1. 花无假花被；茎的次生木质部无导管；乔木或灌木。
　2. 叶大型，羽状复叶，聚生于茎顶端，茎不分枝 ………………………………………………… 苏铁纲
　2. 叶为单叶，不聚生于茎顶端，茎有分枝。
　　3. 叶扇形，有二叉状脉序；花粉萌发时产生 2 个有纤毛的游动精子 ……………………… 银杏纲
　　3. 叶针形或鳞片形，无二叉状脉序；花粉萌发时不产生游动精子。
　　　4. 大孢子叶两侧对称，常集成球果状；种子有翅或无 ………………………………… 松柏纲
　　　4. 大孢子叶特化为鳞片状的珠托或套被，不形成球果；种子有肉质的假种皮 ……… 红豆杉纲
1. 花有假花被；茎的次生木质部有导管；亚灌木或木质藤本 ………………………………… 买麻藤纲

第二节　常用药用裸子植物

裸子植物在植物分类系统中，通常作为一个自然类群，称为裸子植物门。分属于 5 纲，12 科，71 属，近 800 种。我国有 5 纲，11 科，41 属，约 236 种，其中有一些是中国特产种和第三纪孑遗植物，或称“活化石”植物，如银杏、银杉、水杉、榧树、红豆杉等。已知药用植物有 10 科，25 属，100 余种。

1. 银杏科　Ginkgoaceae

【形态特征】落叶乔木，树干高大。枝有长枝和短枝之分。叶在长枝上螺旋状散生，在短枝上簇生，叶片扇形，顶端常 2 浅裂，叶脉二叉状分枝。雌雄异株；雄球花葇荑花序状，雄蕊多数，螺旋状着生；雌球花有长柄，柄端二叉，生两个杯状心皮，每心皮上裸生 1 个胚珠，常只 1 个发育。种子核果状；外层肉质，成熟时橙黄色；中层骨质，白色；内层膜质，淡红色。子叶 2 枚，胚乳丰富。

【分布】仅有 1 属，1 种。为我国特产，现普遍栽培，主产于辽宁、山东、河南、江苏、四川等地。

【药用植物】

银杏（白果树、公孙树）*Ginkgo biloba* L.　形态特征与科相同。去肉质外种皮的种子（白果）有敛肺定喘，止带缩尿功效；亦可食用。外种皮有毒。叶（银杏叶）能活血化瘀，通络止痛，敛肺平喘、化浊降脂。叶中含多种黄酮及双黄酮，有扩张动脉血管作用，用于治疗冠心病、脉管炎、高血压等。见图 14-1。

图 14-1　银杏

银杏

知识链接

活化石银杏

银杏最早出现于3.45亿年前的石炭纪，曾广泛分布于北半球的欧、亚、美洲，与动物界的恐龙一样称王称霸于世，至50万年前，发生了第四纪冰川运动，地球突然变冷，绝大多数银杏类植物濒于绝种，唯有我国自然条件优越，才奇迹般地保存下来。所以，科学家称它为“活化石”“植物界的熊猫”。目前，国外的银杏都是直接或间接从我国传入的。我国是银杏的故乡，是世界银杏的分布中心。银杏叶形常被作为中国植物的标志图案。

2. 松科　Pinaceae

【形态特征】常绿乔木，少灌木，稀落叶性，多含树脂。叶针形或条形，在长枝上螺旋散生，在短枝上簇生。花单性同株；雄球花穗状，雄蕊多数，花粉粒外壁两侧有突出成气囊的翼；雌球花球状，有多数螺旋状排列的珠鳞（心皮），每珠鳞腹面具2个胚珠，在珠鳞背面有1苞片称苞鳞，珠鳞与苞鳞分离，花后珠鳞增大成为种鳞，多数种鳞聚生成木质状球果（松球果），熟时张开，种子多具单翅。子叶2~16枚。

【分布】10属，约230种。我国有10属，约113种；分布于全国各地；药用8属，40余种。

知识链接

裸子植物最大的科

松科为裸子植物中最大的科，占全部裸子植物种类的1/3左右。我国的松科植物极多，占全部松科种类的1/2左右。松科经济意义大。它们多为大乔木，是优良木材和建筑材。许多种在园林绿化造林中居重要地位，如雪松、金钱松为世界五大园林植物。

【药用植物】

马尾松 ***Pinus masoniana*** **Lamb.**　常绿乔木。针叶细长而柔软，2针一束，稀3针。球果卵圆形，成熟后栗褐色；种鳞的鳞盾平或微隆起；鳞脐微凹，无刺（种鳞顶端加厚膨大呈盾状部分为鳞盾，鳞盾的中心凸出部分为鳞脐）。每种鳞具2粒种子，种子具单翅。分布于我国淮河和汉水流域以南各地，西至四川、贵州和云南。生于阳光充足的丘陵山地酸性土壤。分枝节或瘤状

马尾松

节（油松节）能祛风除湿、活络止痛；花粉（松花粉）能收敛止血，燥湿敛疮；渗出的油树脂，经蒸馏或其他方法提取的挥发油（松节油）能活血通络，消肿止痛；油树脂除去挥发油的遗留物（松香）能燥湿祛风、生肌止痛。见图 14-2。

图 14-2　马尾松

油松 *P. tabulaeformis* Carr.　与上种主要区别为针叶粗硬。球果熟后淡黄色；种鳞的鳞脐凸起，有短刺。为我国特有树种。分布于东北、华北、西北等地。生于干燥的山坡上。富含树脂。药用功效与马尾松相似。

金钱松

金钱松（金松）*Pseudolarix amabilis*（Nelson）Rehd.　落叶乔木。叶条形扁平，柔软，在短枝上簇生，轮状平展，其状如铜钱，秋后叶呈金黄色，故有“金钱松”之称。雌球花单生于短枝顶端，雄球花簇生于短枝顶端；球果当年成熟。分布于长江中下游的温暖地带。生于温暖、土层深厚的酸性土。根皮及近根树皮（土荆皮）能杀虫，疗癣，止痒。见图 14-3。

图 14-3　金钱松

3. 柏科　Cupressaceae

【形态特征】常绿乔木或灌木。叶交互对生或轮生，鳞片形或针形，有时在同一树上具二型叶。雌雄同株或异株；雄球花顶生，每雄蕊具 2~6 花药；雌球花由 3~16 枚交互对生或 3~4 枚轮生的珠鳞组成，珠鳞与下面的苞鳞合生，每珠鳞有 1 至数枚胚珠。球果木质开裂或肉质合生。种子具翅或无。子叶 2 枚。

【分布】22 属，约 150 种。我国有 8 属，近 30 种；分布于全国；药用 6 属，20 种。

【药用植物】

侧柏（扁柏）*Platycladus orientalis*（L.）Franco　常绿乔木。具叶的小枝扁平，排成一平面，直展。叶鳞片状，交互对生，贴于小枝上。球果卵圆形，幼时肉质，蓝绿色，被白粉，熟时木质，红褐色，顶端开裂。种鳞4对，扁平，仅中间2对各生1~2枚种子，种子无翅。为我国特有树种。分布几遍全国，各地常有栽培。枝梢和叶（侧柏叶）能凉血止血，化痰止咳，生发乌发；种仁（柏子仁）能养心安神，润肠通便，止汗。见图14-4。

图 14-4 侧柏

侧柏

4. 红豆杉科 Taxaceae

【形态特征】常绿乔木或灌木。叶螺旋状排列或交互对生，基部常扭转排成2列，披针形或条形，上面中脉明显，下面沿中脉两侧各具1条气孔带。球花单性异株，稀同株；雄球花单生叶腋或苞腋，或组成穗状花序集生枝顶，雄蕊多数，各具3~9个花药，花粉粒球形，无气囊；雌球花单生或成对着生于叶腋或苞腋，基部具盘状或漏斗状珠托。种子浆果状或核果状，全部或部分包被于肉质的假种皮中。子叶2枚。

【分布】5属，20余种。我国有4属，12种；分布于西北部、西南部、中部及东部地区；药用3属，10种。

【药用植物】

东北红豆杉 *Taxus cuspidate* Sieb. et Zucc.　常绿乔木。树皮红褐色。叶条形排成不规则2列，叶微呈镰状，基部两侧微歪斜，叶背有两条气孔带。雄球花有雄花9~14，各具5~8个花药；种子卵形，紫红色，围有红色杯状假种皮，假种皮成熟时肉质，鲜红色。分布于我国东北地区的小兴安岭和长白山区。生于湿润、疏松、肥沃、排水良好的地方。枝、叶能利尿、通经；茎皮、根皮、枝叶含紫杉醇具抗癌作用。见图14-5。

图 14-5 东北红豆杉

中国红豆杉属植物还有西藏红豆杉 *T. wallichian* Zucc.、云南红豆杉 *T. yunnanensis* Cheng et L. K. Fu、红豆杉 *T. chinensis* Rehd. 及其变种南方红豆杉 *T. chinensis* Rehd. var. *mairei* Cheng et L. K. Fu 等。本属植物已列为国家重点保护野生植物名录，只能利用栽培品。

5. 麻黄科 Ephedraceae

【形态特征】小灌木或亚灌木。小枝对生或轮生，节明显，节间有细纵槽。叶小，鳞片形，基部鞘状。雌雄异株，稀同株；雄球花由数对苞片组成，每苞中有雄花1朵，每花有雄蕊2~8，每雄蕊具2花药，花丝合成一束，雄花外有膜质假花被；雌球花由多数苞片组成，仅顶端1~3枚苞片生有雌花，雌花由顶端开口的囊状假花被包围。胚珠1枚，具一层珠被，上部延长成珠被（孔）管，由假花被开口处伸出。种子浆果状，由假花被发育成的假种皮所包围，其外有红色肉质苞片，多汁可食，俗称“麻黄果”。子叶2枚。

【分布】1属，约40种。我国有12种、4变种；分布于东北、华北、西北及西南等地；药用10余种。

【药用植物】

草麻黄 *Ephedra sinica* Stapf 亚灌木，高30~40cm。木质茎短而横卧。小枝丛生于基部，草质。叶鳞片形，膜质，基部鞘状，上部2裂。雌雄异株；雄球花有5~8枚雄蕊，花丝合生；雌球花单生枝顶，有苞片4对，仅先端1对苞片有2~3枚雌花，成熟时苞片增厚成肉质，红色，内含种子1~2粒。分布于东北、华北、西北等地。生于干燥荒地及草原。草质茎（麻黄）能发汗散寒，宣肺平喘，利水消肿，为提取麻黄碱的主要原料；根和根茎（麻黄根）能固表止汗。见图14-6。

图14-6 草麻黄

木贼麻黄 *E. equisetina* Bge. 与上种主要区别为直立小灌木，高达1m以上，节间细而较短，长1~2.5cm。种子常1枚。其麻黄碱含量最高，分布于西北、华北各省区。

中麻黄 *E. intermedia* Schr. et C. A. Mey. 与上种主要区别为节间长3~6cm，叶裂片通常3片。种子常3枚。其麻黄碱含量较前两种低，为我国分布最广的麻黄药材。分布于东北、华北、西北大部分地区。

知识链接

旱生植物麻黄

麻黄多分布在我国北方干旱荒漠、沙漠地带及黄土高原地区，不仅具有防风固沙、保持水土、改善生态环境等作用，而且又是我国特有的中药材。由于多年来人们对麻黄的滥采乱挖，野生麻黄的分布面积锐减，质量急剧下降，处于枯竭的危境，直接造成草原和荒漠植被的破坏，形成荒漠化土地。现已被列入《国家重点保护野生植物名录》。因此，为了保护日益恶化的生态环境，解决天然麻黄资源匮乏和品质下降问题，必须进行人工驯化栽培和合理开发利用野生资源。

扫一扫，查阅复习思考题答案

复习思考题

1. 比较松科、柏科植物的异同点。
2. 裸子植物的主要特征。

扫一扫，查阅本项目 PPT、视频等数字资源

项目十五　识别药用被子植物

【学习目标】

知识目标

1. 掌握被子植物重点科的主要特征，双子叶植物纲与单子叶植物纲的区别特征，常用药用被子植物的形态特征、药用部位及功效。

2. 熟悉被子植物的主要特征。

3. 了解被子植物的演化规律和分类系统。

能力目标

1. 能理解被子植物重点科的主要特征。

2. 能将未知被子植物门药用植物分类鉴定到科。

3. 能识别常用药用被子植物。

第一节　被子植物概述

一、被子植物特征

被子植物是植物界中最进化、最高级、种类最丰富、分布最广泛的类群，有植物 1 万多属，20 多万种，占植物种类一半左右；我国有植物 1 万多属，近 3 万种，是药用植物最多的门。其主要特征：

1. 孢子体高度发达　被子植物孢子体高度发达并进一步分化，除乔木和灌木外，更多是草本。配子体极度退化，雄配子体为萌发的花粉粒，雌配子体为 8 核胚囊，均不能独立生存，寄生在孢子体上。

2. 具有真正的花　和裸子植物相比，被子植物产生了具有高度特化的、真正的花，故又叫有花植物。

3. 胚珠被心皮所包被　被子植物的胚珠包藏在由心皮闭合而成的子房内，得到良好的保护。

4. 具有独特的双受精现象　被子植物在受精过程中，1 个精子与卵细胞结合，形成合子（受精卵）；另 1 个精子与 2 个极核结合，发育成三倍体的胚乳，此种胚乳不是单纯的雌配子体，而具有双亲的特性，使新植物体有更强的生命力。

5. 具有果实　被子植物子房在受精后形成果实，胚珠形成种子。果实的形成，既保护种子又以各种方式帮助种子散布。

6. 具高度发达的输导组织　被子植物输导组织中的木质部出现了导管，韧皮部出现了筛管和伴胞，加强了水分和营养物质的运输能力。

二、被子植物演化规律

植物的演化不能孤立地只根据某一条规律来判断一个植物的进化是原始的还是先进的，因

为同一植物形态特征的演化不是同步的，同一性状在不同植物的进化意义也非绝对，而应该综合分析。植物演变的趋向是植物分类顺序的依据，通常所说的植物传统分类法或经典分类法，是以植物的形态特征，尤其是“花”的形态特征为主要依据进行分类的。被子植物系统演化有两大学派，其争论的焦点在于被子植物的“花”的来源上，意见分歧较大，即“假花学派”与“真花学派”两大学派。“假花学派”设想原始被子植物是具单性花的，以裸子植物中的麻黄、买麻藤等单性花为主；“真花学派”设想被子植物的花是原始裸子植物中的苏铁等两性孢子叶球演化而来的，其孢子叶球上的苞片演变为花被，小孢子叶演变为雄蕊，大孢子叶演变为雌蕊（心皮），再由孢子叶球轴演变为花轴。

第二节　被子植物分类和药用植物

被子植物的分类系统不少，目前，世界上采用比较多的系统是恩格勒系统和哈钦松系统。恩格勒（A. Engler）系统经过多次修订，最终将双子叶植物放在单子叶植物之前进行分类，被子植物共分 62 目，344 科，其中双子叶植物 48 目，290 科，单子叶植物 14 目，54 科。哈钦松（J. Hutchinson）系统将被子植物共分 111 目，411 科，其中双子叶植物 82 目，342 科，单子叶植物 29 目，69 科。哈钦松系统认为多心皮的木兰目、毛茛目是被子植物的原始类群，但过分强调了木本和草本两个来源。

本教材的被子植物分类采用了修订后的恩格勒系统，将被子植物分为两个纲，即双子叶植物纲与单子叶植物纲。其主要区别见表 15-1。

表 15-1　双子叶植物与单子叶植物对照表

	双子叶植物纲	单子叶植物纲
根	直根系	须根系
茎	维管束环状，有形成层	维管束成星散状，无形成层
叶	具有网状脉	具平行脉
花	基数为 5 或 4，花粉粒具 3 个萌发孔	基数为 3，花粉粒具单个萌发孔
胚	具 2 枚子叶	具 1 片子叶

这些区别特征并不是绝对的，对两纲中的大多数植物来说，是实用的。但是，还有些交错现象，也是客观存在的。如双子叶植物纲中的菊科、毛茛科、车前科等中有须根系植物；毛茛科、胡椒科、石竹科等中有维管束成散生排列的植物；木兰科、樟科、小檗科等中有 3 基数的花；睡莲科、罂粟科、伞形科等中有 1 枚子叶的现象。在单子叶植物纲中的百合科、天南星科、薯蓣科等中有网状脉；百合科、百部科、眼子菜科等中有 4 基数的花。

一、双子叶植物纲

双子叶植物纲（Dicotyledoneae）分离瓣花亚纲（原始花被亚纲）和合瓣花亚纲（后生花被亚纲）两亚纲。

（一）离瓣花亚纲

离瓣花亚纲（Choripetalae）又叫原始花被亚纲 Archichlamydeae，多为无花被，单被花或有花萼和花冠区别，花瓣（或花被）通常分离，雄蕊和花冠离生。

1. 三白草科 Saururaceae　$⚥ * P_0 A_{3\sim8} \underline{G}_{3\sim4:1:2\sim4,(3\sim4:1:\infty)}$

【形态特征】多年生草本。根状茎直立或匍匐；单叶互生，具托叶，常与叶柄基部合生；花两性，无花被；穗状或总状花序，花序基部具白色总苞片；雄蕊 3~8 枚，花丝分离，花药 2 室，子房上位或下位，3~4 心皮，离生或合生，离生心皮则每心皮具 2~4 胚珠，合生心皮则为 1 室的侧膜胎座，胚珠多数，花柱分离。浆果或蒴果。

【分布】本科 4 属 7 种，分布于东亚和北美。我国约有 3 属 4 种，分布于我国东南至西南部；全部可供药用。

【药用植物】

蕺菜 *Houttuynia cordata* Thunb.　多年生草本，具有鱼腥气味。根状茎白色。茎直立，常带紫红色。单叶互生，心形或宽卵形，上面绿色，背面带紫红色，被短毛；叶柄基部与条形托叶合生。穗状花序，总苞片 4，白色花瓣状；雄蕊 3 枚，雌蕊 3 心皮合生，侧膜胎座，胚珠多数。蒴果，种子多数。分布于我国西南部、中部、南部与东部各地。生于山坡潮湿林下、路旁或沟边。全草或地上部分入药（鱼腥草），能清热解毒，消痈排脓，利尿通淋。见图 15-1。

蕺菜

图 15-1　蕺菜

图 15-2　三白草

本科常见的还有三白草 *Saururus chinensis*（Lour.）Baill.，多年生草本。根状茎白色，具节。叶互生，长卵形或长卵状披针形。总状花序顶生，雄蕊 6，雌蕊由 4 枚心皮合生。蒴果，分裂为 3~4 瓣裂。分布于长江以南各省区。生于沟边湿地。地上部分入药，能利尿消肿，清热解毒。见图 15-2。

三白草

2. 桑科 Moraceae　$♂ * P_{4\sim6} A_{4\sim6}$；$♀ * P_{4\sim6} \underline{G}_{(2:1:1)}$

【形态特征】多为木本，稀草本，木本常具乳汁。叶多互生，稀对生，托叶早落。花小，常集成头状、穗状、葇荑花序或隐头花序，单性，同株或异株；单被花，花被片通常 4~6，雄蕊与花被片同数且对生；子房上位，2 心皮合生，通常 1 室，每室有 1 胚珠。常为聚花果，由瘦果、坚果组成。

【分布】本科约 53 属 1400 余种，分布于热带与亚热带地区。我国产 12 属 150 余种，主产于长江以南各省区。已知药用的有 11 属，约 80 种。

【药用植物】

桑 *Morus alba* L.　又名桑树，落叶乔木或灌木，具乳汁。根褐黄色。单叶互生，卵形或宽卵形，有时分裂，托叶早落。花单性，雌雄异株，葇荑花序腋生；雄花花被片 4，雄蕊 4，与花被片对生，中间具退化雌蕊，雌蕊 2 心皮组成，子房上位，1 室 1 胚珠。瘦果包于肉质花被片中，形成聚花果，成熟紫黑色。分布于全国各地。根皮（桑白皮）能泻肺平喘，利水消肿。嫩枝（桑枝）能祛风湿，利关节。叶（桑叶）能疏散风热，清肺润燥，清肝明目。果穗（桑椹）能滋阴补血，生津润燥。见图 15-3。

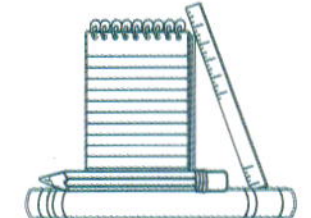

桑

图 15-3 桑

图 15-4 大麻

大麻 ***Cannabis sativa*** **L.** 一年生高大草本。皮层富含纤维。叶互生或下部对生，掌状全裂，裂片 3~9，披针形。花单性，雌雄异株；雄花集成圆锥花序，花被片 5，雄蕊 5；雌花丛生叶腋，每花有 1 苞片，卵形，花被片 1，小型，膜质；子房上位，花柱 2。瘦果扁卵形，为宿存苞片所包被，有细网纹。各地常有栽培。果实（火麻仁）能润肠通便。雌株的幼果含多种大麻酚类毒品。见图 15-4。

薜荔 ***Ficus pumila*** **L.** 常绿攀缘灌木。具白色乳汁。叶二型，生隐头花序的枝上的叶较大，近革质，背面网状脉凸起成蜂窝状；不生隐头花序的枝上的叶小且较薄。隐头花序单生叶腋，雄花序较小，雌花序较大；雄花序中生有雄花和瘿花，雄花有雄蕊 2。分布于华东、华南和西南的丘陵地区。花序托（薜荔果）能补肾固精，通乳，活血消肿，解毒。见图 15-5。

图 15-5 薜荔

本科还有构树 *Broussonetia papyrifera*（L.）Vent.，分布于黄河、长江与珠江流域地区，果实叫楮实子，能补肾清肝，明目，利尿；根皮利尿止泻；叶祛风湿，降血压；乳汁能治癣。小构树 *Broussonetia kazinoki* Sied. et Zucc.，分布于华中、华南、西南地区，根与茎能清热解毒，消积化瘀。啤酒花 *Humulus lupulus* L.，又叫忽布，新疆北部有野生，其余地区有栽培，未熟果序能健脾，安神，止咳化痰，也是制啤酒的原料之一。无花果 *Ficus carica* L.，原产地中海与西南亚，我国引种栽培，隐头果能润肺止咳，清热润肠。

无花果

3. 马兜铃科 Aristolochiaceae ⚥ $* \uparrow P_{(3)} A_{6\sim12} \bar{G}_{(4\sim6:4\sim6:\infty)} \underline{\bar{G}}_{(4\sim6:4\sim6:\infty)}$

【形态特征】多年生草本或藤本。单叶互生，叶基部常心形，全缘。花两性，辐射对称或两侧对称，花单被，常为花瓣状，多合生成管状，顶端 3 裂或向一方扩大，雄蕊 6~12，花丝短，分离或与花柱合生；雌蕊心皮 4~6，合生；子房下位或半下位，4~6 室；胚珠多数。蒴果。

【分布】本科 8 属 600 余种，分布于热带与亚热带地区。我国产 4 属 100 种左右，南北各省区均有分布。绝大多数种类均入药。

【药用植物】

北细辛 ***Asarum heterotropoides*** **Fr. Schmidt var.** ***mandshuricum*** **(Maxim.) Kitag.** 又名辽细辛，多年生草本。根状茎横走，下部具多数须根，有浓烈香味。叶基生，常 2 片，叶片卵状心形

或近肾形，上面脉上被短柔毛，下面被密毛，叶柄较长。花单生于叶腋，花梗在近花被管处弯曲，花被管壶形或半球形，紫棕色，先端3裂，裂片反折；雄蕊12，着生于子房中下部，花丝与花药近等长；子房半下位，花柱6。蒴果浆果状，半球形。种子细小。分布东北三省林下阴湿处。根和根茎（细辛）能解表散寒，祛风止痛，通窍，温肺化饮。见图15-6。

同属华细辛 *A. sieboldii* Miq. 与北细辛的区别是花被裂片直立或平展，不反折；叶端渐尖，背面仅脉上有毛。分布于山东、安徽、浙江、江西、河南、湖北、陕西、四川等地。汉城细辛 *A. sieboldii* Miq. var. *seoulense* Nakai 分布于辽宁东南部。生于林下及山沟湿地。入药部位和功能与主治同北细辛。

马兜铃 *Aristolochia debilis* Sieb. et Zucc. 多年生缠绕性草本。根圆柱状，土黄色。叶互生，三角状狭卵形，基部心形。花被管弯曲呈喇叭状，暗紫色，基部膨大成球状，上部逐渐扩大成一偏斜的舌片；雄蕊6，子房下位，6室。蒴果近球形，成熟时自基部向上开裂，细长果柄裂成6条。分布于黄河以南至广西等地。生于阴湿处及山坡灌丛。地上部分、果实、根曾经都做中药使用，因含有马兜铃酸，有很强的肾毒性，现已被禁用。见图15-7。

马兜铃

图15-6 北细辛

图15-7 马兜铃

4. 蓼科 Polygonaceae ⚥ $* P_{3\sim6,(3\sim6)} A_{3\sim9} \underline{G}_{(2\sim4:1:1)}$

【形态特征】多年生草本。茎节膨大。具有膜质托叶鞘。单叶互生。花整齐，多两性，排列成穗状、圆锥状或头状花序。花单被，花被片分离或基部合生，常花瓣状，宿存；雄蕊常6~9。子房上位，基生胎座，1室1胚珠。瘦果具三棱，包于宿存花被中，多有翅。

【分布】本科30属800多种，分布北温带。我国产14属200余种，全国各地均有分布。已知8属120多种入药。

【药用植物】

掌叶大黄 *Rheum palmatum* L. 多年生高大草本。根和根状茎粗壮，肉质，断面黄色。基生叶有长柄，叶片掌状深裂；茎生叶较小，柄短；托叶鞘长筒状。圆锥花序大型顶生；花小；紫红色；花被片6，2轮；雄蕊9；花柱3。瘦果具3棱翅，暗紫色。分布于甘肃、四川西部、陕西、青海和西藏等省区。生于高寒山区，多有栽培。根及根状茎（大黄）能泻下攻积，清热泻火，凉血解毒，逐瘀通经，利湿退黄。见图15-8。

同属植物唐古特大黄 *R. tanguticum* Maxim. ex Balf. 叶片深裂，裂片通常窄长，呈三角状披针形或窄线形。分布于青海、甘肃、四川西部和西藏等地。药用大黄 *R. officinalis* Baill. 叶片浅裂，浅裂片呈大齿形或宽三角形。花较大，黄白色。分布于陕西、湖北、四川、云南等地。它们的根和根状茎均为正品大黄，功效同掌叶大黄。

何首乌

何首乌 *Polygonum multiflorum* Thunb. 多年生缠绕性草本。块根长圆形或纺锤形，暗褐色。叶卵状心形，有长柄，托叶鞘短筒状。大型圆锥花序，花小，白色；花被5裂，外侧3片，背部有翅。瘦果具三棱。各地均有分布。生于荒坡、灌丛中阴湿处。块根（何首乌）能解毒，消痈，截疟，润肠通便；其炮制加工品（制何首乌）能补肝肾，益精血，乌须发，强筋骨，化浊降脂。茎藤（首乌藤、夜交藤）能养血安神，祛风通络。见图15-9。

知识链接

九蒸九晒

"九蒸九晒"是一种传统的中药炮制方法，最早记载于南北朝时期刘宋、雷敩所撰的《雷公炮炙论》。这种方法涉及对药材进行反复的蒸煮和晾晒过程，具体细节因药材品种的不同而有所差异。"九蒸九晒"的主要目的是纠偏药性或增加药物的有效成分，同时减少毒性成分，以确保药材的安全性和有效性。

生、熟何首乌具有不同的药性和功效。生首乌的功效是解毒消痈，润肠通便。经"九蒸九晒"炮制后的制何首乌功效是补肝肾、益精血、乌须发、强筋骨。

图15-8 掌叶大黄

图15-9 何首乌

虎杖

虎杖 *P. cuspidatum* Sieb. et Zucc. 多年生粗壮草本。根状茎横生粗大，黄色或棕黄色。茎中空，散生紫红色斑点。叶阔卵形，托叶鞘短筒状。花单性异株，圆锥花序；花被片5，白色或绿白色，2轮，外轮3片在果期增大，背部成翅状。雄蕊8，花柱3。瘦果卵圆形，有三棱，包于宿存花被内。分布于我国除东北以外的各省区。生于山谷溪边。根和根状茎（虎杖）能利湿退黄，清热解毒，散瘀止痛，止咳化痰。见图15-10。

萹蓄

常见药用植物还有拳参 *P. bistorta* L.，分布东北、华北、华东、华中等地，根状茎能清热解毒，消肿，止血。萹蓄 *Polygonum aviculare* L.，地上部分能利尿通淋，杀虫，止痒。羊蹄 *Rumex japonicus* Houtt.，根能清热解毒，止血，通便。牛耳大黄 *Rumen nepelensis* Spreng.，根能清热解毒，凉血，止血，通便。红蓼 *P. orientale* L.，又名荭草，果实又称水红花子，能散血消癥，消积止痛。蓼蓝 *P. tinctorium* Ait.，叶入药为大青叶，能清热解毒，凉血；叶是加工青黛的原料，青黛能清热解毒，

图15-10 虎杖

定惊。金荞麦 *Fagopyrum cymosum*（Trev.）Meisn.，又名野荞麦，根茎能清热解毒，排脓祛瘀。

金荞麦

5. 苋科 Amaranthaceae　$⚥ * P_{3 \sim 5} A_{3 \sim 5} \underline{G}_{(2 \sim 3:1:1 \sim \infty)}$

【形态特征】草本。叶对生或互生，无托叶。花小，整齐，两性，少单性，聚伞花序排成穗状、头状或圆锥状，花被片 3~5，每花下具膜质苞片 1 枚，小苞片 2 枚；雄蕊3~5 与花被片同数而对生，花丝分离或基部合生成杯状；子房上位，由 2~3 心皮组成，1 室，1 胚珠，稀多胚珠；胞果，少浆果或坚果。

【分布】本科 60 属 850 余种，分布于热带和温带地区。我国有 13 属 39 种，分布于全国各地。已知 9 属 28 种入药。

【药用植物】

牛膝 *Achyranthes bidentata* Bl.　多年生草本。根长圆柱形，淡黄色。茎四棱形，节膨大。叶对生，椭圆形或椭圆状披针形，全缘，具柄。穗状花序顶生或腋生，花密，开放后花向下折而贴近于花序轴，苞片 1 枚，膜质，小苞片硬刺状；花被片 5；雄蕊 5，花丝下部合生，退化雄蕊先端圆形，有时齿状。胞果包于宿存萼内。全国各地均产，主要栽培于河南，习称怀牛膝。根含三萜皂苷、牛膝甾酮、蜕皮甾酮、生物碱等化学成分，能逐瘀通经，补肝肾，强筋骨，利尿通淋，引血下行。见图 15-11。

图 15-11　牛膝

图 15-12　川牛膝

川牛膝 *Cyathula officinalis* Kuan　多年生草本。根圆柱形，近白色。茎多分枝，被糙毛。叶对生，叶片椭圆形或长椭圆形，两面被毛。花小，绿白色，密集成圆头状；苞腋有花数朵，两性花居中，花被 5，雄蕊 5，退化雄蕊先端齿裂，花丝基部合生成杯状；不育花居两侧，花被片多退化成钩状芒刺；子房 1 室，胚珠 1。胞果长椭圆形。分布于四川、贵州及云南等省区。生于林缘或山坡草丛中，多为栽培。根能逐瘀通经，通利关节，利尿通淋。见图 15-12。

青葙

本科植物还有青葙 *Celosia argentea* L.，穗状花序圆柱形或塔状。全国各地有野生或栽培。种子叫青葙子，能清肝泻火，明目退翳。鸡冠花 *C. cristata* L.，草本。穗状花序扁平，肉质似鸡冠状。全国各地有栽培。花序能收敛止血，止带。

鸡冠花

6. 石竹科 Caryophyllaceae　$⚥ * K_{4 \sim 5,(4 \sim 5)} C_{4 \sim 5,0} A_{8 \sim 10} \underline{G}_{(2 \sim 5:1:1 \sim \infty)}$

【形态特征】多年生草本。茎节膨大。单叶对生，全缘，常于基部连合。多为聚伞花序，花整齐，两性，辐射对称；萼片 5，有时为 4，分离或连合；花瓣 4~5，常具爪，稀缺；雄蕊 8~10，2 轮排列；子房上位，雌蕊由 2~5 心皮组成 1 室，特立中央胎座，胚珠多数，稀少数。蒴果，齿裂或瓣裂，稀浆果。胚弯曲，具外胚乳。

【分布】本科 80 属 2000 余种，广布于世界各地，我国有 30 属 400 余种，全国各地均产。已

知21属106种入药。

【药用植物】

瞿麦 ***Dianthus superbus* L.** 多年生草本。茎下部多分枝，直立，无毛。叶对生，线形或线状披针形，全缘，基部多少连合成鞘状。花单生或聚合成圆锥花序；小苞片4~6，宽卵形；花萼筒状，先端5裂，有细毛；花瓣5，淡红色、白色或淡紫红色，先端深裂成细线形，基部有须毛；雄蕊10枚；子房上位，花柱2，特立中央胎座，1室，多胚珠。蒴果圆筒状，先端齿裂，包在宿存的萼内。全国大部分地区均有分布。生于山坡、草丛中或岩石缝中。地上部分（瞿麦）能利水通淋，活血通经。见图15-13。

瞿麦与石竹

图15-13 瞿麦

石竹 ***D. chinensis* L.** 苞片卵形，叶状，开张，长为萼筒的1/2，先端尾状渐尖；裂片宽披针形；花瓣通常紫红色，先端浅裂成锯齿状。全国大部分地区均有分布，也有栽培。生于山地、荒坡、路旁草丛中。地上部分作瞿麦用。见图15-14。

图15-14 石竹

孩儿参

孩儿参 ***Pseudostellaria heterophylla* (Maq.) Pax ex Pax et Hoffm.** 又名太子参、异叶假繁缕。多年生草本。块根纺锤形，淡黄色。叶对生，下部叶匙形，上部叶长卵形或菱状卵形，茎顶端两对叶片较大，排成十字形。花二型，茎下部腋生小形闭锁花（闭花受精花），萼片4，紫色，闭合，无花瓣，雄蕊2；茎上端的普通花较大1~3朵，腋生，萼片5，花瓣5，白色，雄蕊10，花柱3。蒴果近球形。分布于长江流域和西南等地。生于山坡林下阴湿处。多栽培于贵州、福建等地。块根（太子参）能益气健脾，生津润肺。见图15-15。

图15-15 孩儿参

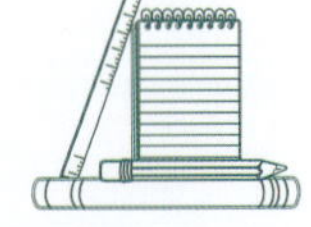

本科尚有王不留行（麦蓝菜）*Vaccaria segetalis*（Neck.）Garcke，我国除华南外，各地均产。种子能活血通经，下乳消肿，利尿通淋。银柴胡 *Stellaria dichotoma* L. var. *lanceolata* Bge.，根能清虚热，除疳热。

7. 毛茛科 Ranunculaceae　⚥ $* \uparrow K_{3\sim\infty} C_{3\sim\infty,0} A_{\infty} \underline{G}_{1\sim\infty:1:1\sim\infty}$

【形态特征】多为草本，少有灌木或木质藤本。叶互生或基生，少数对生，单叶或复叶，通常掌状分裂，无托叶。花两性，少有单性，雌雄同株或雌雄异株，辐射对称，稀为两侧对称，单生或组成各种聚伞花序或总状花序。萼片下位，4~5，或较多，或较少，呈花瓣状，有颜色。花瓣存在或不存在，下位，4~5，或较多。雄蕊下位，多数，有时少数，螺旋状排列，花药 2 室，纵裂。心皮分生，少有合生，多数、少数或 1 枚，在多少隆起的花托上螺旋状排列或轮生；子房上位，1 室，胚珠 1 至多数。聚合蓇葖果或聚合瘦果，少蒴果或浆果。

【分布】本科 50 属 2000 余种，主要分布于北温带。我国有 42 属 700 余种，全国各地均产。已知 30 属 200 余种入药。

【药用植物】

乌头

乌头 *Aconitum carmichaeli* Debx.　多年生草本。母根圆锥形，似乌鸦头，周围常有数个附子。茎直立，被反曲短柔毛。叶互生，通常 3 全裂，中央裂片近羽状分裂，侧裂片 2 深裂。总状花序，密被反曲微柔毛，萼片 5，蓝紫色；花瓣 2，具长爪；雄蕊多数；心皮 3~5。聚合蓇葖果。分布于长江中、下游各地，北到秦岭与山东东部地区，南到广西境内。生于山地、林缘草丛中。各地有大量栽培，栽培后母根叫川乌。根能祛风除湿，温经止痛。子根入药为附子，能回阳救逆，补火助阳，散寒止痛。见图 15-16。

还有黄花乌头 *A. coreanum*（Levl.）Raip.，分布于东北与河北等地。块根称关白附，能祛风湿，止痛。短柄乌头 *A. brachypodium* Diels，分布于四川、云南等地，块根又叫雪上一支蒿，有大毒，能祛风湿，止痛。北乌头 *A. kusnezoffii* Reichb.，叶 3 全裂，中裂片菱形，近羽状分裂，花序无毛。分布于东北、华北等地。块根作草乌用，效用同川乌。

图 15-16　乌头

图 15-17　黄连

黄连 *Coptis chinensis* Franch.　多年生草本。根状茎常分枝成簇，生多数须根，均黄色。叶基生，3 全裂，中央裂片具柄，各裂片再作羽状深裂，边缘具锐锯齿。聚伞花序有花 3~8 朵，黄绿色；萼片 5，狭卵形，花瓣线形；雄蕊多数；心皮 8~12，离生。蓇葖果具柄。主产于四川，此外云南、湖北及陕西等省区亦有分布。生于海拔 500~2000m 高山林下阴湿处，多栽培。根状茎（味连）能清热燥湿，泻火解毒。见图 15-17。

三角叶黄连 *C. deltoidea* C. Y. Cheng et Hsiao.　根状茎不分枝或少分枝，具匍匐茎，叶 3

全裂，中裂片卵状三角形。羽状裂片彼此邻近。为四川峨眉、洪雅特产。生于林下，常见栽培。云南黄连 *C. teeta* Wall. 根状茎分枝少而细，叶 3 全裂。中裂片长卵状菱形，羽状深裂片彼此疏生。分布于云南、西藏等地。生于高山林下阴湿处，也有栽培。二者作黄连用，效用同黄连。

威灵仙

威灵仙 *Clematis chinensis* Osbeck. 攀缘性灌木。根多数丛生，外皮黑褐。茎干后变黑色，具明显条纹。叶对生。羽状复叶，小叶 5，极少数 3，卵形或卵状披针形。圆锥花序腋生或生于分枝顶，萼片 4，有时 5，白色，长圆形或椭圆形，外面边缘密被短柔毛；无花瓣；雄蕊与心皮均多数。聚合瘦果，宿存花柱羽毛状。分布于长江中、下游及西南地区。生于灌丛中。根及根状茎能祛风除湿，通经止痛。见图 15-18。

图 15-18 威灵仙

图 15-19 白头翁

棉团铁线莲 *C. hexapetala* Pall. 叶对生，羽状复叶，小叶绒毛状披针形或披针形。萼片背面密被绵绒毛。分布于东北、华北等地。东北铁线莲 *C. mandshurica* Rupr. 藤本。羽状复叶，小叶卵状披针形或披针形。分布于东北地区。此两种植物也作威灵仙用。

白头翁

白头翁 *Pulsatilla chinensis*（Bge.）Regel. 多年生草本。植株密被白色长柔毛。根粗壮，棕褐色。叶基生，三出复叶，小叶 2~3 裂。花葶 1~2，花顶生，总苞片 3，裂片条形；萼片 6，紫色；无花瓣。瘦果聚合成头状，宿存花柱羽毛状。分布于东北、华北、华东地区，以及河南、陕西、四川等省区。生于平原或山坡草地丛中。根能清热解毒，凉血止痢。见图 15-19。

升麻 *Cimicifuga foetida* L. 多年生草本。根状茎粗壮，灰褐色或黑色，有内陷的茎残基。基生叶与下部茎生叶为二至三回羽状复叶，小叶菱形或卵形，边缘具不规则锯齿。大型圆锥花序，密被腺毛与柔毛；萼片白色；无花瓣；雄蕊多数，退化雄蕊宽椭圆形，先端二浅裂，基部具蜜腺；2~5 心皮，密被柔毛。蓇葖果。分布于云南、四川、青海与甘肃等地。生于林缘或山坡、草地。根状茎含苦味素、生物碱等；能清热解毒，发表透疹，升举阳气。还有大三叶升麻 *C. heracleifolia* Kom.与兴安升麻 *C. dahurica*（Turoz.）Maxim. 的根状茎也作升麻用。见图 15-20。

图 15-20 升麻

芍药

芍药 *Paeonia lactiflora* Pall.　多年生草本。根粗壮，圆柱形。二回三出复叶，小叶狭卵形，叶缘具骨质细乳突。花白色、粉红色或红色，顶生或腋生；花盘肉质，仅包裹心皮基部。聚合蓇葖果，卵形，先端钩状外弯曲。分布于我国北方地区。生于山坡草丛；各地有栽培。栽培的刮去栓皮的根煮熟（白芍）能养血调经，敛阴止汗，柔肝止痛，平抑肝阳。野生者不去栓皮的根（赤芍）能清热凉血、散瘀止痛。见图 15-21。

图 15-21　芍药

牡丹

牡丹 *P. suffruticosa* Andr.　落叶灌木。根多分枝，根皮厚，外面灰褐色至紫棕色。茎多分枝。叶二回三出复叶，顶生小叶 3 裂至中裂，侧生小叶 2 至 3 浅裂不等或不裂。花单生枝顶，苞片 5，宽卵形；花瓣 5 或重瓣，玫瑰色或红紫色、粉红色至白色；心皮 5，密生柔毛；花盘杯状，包于心皮之下。蓇葖果长圆形，密被黄褐色硬毛。各地有栽培。根皮（牡丹皮）能清热凉血，活血化瘀。目前药材牡丹皮的主要来源为凤丹 *P. ostii* T. Hong et J. X. Zhang 的根皮，其道地产区为安徽铜陵及南陵等地。见图 15-22。

牡丹

凤丹

图 15-22　牡丹与凤丹

毛茛

天葵

本科还有小木通 *C. armandii* Fr. 和绣球藤 *C. montana* Buch. Ham. 的藤茎作川木通用，能利尿通淋，清心除烦，通经下乳。毛茛 *Ranunculus japonicus* Thunb.，全草解毒，截疟。侧金盏花 *Adonis amurensis* Regel et Raddi，又名冰凉花、福寿草，全草含强心苷，能利尿。天葵 *Semiaquilegia adoxoides* (DC.) Mak.，块根（天葵子、紫背天葵）清热解毒，消肿散结。

8. 小檗科 Berberidaceae　$⚥ * K_{3+3,\infty} C_{3+3,\infty} A_{3\sim9} \underline{G}_{(1:1:1\sim\infty)}$

【形态特征】草本或灌木。叶互生，单叶或复叶。花辐射对称，两性，单生、簇生或组成总状、穗状花序；萼片与花瓣相似，各 2 至数轮，每轮常 3，花瓣通常具蜜腺；雄蕊 3~9，与花瓣同数而对生，花药瓣裂或纵裂；子房上位，由 1 心皮组成 1 室，胚珠 1 至多数，花柱极短或缺，柱头常为盾形。浆果或蓇果。

【分布】本科 17 属 650 余种，分布于北温带与热带高山区。我国有 11 属 320 余种，主产于南北各省区。已知 11 属 140 余种入药。

【药用植物】

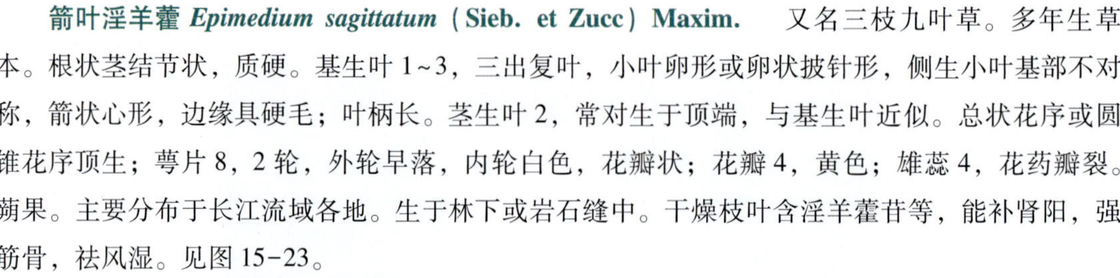

箭叶淫羊藿

箭叶淫羊藿 *Epimedium sagittatum* (Sieb. et Zucc) Maxim. 又名三枝九叶草。多年生草本。根状茎结节状，质硬。基生叶 1~3，三出复叶，小叶卵形或卵状披针形，侧生小叶基部不对称，箭状心形，边缘具硬毛；叶柄长。茎生叶 2，常对生于顶端，与基生叶近似。总状花序或圆锥花序顶生；萼片 8，2 轮，外轮早落，内轮白色，花瓣状；花瓣 4，黄色；雄蕊 4，花药瓣裂。蓇果。主要分布于长江流域各地。生于林下或岩石缝中。干燥枝叶含淫羊藿苷等，能补肾阳，强筋骨，祛风湿。见图 15-23。

同属植物心叶淫羊藿 *E. brevicornum* Maxim.，又名淫羊藿，多年生草本。二回三出复叶，侧生小叶基部不对称，小叶片卵圆形或近圆形。聚伞状圆锥花序，花序轴及花梗被腺毛，花通常白色。主要分布于陕西南部、山西南部、甘肃南部和东部、河南东部，以及青海、四川、宁夏等省区。生于林下阴湿处。柔毛淫羊藿 *E. pubescens* Maxim.，多年生草本。三出复叶，叶背及叶柄密被柔毛。分布于四川、陕西、甘肃等地。朝鲜淫羊藿 *E. koreanum* Nakai，多年生草本。二回三出复叶，小叶 9，叶片大而薄，先端长尖。分布于东北。这些种也入药，效用同箭叶淫羊藿。

图 15-23 箭叶淫羊藿

图 15-24 豪猪刺

豪猪刺 *Berberis julianae* Schneid. 常绿灌木。叶刺三叉状，粗壮坚硬；叶常 5 片丛生于刺腋内，卵状披针形，边缘有刺状锯齿，花黄色，簇生叶腋；小苞片 3；萼片、花瓣、雄蕊均 6 枚。花瓣顶端微凹，基部有 2 蜜腺。浆果熟时黑色，有白粉。分布于长江中、上游到贵州等省。生于海拔 1000m 以上山地。根（三颗针）能清热燥湿，泻火解毒。见图 15-24。

阔叶十大功劳

阔叶十大功劳 *Mahonia bealei* (Fort.) Carr. 常绿灌木。羽状复叶，互生，小叶卵形或长圆状卵形，厚革质，边缘具刺状锯齿。总状花序丛生茎顶；花黄色或黄褐色；萼片 9，3 轮；花瓣 6；雄蕊 6；子房长圆形，柱头头状。浆果，暗黑色，被白粉。分布于长江流域及陕西、河南、福建等地。生于灌丛中。茎（功劳木）能清热燥湿，泻火解毒。见图 15-25。

细叶十大功劳 *M. fortunei* (Lindl.) Fedde. 羽状复叶，小叶片条状或条状披针形，边缘具刺状锯齿。总状花序，花黄色。分布于四川、湖北、浙江等地。生于山坡、路旁向阳处。功效同阔叶十大功劳。见图 15-26。

图 15-25　阔叶十大功劳

图 15-26　细叶十大功劳

本科还有南天竹 *Nandina domestica* Thunb.，分布于黄河流域以南各地。全株及果能清热解毒，祛风除湿，止咳平喘。六角莲 *Dysosma pleiantha*（Hance）Woodson. 分布于华东、华中与广西、福建、台湾等地。根状茎能清热解毒，祛瘀止痛。

9. 防己科 Menispermaceae　$♂ * K_{3+3}C_{3+3}A_{3,6,\infty}$；$♀ * K_{3+3}C_{3+3}\underline{G}_{3\sim6:1}$

【形态特征】藤本。木质或草质。单叶互生，全缘，有些稍分裂，也有盾状着生，具柄。雌雄异株，聚伞花序或圆锥花序常腋生。萼片 6；花瓣 6；2 轮，每轮 3，萼片常较花瓣稍大；雄蕊通常 6，稀 3 或多数，合生或分离；子房上位，3 心皮，分离，1 室，每室 2 胚珠，1 枚退化。核果，核多为马蹄形或肾形。

【分布】本科 65 属 350 余种，分布于热带与亚热带地区。我国有 19 属 78 余种，主要分布于长江流域及其以南各省区。已知 15 属 70 余种入药。

【药用植物】

粉防己 *Stephania tetrandra* S. Moore　又名汉防己、石蟾蜍。草质藤本。根圆柱形。叶三角壮阔卵形，叶柄盾状着生。聚伞花序集成头状；雄花的萼片通常 4，花瓣 4，淡绿色，花丝愈合成柱状；雌花的萼片和花瓣均 4，心皮 1，花柱 3；核果球形，红色，果核呈马蹄形，有小瘤状突起及横槽纹。分布于我国东南及南部。生于山坡、林缘、草丛等处。根（防己）能祛风止痛，利水消肿。见图 15-27。

粉防己

同属的植物还有千金藤 *Stephania japonica*（Thunb.）Miers.，叶两面无毛。雄花萼片 6～8，花瓣 3～5，雄蕊花丝合生成柱状。雌花萼片 3～5。分布于长江流域以南各省区。生于山坡、路旁灌丛中。根含千金藤碱等物质，能清热解毒，利尿消肿，祛风止痛。

图 15-27　粉防己

图 15-28　蝙蝠葛

蝙蝠葛

蝙蝠葛 *Menispermum dauricum* DC.　多年生缠绕藤本。根状茎细长，较粗壮。小枝具纵条

纹。叶互生，圆状肾形或卵圆形，边缘全缘或5~7浅裂，掌状脉5~7，叶柄长，盾状着生。花腋生，雌雄异株，花小，组成圆锥花序，萼片6，花瓣6~9；雄花具雄蕊10~20；雌花具3心皮，分离。核果成熟时黑紫色，果核马蹄形。根状茎（北豆根）能清热解毒，祛风止痛。有小毒。用于咽喉肿痛，热毒泻痢，风湿痹痛。见图15-28。

本科还有木防己 *Cocculus trilobus*（Thunb.）DC.，根能祛风除湿，利尿消肿。青藤 *Sinomenium acutum*（Thunb.）Rehd. et Wils.，茎藤（青风藤）能祛风湿，通经络，利小便。锡生藤 *Cissampelos pareira* L. var. *hirsute*（Buch. ex DC.）Foyman.，全株能消肿止痛，止血。青牛胆 *Tinospora sagittata*（Olive.）Gagnep.，块根（金果榄）能清热解毒、利咽、止痛。

10. 木兰科 Magnoliaceae $\male\!\!\!\!\female * P_{6\sim12}A_{\infty}\underline{G}_{(\infty:1:1\sim2)}$

【形态特征】 乔木和灌木。单叶互生；托叶大，脱落后在小枝上留下环状托叶痕。花大，两性，单生于枝顶或叶腋，花被不分花萼与花瓣，花被片6至多数，每轮3片。雄蕊多数离生，螺旋状排列于柱状花托的下部。花药长于花丝。心皮多数离生，螺旋状排列于柱状花托上部。子房1室，每室胚珠2个或多颗。果实为聚合蓇葖果或聚合浆果，花托于结果时延长，种子有丰富的胚乳。

【分布】 本科18属330余种，分布于亚洲和美洲的热带和亚热带地区。我国有14属160多种，主产于西南部地区。已知5属约45种入药。

【药用植物】

厚朴 *Magnolia officinalis* Rehd. et E. H. Wils. 落叶乔木。树皮棕褐色，具椭圆形皮孔。叶大，倒卵形，革质，集生于小枝顶端。花大型，白色，花被片9~12或更多。聚合蓇葖果长圆状卵形，木质。分布于长江流域和陕西、甘肃东南部等地，生于土壤肥沃及温暖的坡地。根皮、干皮和枝皮能燥湿消痰，下气除满。花蕾（厚朴花）能芳香化湿，理气宽中。见图15-29。

图15-29 厚朴

同属植物凹叶厚朴 *M. officinalis* Rehd. et E. H. Wils. var. *biloba* Rehd. et Wils. 与前者区别在于叶的先端2圆裂。分布于福建、浙江、安徽、江西与湖南等地。也有栽培。效用同厚朴。

玉兰

望春花 *M. biondii* Pamp. 落叶乔木。树皮灰色或暗绿色。小枝无毛或近梢处有毛；单叶互生；叶片长圆状披针形或卵状披针形，全缘，两面均无毛；花先叶开放，单生枝顶；花萼3，近线形；花瓣6，2轮，匙形，白色，外面基部常带紫红色；雄蕊多数，花丝胞厚；心皮多数，分离。聚合果圆柱形，稍扭曲；种子深红色。分布于河南、安徽、甘肃、四川、陕西等地，生长在向阳山坡或路旁。花蕾（辛夷）能散风寒，通鼻窍。见图15-30。

同属的植物玉兰 *M. denudate* Desr. 幼枝与芽密被淡黄色柔毛。花蕾基部花梗较粗壮，皮孔浅棕色。苞片外面密被灰白色或灰绿色茸毛。花被片9。全国各地均有栽培。武当玉兰 *M. sprengeri*

Pamp. 花蕾粗大，枝梗粗壮，皮孔红棕色。苞片外面密被淡黄色或浅黄绿色茸毛。花被片 10~15。主产于华中及四川等地。两种植物的花蕾均作中药辛夷用。效用同前望春花。

五味子 *Schisandra chinensis* (Turcz.) Baill.　落叶木质藤本。叶纸质或近膜质，阔椭圆形或倒卵形，边缘疏生有腺齿的细齿。雌雄异株；花被片 6~9，乳白色红色；雄蕊 5；雌蕊 17~40。聚合浆果排成长穗状，红色。分布于东北、华北、华中地区及四川等省。生于山林中。果实（北五味子）能收敛固涩，益气生津，补肾宁心。见图 15-31。

图 15-30　望春花

图 15-31　五味子

本科的华中五味子 *S. sphenanthera* Rehd. et Wils. 花被片 5~9，雄蕊 10~15，心皮 35~50。果小而肉薄。分布于山西、陕西、甘肃，及华中与西南等地。果称南五味子，效用同五味子。

华中五味子

南五味子 *Kadsura longipedunculata* Finet. et Gagnep.　木质藤本。叶革质或近革质，椭圆形或椭圆状披针形，边缘具疏锯齿。雌雄异株，花单性，腋生，黄色。聚合浆果红色或暗蓝色。分布于华中、华南与西南等地。生于林中。根能祛风活血，理气止痛。茎能祛风除湿，活血。叶含挥发油，能消肿止痛。

本科还有八角茴香 *Illicium verum* Hook. f.，果实能温阳散寒，理气止痛。地枫 *I. difengpi* K. I. B. et K. I. M.，树皮入药称地枫皮，能祛风除湿，行气止痛。

11. 樟科 Lauraceae　⚥ $* P_{(6\sim9)} A_{3\sim12} \underline{G}_{(3:1:1)}$

【形态特征】 木本，极少数寄生藤本，具油细胞，有香气。单叶，互生，全缘，羽状脉或三出脉，无托叶。花整齐，两性，少单性，总状花序或圆锥花序，也有丛生成束的，顶生或腋生；花单被，3 基数，排成 2 轮，基部合生；雄蕊 12，常 9，排成 3~4 轮，花药 2~4 室，瓣裂，外面两轮内向，第三轮外向，花丝基部具腺体，第四轮常退化；子房上位，1 室，1 顶生胚珠。核果，呈浆果状，有时宿存花被形成果托包围果基部。种子 1 枚。

【分布】 本科 45 属 2000 余种，分布于热带、亚热带地区。我国有 20 属 400 余种，主产于长江以南各省区。已知 13 属 120 种入药。

【药用植物】

肉桂 *Cinnamomum cassia* Presl　又名玉桂，常绿乔木，具香气。树皮灰褐色，幼枝略呈四棱形。叶互生，长椭圆形，革质，全缘，具离基三出脉。圆锥花序腋生或顶生；花小，黄绿色，花被 6；能育雄蕊 9，3 轮。子房上位，1 室，1 胚珠。核果浆果状，紫黑色，宿存的花被管（果托）浅杯状。分布于广东、广西、福建和云南。多为栽培。树皮（肉桂）能补火助阳，引火归原，散寒止痛，温通经脉；嫩枝（桂枝）能发汗解肌，温通经脉，助阳化气，平冲降气。见图 15-32。

樟

樟 ***C. camphora*** **(L.) Presl**　常绿乔木，全株具樟脑气味。叶互生，近革质，卵状椭圆形，离基三出脉，脉腋有腺体，上面呈泡状突起。圆锥花序腋生；花被片 6；能育雄蕊 9。果球形，紫黑色，果托杯状。分布于长江以南及西南部地区。新鲜枝、叶经提取加工制成天然冰片，能开窍醒神，清热止痛。根、木材及叶的挥发油主含樟脑，能通官窍、利滞气、杀虫止痒、消肿止痛。见图 15-33。

图 15-32　肉桂

图 15-33　樟

乌药

乌药 ***Lindera aggregata*** **(Sims) Kosterm.**　常绿灌木或小乔木。根膨大，成结节状，有香气。叶互生，近革质，椭圆形，上面光滑，背面密被灰白色柔毛。雌雄异株，花单性，黄绿色，组成伞形花序，腋生。核果球形，先红色，后变黑色。分布于长江以南与西南各地。生于山坡灌丛中。根能行气止痛，温肾散寒。

本科还有山鸡椒 *Litsea cubeba* (Lour) Pers.，又名山苍子、澄茄子，广布于我国南部各省区。果实（荜澄茄）能祛风散寒，行气止痛；其根、叶入药，能祛风除湿，解毒，消肿。

12. 罂粟科 Papareraceae　⚥ $* \uparrow K_{2\sim3}C_{4\sim6}A_{\infty,4\sim6}\underline{G}_{(2\sim\infty:1)}$

【形态特征】草本，常具白色、黄色、红色的汁液。叶基生或互生，无托叶。花两性，辐射对称或两侧对称，单生于顶端，排成总状、圆锥或聚伞花序；萼片 2，早落；花瓣4~6；雄蕊离生，多数，或 6 合生成 2 束，稀 4，分离，纵裂；子房上位，由 2 至多心皮合生，1 室，侧膜胎座，胚珠多数。蒴果孔裂或瓣裂，种子多数，细小。

【分布】本科约 38 属，700 余种，主要分布于北温带。我国有 18 属，约 300 种，南北均有分布。已知药用的有 15 属，130 余种。

【药用植物】

罂粟 ***Papaver somniferum*** **L.**　一年生或二年生草本。茎直立。叶互生，茎下部叶具短柄，上部叶无柄；先端急尖，基部抱茎，边缘有不规则粗齿或缺刻。花单生，具长梗；萼片 2，早落；花瓣 4，有时为重瓣，白色、红色或淡紫色；雄蕊多数，离生；子房上位，由多心皮组成 1 室。侧膜胎座；胚珠多数，花柱不明显，柱头具 8~12 辐状分枝。蒴果近球形，孔裂。种子多数，略呈肾形，深褐色。原产于欧洲南部及亚洲等地区。本品严禁非法种植，仅特许某些单位栽培以供药用。果壳（罂粟壳）含吗啡、可待因、那可汀等物质，能敛肺，涩肠，止痛。见图 15-34。

延胡索 ***Corydalis yanhusuo*** **W. T. Wang.**　多年生草本。块茎球形。叶二回三出全裂，末回裂片披针形。总状花序顶生；苞片全缘或有少数齿裂；花萼 2，极小，早落；花瓣 4，紫红色，上面 1 片基部有长距；雄蕊 6，成 2 束；子房上位，2 心皮，1 室，侧膜胎座。蒴果条形。分布于

安徽、浙江、江苏等地。生于丘陵林荫下，各地有栽培。块茎（玄胡、延胡索）能行气止痛，活血散瘀。见图 15-35。

图 15-34　罂粟

图 15-35　延胡索

齿瓣延胡索 *C. turtschaninovii* Besser，苞片分裂，花淡蓝色或蓝色至蓝紫色。分布于东北地区，块茎在许多地区作延胡索用。

本科植物还有白屈菜 *Chelidonium majus* L.，分布于东北、华北及新疆、四川等地。全草能解痉止痛，止咳平喘。地丁草 *Corydalis bungeana* Turcz.，分布于东北、西北、华北等。全草（苦地丁）能清热解毒。伏生紫堇 *C. decumbens*（Thunb）Pers.，分布于华东与湖南等地。块茎（夏天无）能行气活血，通络止痛。博落回 *Macleaya cordata*（Willd.）R. Br.，分布于长江中下游各地。全草有毒，能消肿止痛，杀虫。

博落回

13. 十字花科 Brassicaceae（Cruciferae）　$⚥ * K_{2\sim2}C_{4,0}A_{2\sim4}, \underline{G}_{(2:1\sim2)}$

【形态特征】草本。单叶互生，无托叶。花两性，辐射对称，多成总状花序；萼片 4，分离，2 轮；花瓣 4，具爪，排成十字形；雄蕊 6，4 长 2 短，即四强雄蕊，常在雄蕊基部有 4 个蜜腺；子房上位，由 2 心皮合生，侧膜胎座，中央由心皮边缘延伸的隔膜（假隔膜）分成 2 室。长角果或短角果。

【分布】本科约 300 属，3200 种，广布于全球，以北温带为多。我国约 95 属，425 种，分布于我国各省区。已知药用的有 30 属，103 种。

【药用植物】

菘蓝 *Isatis indigotica* Fort.　一至二年生草本，全株灰绿色。主根长，圆柱形，灰黄色。基生叶有柄，圆状椭圆形；茎生叶较小，圆状披针形，基部垂耳圆形，半抱茎。圆锥花序；花黄色，花梗细，下垂。短角果扁平，顶端钝圆或截形，边缘有翅，紫色，内含 1 粒种子。各地均有栽培。根（板蓝根）能清热解毒，凉血利咽。叶（大青叶）能清热解毒，凉血消斑；尚可加工制成青黛，能清热解毒，凉血消斑，泻火定惊。见图 15-36。

菘蓝

欧洲菘蓝 *I. tinctoria* L.　又称为大青或草大青，与菘蓝相近。叶基部垂耳箭形，长角果有短尖。原产欧洲，华北有栽培。效用同菘蓝。

白芥 *Sinapis alba* L.　一年生或二年生草本，全株被白色粗毛。茎生叶具长柄，大头羽裂或近全裂。总状花序顶生或腋生；花黄色；花萼和花瓣均为 4，子房上位。长角果圆柱形，密被白色长毛，顶端具扁长的喙。原产欧亚大陆，我国亦有栽培。种子（白芥子）含芥子苷等成分，能温肺豁痰利气，散结通络止痛。见图 15-37。

图 15-36 菘蓝

图 15-37 白芥

芥菜 *Brassica juncea*（L.）Czern. et Coss.的种子（黄芥子）功效同白芥子。

播娘蒿 *Descurainia sophia*（L.）Webb ex Prantl 一年生草本。幼时植株具分叉毛，灰黄色。叶狭卵形，二至三回羽状深裂。总状花序顶生，淡黄色；雌蕊 1，子房圆柱形，花柱短，柱头呈扁压的头状；长角果细圆柱形。分布于全国各地。种子称南葶苈子，能泻肺平喘，行水消肿。见图 15-38。

图 15-38 播娘蒿

本科药用植物还有独行菜 *Lepidium apetalum* Willd.，种子称为北葶苈子，能泻肺平喘，行水消肿。萝卜 *Raphanus sativus* L.，种子（莱菔子）能消食除胀，降气化痰。荠菜 *Capsella bursa-pastoris*（L.）Medic.，全草能凉血止血。

14. 景天科 Crassulaceae $⚥ * K_{4\sim5,(4\sim5)} C_{4\sim5,(4\sim5)} A_{4\sim5,8\sim10} \underline{G}_{4\sim5:1:\infty}$

【形态特征】肉质草本或亚灌木。单叶互生、对生或轮生，无托叶。花两性，少单性异株，辐射对称；花萼与花瓣 4~5，分离或合生；雄蕊与花瓣同数或 2 倍；子房上位，心皮 4~5，分离或基部合生，基部各具 1 鳞片状腺体，胚珠多数。聚合蓇葖果。

【分布】本科约 34 属，1500 余种，全球广布，主要分布于北半球。我国 10 属，250 余种，全国分布；已知 8 属 68 种药用。

【药用植物】

垂盆草

垂盆草 *Sedum sarmentosum* Bunge. 多年生肉质草本，全株无毛。茎匍匐生长。叶片肉质，3 枚轮生。聚伞花序顶生；花瓣 5，黄色；雄蕊 10，2 轮；心皮 5。聚合蓇葖果。分布于我国大部分地区。全草（垂盆草）能利湿退黄，清热解毒。见图 15-39。

图 15-39　垂盆草

图 15-40　瓦松

常用药用植物还有大花红景天 *Rhodiola crenulata*（Hook. f. et Thoms.）H. Ohba，分布于西藏、云南西北部、四川西部，根和根茎（红景天）能益气活血、通脉平喘；瓦松 *Orostachys fimbriatus*（Turcz.）Berg. 地上部分能凉血止血、解毒、敛疮。见图 15-40。

15. 杜仲科 Eucommiaceae　♂ $P_0A_{4\sim10}$；♀ $P_0\underline{G}_{(2:1:2)}$

【形态特征】落叶乔木，树皮、枝、叶折断后有银白色胶丝，小枝有片状髓。单叶互生，无托叶，叶片薄革质，椭圆形、卵形或钜圆形，边缘有锯齿。花单性，雌雄异株，无花被；先叶开放或与叶同时开放，雄花簇生，雄蕊 4~10，常为 8；雌花单生于小枝下部，具短梗。子房上位，2 心皮合生，1 室，胚珠 2。翅果，扁平，先端 2 裂，种子 1 粒。

【分布】本科 1 属 1 种，是我国特产植物。分布在长江中游各省，各地有栽培。

【药用植物】

杜仲 *Eucommia ulmoides* Oliv.　形态特征与科相同。树皮入药，能补肝肾、强筋骨、安胎；叶入药能补肝肾，强筋骨。见图 15-41。

杜仲

图 15-41　杜仲

16. 蔷薇科 Rosaceae　⚥ * $K_5C_5A_{4\sim\infty}\underline{G}_{1\sim\infty:1:1\sim\infty}$

【形态特征】草本、灌木或乔木，常具刺。单叶或复叶，多互生，常有托叶，托叶有时早落或附生于叶柄。花两性，辐射对称；单生或排成伞房、圆锥花序，花托杯状、壶状或凸起；花被与雄蕊常合成杯状、坛状或壶状的托杯又叫被丝托，萼片、花瓣和雄蕊均着生在花托托杯的边缘。萼片、花瓣常 5，雄蕊通常多数，心皮 1 至多数，离生或合生；子房上位至下位，每室含 1 至多数胚珠。蓇葖果、瘦果、梨果或核果。

【分布】本科约有 124 属，3300 种，广布全球。我国有 51 属，1000 余种，分布于全国各地。已知药用的有 48 属，400 余种。

蔷薇科分为四个亚科，为蔷薇亚科 Rosoideae、梅亚科 Prunoideae、梨亚科 Maloideae、绣线菊亚科 Spiraeoideae。含有药用植物的亚科为蔷薇亚科、梅亚科和梨亚科。

亚科检索表

1. 果实为开裂的蓇葖果；多无托叶 ………………………………………………… 绣线菊亚科 Spiraeoideae
1. 果实不开裂；有托叶。
  2. 子房上位，稀下位。
    3. 心皮常多数，瘦果或小核果；萼宿存 ………………………………………… 蔷薇亚科 Rosoideae
    3. 心皮 1；核果；萼常脱落 ……………………………………………………… 梅亚科 Prunoideae
  2. 子房下位，心皮 2~5，多少连合并与萼筒结合；梨果 ………………………… 梨亚科 Maloideae

【药用植物】

（1）蔷薇亚科

龙牙草 *Agrimonia pilosa* Ledeb. 多年生草本，全体密生长柔毛。单数羽状复叶，小叶大小不等，相间排列；圆锥花序顶生，萼筒顶端 5 裂，口部内缘有一圈钩状刚毛；花瓣 5，黄色，雄蕊 10，子房上位，2 心皮；瘦果，萼宿存。全国大部分地区均有分布。地上部分（仙鹤草）能收敛止血，截疟，止痢，解毒，补虚。见图 15-42。

地榆 *Sanguisorba officinalis* L. 多年生草本。根粗壮。茎带紫红色。单数羽状复叶，小叶 5~19片。花小，密集成顶生的近球形穗状花序，萼裂片 4，紫红色，无花瓣，雄蕊 4，花药黑紫色；子房上位，瘦果。全国大部分地区均有分布。生于山坡、草地。根能凉血止血，解毒敛疮。见图 15-43。

图 15-42 龙牙草

图 15-43 地榆

华东覆盆子

委陵菜

同属变种狭叶地榆 *S. officinalis* L. var. *longifolia*（Bert.）Yu et Li 的根，也作地榆药用。

华东覆盆子（掌叶覆盆子）*Rubus chingii* Hu 落叶灌木。叶掌状深裂，两面脉上有白色短柔毛，托叶条形。花单生于短枝顶端，白色。聚合核果，红色。分布于安徽、江苏、浙江、江西、福建等地，果实（覆盆子）能益肾固精缩尿，养肝明目。见图 15-44。

蔷薇亚科常见的药用植物尚有金樱子 *Rosa laevigata* Michx.，常绿攀缘有刺灌木。三出羽状复叶，叶片近革质。花大，白色，单生于侧枝顶端。蔷薇果熟时红色，倒卵形，外有刺毛。分布于华中、华东、华南各省区。生于向阳山野。果实能涩精益肾，固肠止泻。

委陵菜 *Potentilla chinensis* Ser. 和翻白草 *P. discolor* Bge. 分布于全国各省区，全草或根均能清热解毒、止血、止痢。见图 15-45。

图 15-44　华东覆盆子

图 15-45　委陵菜

月季 ***R. chinensis*** **Jacq.**　各地均有栽培，花（月季花）能活血调经，疏肝解郁。见图 15-46。

月季

玫瑰 ***R. rugosa*** **Thunb.**　各地均有栽培，花（玫瑰花）能行气解郁，和血，止痛。见图 15-47。

玫瑰

图 15-46　月季

图 15-47　玫瑰

（2）梅亚科

杏 ***Prunus armeniaca*** **L.**　落叶小乔木。单叶互生，叶片卵圆形至近圆形，基部圆或近心形，边缘具钝圆锯齿，叶柄近顶端常有 2 腺体。花单生枝顶，先叶开放；花瓣 5，白色或带红色；萼片 5；雄蕊多数；心皮 1。核果，球形，略扁，黄红色，核表面平滑；种子 1，扁心形，远端合点处向上分布多数维管束。产于我国北部，均系栽培。种子（苦杏仁）能降气止咳平喘，润肠通便。见图 15-48。

图 15-48　杏

梅 ***P. mume*** **Sieb.**　与上种主要区别为小枝绿色，叶先端尾状长渐尖，果核表面有凹点。分布于全国各地，多系栽培。近成熟果实（乌梅）能敛肺、涩肠、生津、安蛔。

郁李 *P. japonica* Thunb. 落叶灌木，高1~1.5m。幼叶对折，果实表面无沟。主产于长江以北地区。种子（郁李仁）能润肠通便，下气利水。同属植物国产约50种，其中欧李 *P. humilis* Bge. 的成熟种子也作“郁李仁”入药。

梅亚科常见的药用植物尚有山杏（野杏）*P. armeniaca* L. var. *ansu* Maxim.、西伯利亚杏 *P. sibirica* L. 和东北杏 *P. mandshurica*（Maxim.）Koehne.，种子亦作苦杏仁入药。

桃

桃 *P. persica*（L.）Batshc 全国广为栽培。种子（桃仁）能活血祛瘀，润肠通便，止咳平喘。枝条（桃枝）能活血通络，解毒杀虫。见图15-49。

图15-49 桃

（3）梨亚科

山里红 *Crataegus pinnatifida* Bge. var. *major* N. E. Br. 落叶小乔木。分枝多，无刺或少数短刺。叶羽状深裂，边缘有重锯齿；托叶镰形。伞房花序；萼齿裂；花瓣5，白色或带红色。梨果近球形，直径可达2.5cm，熟时深亮红色，密布灰白色小点。华北、东北普遍栽培。果实（山楂）能消食健胃，行气散瘀，化浊降脂。

山楂

山楂 *C. pinnatifida* Bge. 多为栽培。果实亦称山楂，功效同山里红。见图15-50。

野山楂 *C. cuneata* Sieb. et Zucc. 与上种的主要区别在于野山楂为落叶灌木，刺较多。果较小，直径1~1.2cm，红色或黄色。分布于长江流域及江南地区，北至河南、陕西。果实（南山楂）功效同山里红。

贴梗海棠

贴梗海棠 *Chaenomeles speciosa*（Sweet）Nakai. 又名皱皮木瓜。落叶灌木，枝有刺。叶卵形至长椭圆形；托叶较大。花先叶开放，猩红色或淡红色，花3~5朵簇生；萼筒钟形；花瓣红色，少数淡红色或白色；子房下位。梨果卵形或球形，木质，黄绿色，有芳香。产于华东、华中、西南等地。多栽培。果实（木瓜）能舒筋活络、和胃化湿。见图15-51。

图15-50 山楂

图15-51 贴梗海棠

枇杷

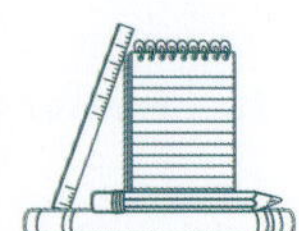

梨亚科常见的药用植物尚有枇杷 *Eriobotrya japonica*（Thunb.）Lindl.，常绿小乔木，分布于

长江以南各地，多为栽培。叶（枇杷叶）能清肺止咳，降逆止呕。

17. 豆科 Fabaceae（Leguminosae）　⚥ $* \uparrow K_{5(5)}C_5A_{(9)+1,10,\infty}\underline{G}_{1:1:1\sim\infty}$

【形态特征】 草本、灌木、乔木或藤本。茎直立或蔓生；叶互生，多为羽状或掌状复叶，少单叶，有托叶。花两性，萼片5，辐射对称或两侧对称；多少连合；花瓣5，多为蝶形花，少数假蝶形或辐射对称；雄蕊一般为10，常连合成二体，少数下部合生或分离，稀多数；子房上位，1心皮，1室，胚珠1至多数。边缘胎座。荚果。

【分布】 本科为种子植物第三大科，约650属18000种，广布全球。我国有172属，约1485种，分布于全国。已知药用的有109属600余种。

根据花的特征，本科分为含羞草亚科 Mimosoideae、云实亚科（苏木亚科）Caesalpinoideae、蝶形花亚科 Papilionoideae 三个亚科。

亚科检索表

1. 花辐射对称；花瓣镊合状排列；雄蕊多数或定数（4~10）…………………… 含羞草亚科 Mimosoideae

1. 花两侧对称；花瓣覆瓦状排列；雄蕊一般10枚

  2. 花冠假蝶形，旗瓣位于最内方，雄蕊分离不为二体 ……………………… 云实亚科 Caesalpinoideae

  2. 花冠蝶形，旗瓣位于最外方，雄蕊10，通常二体 ……………………… 蝶形花亚科 Papilionoideae

（1）含羞草亚科：木本或草本，叶多为二回羽状复叶。花辐射对称，萼片下部多少合生；花冠与萼片同数，雄蕊多数，稀与花瓣同数。荚果，有的有次生横隔膜。

【药用植物】

合欢（马缨花）*Albizia julibrissin* Durazz. 落叶乔木，有密生椭圆形横向皮孔。二回偶数羽状复叶。头状花序呈伞房排列，花淡红色，辐射对称，花萼钟状，花冠漏斗状，均5裂；雄蕊多数，花丝细长，淡红色。荚果扁平。分布于南北各地，多栽培。树皮（合欢皮）能解郁安神，活血消肿。花（合欢花）能解郁安神。同属植物国产17种。见图15-52。

图15-52　合欢

合欢

含羞草亚科常用药用植物尚有儿茶 *Acacia catechu*（L. f.）Willd.，浙江、台湾、广东、广西、云南有栽培，去皮、枝干煎制的浸膏（儿茶）为活血疗伤药，能活血止痛，止血生肌，收湿敛疮，清热化痰。

（2）云实亚科：木本或草本。花两侧对称，萼片5，通常分离，花冠假蝶形，花瓣多5，雄蕊10或较少，分离或各式联合；子房有时有柄，荚果，常有隔膜。

决明 *Cassia obtusifolia* L. 一年生草本。偶数羽状复叶，小叶三对。花成对腋生；萼片5，分离；花瓣黄色，最下面的两片较长；发育雄蕊7。荚果细长，近四棱形。种子多数，菱状方形，淡褐色或绿棕色，光亮。分布于长江以南地区，多栽培。种子（决明子）能清热明目、润肠通便。见图15-53。

决明

同属植物小决明 *C. tora* L. 的种子亦作决明子入药。

皂荚 *Gleditsia sinensis* Lam. 落叶乔木，有分枝的棘刺。羽状复叶。总状花序；花杂性，萼片4，花瓣4，黄白色。荚果扁条形，成熟后呈红棕色至黑棕色，被白色粉霜。成熟果实入药

（大皂角）能祛痰开窍，散结消肿。棘刺入药（皂角刺）能消肿托毒、排脓、杀虫。不育果实（猪牙皂）能祛痰开窍，散结消肿。

紫荆

紫荆 ***Cercis chinensis* Bge.**　落叶灌木。叶互生，心形。春季花先叶开放；花冠紫红色，假蝶形；雄蕊10，分离。荚果条形扁平。分布于华北、华东、西南、中南地区及甘肃、陕西、辽宁等地，多作观赏花木栽培。树皮（紫荆皮）能行气活血，消肿止痛，祛瘀解毒。见图15-54。

图15-53　决明

图15-54　紫荆

云实亚科常见的药用植物尚有苏木 *Caesalpinia sappan* L.，分布于华南及云南、福建、广东、海南、贵州、台湾等地。心材能活血祛瘀，消肿止痛。

（3）蝶形花亚科：草本或木本。单叶、三出复叶或羽状复叶；常有托叶和小托叶。花两侧对称；花萼5裂，蝶形花冠，花瓣5，侧面2片为翼瓣，被旗瓣覆盖；位于最下的2片其下缘稍合成龙骨瓣，二体雄蕊，也有10个全部联合成单体雄蕊，或全部分离。荚果，有时为有节荚果。

膜荚黄芪 ***Astragalus membranaceus*（Fisch.）Bge.**　多年生草本。主根长圆柱形，外皮土黄色。奇数羽状复叶，小叶6~13对，椭圆形或长卵形，两面有白色长柔毛。总状花序腋生；花萼5裂齿；花冠蝶形，黄白色；二体雄蕊；子房被柔毛。荚果膜质，膨胀，卵状长圆形，有长柄，被黑色短柔毛。分布于东北、华北、西北及西南等地。生于向阳山坡、草丛或灌丛中。根（黄芪）能补气升阳，固表止汗，利水消肿，生津养血，行滞通痹，托毒排脓，敛疮生肌。见图15-55。

同属植物蒙古黄芪 *A. membranaceus*（Fisch.）Bge. var. *mongolicus*（Bge.）Hsiao. 与膜荚黄芪同属。小叶12~18对，花黄色，子房及荚果无毛。分布于内蒙古、吉林、河北、山西。根与膜荚黄芪的根同作为黄芪入药用。

图15-55　膜荚黄芪

图15-56　甘草

甘草 *Glycyrrhiza uralensis* Fisch.　多年生草本。根和根状茎粗壮，味甜。全体密生短毛和刺毛状腺体。奇数羽状复叶，小叶 7~17。卵形或宽卵形。总状花序腋生，花冠蝶形，蓝紫色；二体雄蕊。荚果呈镰刀状弯曲，密被刺状腺毛及短毛。分布于我国华北、东北、西北等地。根和根茎能补脾益气，清热解毒，祛痰止咳，缓急止痛，调和诸药。同属植物国产 10 余种，其中光果甘草 *G. glabra* L. 和胀果甘草 *G. inflate* Bat. 的根和根茎也作为甘草药材用。见图 15-56。

槐 *Sophora Japonica* L.　落叶乔木。奇数羽状复叶，小叶 7~15，卵状长圆形。圆锥花序顶生；萼钟状；花冠乳白色；雄蕊 10，分离，不等长。荚果肉质，串珠状，黄绿色，无毛，不裂，种子间极细缩，种子 1~6 枚。我国南北各地普遍栽培。花（槐花）和花蕾（槐米）能凉血止血，清肝泻火。槐花还是提取芦丁的原料。果实（槐角）能清热泻火，凉血止血。见图 15-57。

苦参 *S. flavescens* Ait.　落叶半灌木。根圆柱形，外皮黄色。奇数羽状复叶；小叶 11~25 片，披针形至线状披针形；托叶线形。总状花序顶生；花冠淡黄白色；雄蕊 10，分离。荚果条形，先端有长喙，呈不明显的串珠状，疏生短柔毛。根能清热燥湿，杀虫，利尿。见图 15-58。

苦参

图 15-57　槐

图 15-58　苦参

野葛 *Pueraria lobata*（Willd.）Ohwi　藤本，全体被黄色长硬毛。块根肥厚，三出复叶，花冠蓝紫色，全国大部分地区有分布，块根（葛根）能解肌退热，生津止渴，透疹，升阳止泻，通经活络，解酒毒；葛属植物国产 12 种，其中甘葛藤 *P. honsonii* Benth. 的根称粉葛，功效同葛根。见图 15-59。

图 15-59　野葛

密花豆 *Spatholobuss uberectus* Dunn.　木质藤本，老茎砍断后有鲜红色汁液流出，种子 1 枚。分布于云南及华南等地。藤茎（鸡血藤）能活血补血，调经止痛，舒筋活络。

蝶形花亚科常见的药用植物尚有扁茎黄芪 *A. complanatus* R. Br.，分布于陕西、河北、山西、内蒙古、辽宁等省区，种子（沙苑子）能补肾助阳，固精缩尿，养肝明目。补骨脂 *Psoralea corylifolia*

L.，分布于四川、河南、陕西、安徽等地。果实入药能温肾助阳，纳气平喘，温脾止泻。

18. 芸香科 Rutaceae $\female * K_{3\sim5}C_{3\sim5}A_{3\sim\infty}\underline{G}_{(2\sim\infty:2\sim\infty:1\sim2),2\sim\infty:2\sim\infty:1\sim2}$

【形态特征】多为木本，稀草本，有时具刺。叶、花、果常有透明的油腺点，多含挥发油。叶常互生或对生，多为复叶或单身复叶，无托叶。花辐射对称，两性，稀单性，单生或簇生，排成聚伞、圆锥花序；萼片3~5，合生；花瓣3~5；雄蕊常与花瓣同数或为其倍数，着生在花盘基部；子房上位，心皮2至多数，合生或离生。每室胚珠1~2。柑果、蒴果、核果、蓇葖果，稀翅果。

【分布】本科约150属，1600种，分布于热带、亚热带和温带。我国有28属，约150种，分布于全国，主产于南方。已知药用的有23属，100余种。

【药用植物】

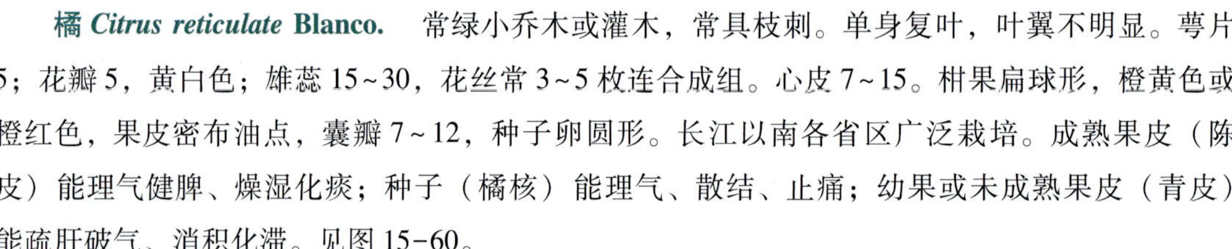

橘

橘 *Citrus reticulate* Blanco. 常绿小乔木或灌木，常具枝刺。单身复叶，叶翼不明显。萼片5；花瓣5，黄白色；雄蕊15~30，花丝常3~5枚连合成组。心皮7~15。柑果扁球形，橙黄色或橙红色，果皮密布油点，囊瓣7~12，种子卵圆形。长江以南各省区广泛栽培。成熟果皮（陈皮）能理气健脾、燥湿化痰；种子（橘核）能理气、散结、止痛；幼果或未成熟果皮（青皮）能疏肝破气、消积化滞。见图15-60。

酸橙 *C. aurantium* L. 常绿小乔木或灌木，常具枝刺。单身复叶，与上种的主要区别为小枝三棱形，叶柄有明显叶翼，柑果近球形，橙黄色，果皮粗糙。主产于四川、江西等地，多为栽培。未成熟横切两半的果实（枳壳）能理气宽中，行滞消胀。幼果（枳实）能破气消积、化痰散痞。

黄檗 *Phellodendron amurense* Rupr. 落叶乔木，树皮淡黄褐色，木栓层发达，有纵沟裂，内皮鲜黄色。奇数羽状复叶，小叶5~15。披针形至卵状长圆形，边缘有细钝齿，齿缝有腺点。花单性，雌雄异株；圆锥花序；萼片5；花瓣5，黄绿色；雄花有雄蕊5；雌花退化。浆果状核果，球形，成熟时紫黑色，内有种子2~5枚。分布于东北、华北地区。生于山区杂木林中。除去栓皮的树皮（关黄柏）能清热燥湿，泻火除蒸，解毒疗疮。

黄皮树 *P. chinense* Schneid. 与黄檗同属。与黄檗主要区别为黄皮树树皮的木栓层薄，小叶7~15片，下面密被长柔毛。分布于四川、贵州、云南、陕西、湖北等地。树皮（黄柏，习称川黄柏），功效同关黄柏。见图15-61。

图15-60 橘

图15-61 黄皮树

吴茱萸

吴茱萸 *Evodia rutaecarpa* (Juss.) Benth. 落叶灌木或小乔木。幼枝、叶轴及花序均被黄褐色长柔毛。奇数羽状复叶对生，具小叶5~9，叶两面被白色长柔毛，有粗大透明腺点。雌雄异株，聚伞状圆锥花序顶生。花萼5，花瓣5，白色。蒴果扁球形，开裂时成蓇葖果状。分布于长江流域及南方各地。生于山区疏林或林缘，现多栽培。近成熟果实药用，能散寒止痛，降逆止呕，助阳止泻。同属植物国产 25 种，其中疏毛吴茱萸 *E. rutaecarpa*（Juss.）Benth. var. *bodinieri*（Dode）Huang、石虎 *E. rutaecarpa*（*Juss.*）*Benth.* var. *officinalis*（Dode）Huang 的未成熟果实亦作“吴茱萸”用。

白鲜 *Dictamnus dasycarpus* Turcz.　多年生草本，羽状复叶。叶柄及叶轴两侧有狭翅，花淡红色，有紫色条纹，蒴果 5 裂，分布于我国大部分地区，根皮（白鲜皮）能清热燥湿，祛风解毒。

本科常见的药用植物尚有枳（枸橘）*Poncirus trifoliata*（L.）Raf.，分布于我国中部、南部及长江以北地区。

香圆 *Citrus wilsonii* Tanaka.　分布于长江中下游地区，成熟果实（香橼）能疏肝理气、和胃止痛。

19. 大戟科 Euphorbiaceae　$♂ * K_{0\sim5}C_{0\sim5}A_{1\sim\infty,(\infty)}$；$♀ * K_{0\sim5}C_{0\sim5}\underline{G}_{(3:3:1\sim2)}$

【形态特征】草本、灌木或乔木，常含有乳汁。多单叶，互生，叶基部常具腺体；有托叶，常早落。花单性，辐射对称，同株或异株，常为聚伞、总状、穗状、圆锥花序，或杯状聚伞花序；花被常为单层，萼状，有时缺，或花萼与花瓣具存；雄蕊多数，或仅 1 枚，花丝分离或连合；雌蕊通常由 3 心皮合生；3 室，子房上位，中轴胎座。蒴果，少数为浆果或核果。

【分布】本科约 320 属，8900 余种，广布于全世界。我国有 70 属，约 460 种，分布于全国各地。已知药用的有 39 属 160 种。

【药用植物】

大戟 *Euphorbia pekinensis* Rupr.　多年生草本，植物体有白色乳汁。根圆锥形。茎直立，上部分枝被短柔毛；叶互生，长圆形至披针形。花序特异，是由多数杯状聚伞花序排列而成的多歧聚伞花序，总花序通常 5 歧聚伞状，基部各生一叶状苞片，轮生；杯状聚伞花序外围有杯状总苞，腺体 4，总苞内面有多数雄花，每雄花仅具 1 雄蕊，花丝与花柄间有 1 关节，花序中央有 1 雌花具长柄，伸出总苞外而下垂，子房上位，3 心皮，3 室，每室 1 胚珠。蒴果。分布于全国各地。根（京大戟）有毒，能泻水逐饮，消肿散结。见图 15-62。

大戟

巴豆 *Croton tiglium* L.　常绿小乔木，幼枝、叶有星状毛。花单性，雌雄同株。蒴果卵形。分布于南方及西南地区，野生或栽培，种子（巴豆）有大毒，外用能蚀疮。用于恶疮疥癣，疣痣。巴豆种子制霜能峻下冷积，逐水退肿，豁痰利咽。见图 15-63。

图 15-62　大戟

图 15-63　巴豆

本科常见的药用植物尚有甘遂 *Euphorbia kansui* T. N. Liou ex T. P. Wang、蓖麻 *Ricinus communis* L.、续随子 *E. lathyris* L.、地锦 *E. humifusa* Willd. 等。见图15-65。

图 15-64 续随子

图 15-65 地锦

20. 葡萄科 Vitaceae ⚥ * $K_{(4\sim5)}C_{4\sim5}A_{4\sim5}\underline{G}_{(2\sim6:2\sim6:1\sim2)}$

【形态特征】多为落叶木质藤本。卷须与叶对生，常以卷须攀附它物上升。单叶互生，常掌状分裂，少数为掌状或羽状复叶，有托叶。聚伞或圆锥花序与叶对生；花小，淡绿色，两性或单性，整齐；萼 4~5 齿裂；花瓣 4~5，镊合状排列，顶端黏合或分离；雄蕊与花瓣同数而对生，生于环状花盘基部；2~3 心皮合生，子房上位，2~3 室，每室 1~2 枚胚珠。浆果。

【分布】本科约有 16 属，700 余种，广布于热带及温带地区。我国有 8 属约 150 种，南北各地均有分布。已知 7 属 100 余种药用。

【药用植物】

白蔹 *Ampelopsis japonica*（Thunb.）Makino 攀缘藤本，全体无毛。根块纺锤形。掌状复叶，小叶 3~5，小叶羽状分裂或羽状缺刻，叶轴有阔翅。聚伞花序；花小，黄绿色，花 5 数；雌蕊 1，子房 2 室。浆果球形，熟时白色或蓝色。分布于东北南部、华北、华东、中南地区。根（白蔹）能清热解毒，消痈散结，敛疮生肌。见图 15-66。

图 15-66 白蔹

常用药用植物还有葡萄 *Vitis vinifera* L.，茎皮片状剥落，髓褐色；花瓣黏合成帽状脱落；各地均有栽培。果实能解表透疹，利尿；可食用和酿酒。乌蔹莓 *Cayratia japonica*（Thunb.）Gagnep.，全草能凉血解毒，利尿消肿，凉血散瘀。三叶崖爬藤 *Tetrastigma heinsleyanum* Diels et Gilg，块根（三叶青）能清热解毒，祛风化痰，活血止痛。

21. 锦葵科 Malvaceae ⚥ * $K_{5,(5)}C_{5}A_{\infty}\underline{G}_{(3\sim\infty:3\sim\infty:1\sim\infty)}$

【形态特征】草本、灌木或乔木。植物体多有黏液细胞，幼枝、叶表面常有星状毛。单叶互生，常具掌状脉，有托叶，早落。花两性，辐射对称，单生或成聚伞花序；常有副萼；萼片 5，分离或合生，萼宿存；花瓣 5；雄蕊多数，花丝下部连合成管，形成单体雄蕊，包住子房和花柱，花药 1 室，花粉具刺；3 至多心皮，合生或离生，轮状排列，子房上位，3 至多室，中轴胎座。蒴果。

【分布】本科约 100 属，1000 余种，广布于温带和热带。我国有 16 属，约 81 种，分布于南北各地。已知药用的有 12 属 60 种。

【药用植物】

苘麻 *Abutilon theophrasti* Medic.　一年生草本，全株有星状毛。单叶互生，圆心形。花单生于黄色叶腋；花萼 5 裂，无副萼。花瓣 5；单体雄蕊；心皮 15~20，轮状排列。蒴果半球形，裂成分果瓣 15~20，每果瓣顶端有 2 长芒。种子三角状肾形，灰黑色或暗褐色。全国多数省区有分布，多栽培。种子（苘麻子）能清热解毒、利湿、退翳。见图 15-67。

苘麻

木芙蓉 *Hibiscus mutabilis* Linn.　落叶灌木，全株有灰色星状毛。单叶互生，卵圆状心形，通常 5~7 掌状裂。花单生于枝端叶腋；具副萼；花萼 5 裂；花瓣 5 或重瓣，多粉红色；子房 5 室。蒴果扁球形。我国多数地区有栽培。叶（木芙蓉叶）能凉血，解毒，消肿，止痛。见图 15-68。

木芙蓉

图 15-67　苘麻

图 15-68　木芙蓉

本科常见的药用植物尚有冬葵（冬苋菜）*Malva verticillata* L.，全国各地多栽培，果实（冬葵果）能清热利尿，消肿。

冬葵

22. 五加科 Araliaceae　$⚥ * K_5C_{5\sim10}A_{5\sim10}\underline{G}_{(2\sim15:2\sim15:1)}$

【形态特征】多为木本，稀多年生草本。茎常有刺。叶多互生，常为单叶、羽状或掌状复叶。花两性，稀单性或杂性，辐射对称；排成伞形花序，或再集成圆锥状花序或总状花序，花萼小或具小型萼齿 5 枚，花瓣 5~10，分离，雄蕊着生于花盘的边缘，花盘生于子房顶部，子房下位，由 1~15 心皮合生，通常 2~5 室，每室胚珠 1。浆果或核果。

【分布】本科约 80 属，900 种，广布于热带和温带。我国有 23 属，160 余种，除新疆外，全国均有分布。已知药用的 19 属 112 种。

【药用植物】

人参 *Panax ginseng* C. A. Mey.　多年生草本。主根粗壮，圆柱形或纺锤形，上部有环纹，下面常有分枝及细根，细根上有小疣状突起（珍珠点），顶端根状茎结节状（芦头），上有茎痕（芦碗），其上常生有不定根（艼）。茎单一，掌状复叶轮生茎端，一年生者具 1 枚三出复叶，称“三花”；二年生者具 1 枚掌状复叶，称“巴掌”；以后逐年增加 1 枚 5 小叶复叶，三年生者有 2 枚五出复叶，通称“二甲子”；四年生者有 3 复叶，开始轴生花序，称“灯台子”；五年生者有 4 复

叶，称“四批叶”，六年以上者有5或6复叶，分别称为“五批叶”“六批叶”；最多可至6枚复叶。小叶椭圆形，中央的一片较大。上面脉上疏生刚毛，下面无毛。伞形花序单个顶生；花小，淡黄绿色；花5基数；子房下位，2室，花柱2。浆果状核果，红色扁球形。分布于东北，现多栽培。根和根茎能大补元气，复脉固脱，补脾益肺，生津养血，安神益智。叶（人参叶）能补气，益肺，祛暑，生津。见图15-69。

西洋参 ***P. quefolium*** **L.** 形态和人参相似，区别在于本种小叶倒卵形，先端突尖，脉上几无刚毛，边缘的锯齿不规则且较粗大而容易区别。原产于加拿大和美国，现我国北京、黑龙江、吉林、陕西等地有引种栽培。根能补气养阴、清热生津。

三七（田七） ***P. notoginseng*** **(Burk.) F. H. Chen** 多年生草本。主根粗壮，倒圆锥形或短圆柱形，常有瘤状突起的分枝。掌状复叶，小叶3~7枚，常5枚，中央1枚较大，两面脉上密生刚毛。伞形花序顶生；花5基数；子房下位，2~3室。浆果状核果，熟时红色。主要栽培于云南、广西，现四川、江西、湖北、广东、福建等地也有栽培。根和根茎能散瘀止血、消肿定痛。见图15-70。

图15-69 人参

图15-70 三七

刺五加 ***Acanthopanax senticosus*** **(Rupr. et. Maxim.) Harms** 落叶灌木，茎枝直立，小枝密生针刺。掌状复叶，小叶5枚，叶背沿脉密生黄褐色毛。伞形花序单生或2~4个丛生茎顶；花瓣黄绿色；花柱5，合生成柱状；子房下位。浆果状核果，球形，有5棱，黑色。分布于东北、华北及陕西、四川等地。生于林缘、灌丛中。根及根状茎或茎入药，能益气健脾、补肾安神。

细柱五加

细柱五加 ***A. gracilistylus*** **W. W. Smith** 落叶蔓状灌木。掌状复叶，小叶通常5，多簇生。叶柄基部单生有扁平刺。伞形花序腋生；花黄绿色；花柱2，分离。浆果熟时紫黑色。分布于黄河以南各省区。根皮（五加皮）能祛风除湿，补益肝肾，强筋壮骨，利水消肿。

通脱木

通脱木 ***Tetrapanax papyrifera*** **(Hook.) K. Koch** 落叶灌木，茎干粗壮。小枝、花序均密生黄色星状厚绒毛。茎干具大型髓部，白色，中央具片状横隔。叶大，叶片掌状5~11裂，集生于茎顶。伞形花序集成圆锥花序状；花瓣、雄蕊常4数；子房下位，2室。分布于长江以南各省区和陕西。茎髓（通草）能清热利尿，通气下乳。

23. 伞形科 Apiaceae (Umbelliferae) ⚥ $*K_{(5),0}C_5A_5\underline{G}_{(2:2:1)}$

【形态特征】草本。常含挥发油而具香气。茎常中空，表面有纵棱。叶互生，多为一至多回三出复叶或羽状分裂；叶柄基部膨大成鞘状。花小，两性，辐射对称，复伞形或伞形花序，各级花序基部常有总苞或小总苞；花萼5齿裂，极小；花瓣5，先端常内卷；雄蕊5，与花瓣互生，着生于上位花盘（花柱基）的周围；子房下位，2心皮，2室，每室1胚珠，花柱2，基部常有膨大的盘状或短圆锥状的花柱基，即上位花盘与花柱结合体。双悬果。

【分布】本科200多属，2500种，主要分布在北温带。我国约90属，610种，全国各地均产。已知药用的有55属，234种。

本科植物特征明显，但属和种的鉴定比较困难，鉴别属、种时应注意：叶与叶柄基部的形状；花序是伞形花序还是复伞形花序；总苞片及小苞片存在与否，及其数目和形态；花的颜色，萼片的情况；花柱长短，花柱基部的形态特征；双悬果的形态，有无刺毛；分果的形态，油管的分布数目等。

【药用植物】

当归 ***Angelica sinensis*** **(Oliv.) Diels** 多年生草本，全株具特异香气。主根粗短，有数条支根，根头部有环纹。叶二至三回三出复叶或羽状全裂，叶柄基部膨大成鞘抱茎，紫褐色。复伞形花序；苞片无或有2枚；伞辐10~14，不等长；小总苞片2~4；萼齿不明显；花瓣5，绿白色；雄蕊5；子房下位。双悬果椭圆形，分果有5棱，侧棱延展成薄翅。分布于西北、西南地区。多为栽培。根（当归）能补血活血，调经止痛，润肠通便。见图15-71。

图15-71 当归

图15-72 柴胡

柴胡 ***Bupleurum chinense*** **DC.** 多年生草本。主根较粗，少有分枝，黑褐色，质硬。茎多丛生，上部多分枝，稍成“之”字形弯曲。基生叶早枯，中部叶倒披针形或披针形，全缘，具平行叶脉7~9条。复伞形花序；伞辐3~8；小总苞片5，披针形；花黄色。双悬果宽椭圆形，两侧略扁，棱狭翅状。分布于东北、华北、华东、中南、西南等地。生于向阳山坡。根能疏散退热，疏肝解郁，升举阳气。见图15-72。

柴胡

狭叶柴胡 ***B. scorzonerifolium*** **Willd.** 与柴胡同属植物。叶线形或狭线形，具白色骨质边缘，分布于东北、西北、华北、华东及西南等地，根习称南柴胡，也作柴胡入药。注意，大叶柴胡 *B. longiradiatum* Turcz. 的干燥根茎，表面密生环节，有毒，不可当柴胡药用。

川芎 ***Ligusticum chuanxiong*** **Hort.** 多年生草本。根状茎呈不规则的结节状拳形团块，黄棕色，有浓香气。地上茎丛生，茎基部的节膨大成盘状（苓子）。叶为三至四回三出羽状分裂或全裂，小叶3~5对。复伞形花序；花白色。双悬果卵形。主产于四川、云南、贵州。多栽培。根状茎能活血行气，祛风止痛。见图15-73。

白花前胡

白花前胡 ***Pencedanum praeruptorum*** **Dunn.** 多年生草本，根圆锥状。叶二至三回三出羽状分裂；复伞形花序；花白色。双悬果椭圆形。分布于华东、华中、西南等地。根（前胡）能降气化痰，散风清热。

防风

防风 ***Saposhnikovia divaricate*** **(Turez.) Schischk.** 多年生草本。根长圆柱形，有特异香气。根头密被褐色纤维状的叶柄残基，并有细密环纹。茎二叉分枝。基生叶丛生，二至三回羽状分裂，最终裂片条形至倒披针形。复伞形花序；伞辐 5~9；无总苞或仅 1 片；小总苞片 4~5；花白色。双悬果矩圆状宽卵形，幼时具瘤状凸起。分布于东北、华东等地。生于草原或山坡。根能祛风解表，胜湿止痛，止痉。见图 15-74。

图 15-73　川芎

图 15-74　防风

白芷

白芷 *Angelica dahurica* (Fisch. ex Hoffm.) Benth. et Hook. f.　多年生高大草本。根长圆锥形，黄褐色。茎极粗壮，茎及叶鞘黯紫色。茎中部叶二至三回羽状分裂，最终裂片卵形至长卵形，基部下延成翅；上部叶简化成囊状叶鞘。总苞片缺或1~2片，鞘状；花白色。双悬果椭圆形或近圆形。分布于东北、华北等地。多为栽培。生沙质土及石砾质土壤上。根（白芷）能解表散寒，祛风止痛，宣通鼻窍，燥湿止带，消肿排脓。

同属植物变种杭白芷 *A. dahurica* (Fisch. ex Hoffm.) Benth. et Hook. f. var. *formosana* (Boiss.) Shan et Yuan，植株较矮，茎基及叶鞘黄绿色。叶三出二回羽状分裂；最终裂片卵形至长卵形。小花黄绿色。双悬果长圆形至近圆形。产于福建、台湾、浙江、四川等地。多有栽培。根亦作白芷药用。

珊瑚菜

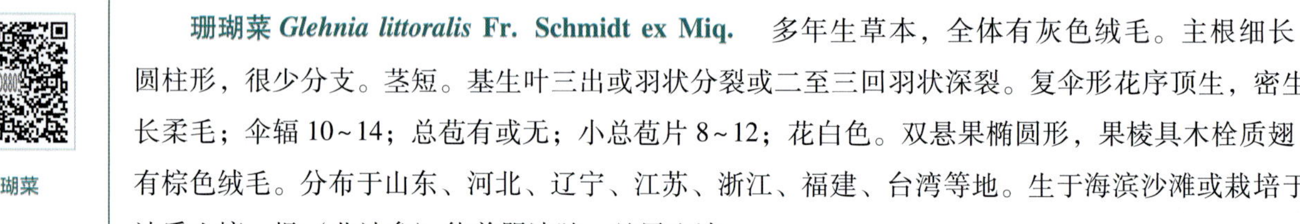

珊瑚菜 *Glehnia littoralis* Fr. Schmidt ex Miq.　多年生草本，全体有灰色绒毛。主根细长，圆柱形，很少分支。茎短。基生叶三出或羽状分裂或二至三回羽状深裂。复伞形花序顶生，密生长柔毛；伞辐 10~14；总苞有或无；小总苞片 8~12；花白色。双悬果椭圆形，果棱具木栓质翅，有棕色绒毛。分布于山东、河北、辽宁、江苏、浙江、福建、台湾等地。生于海滨沙滩或栽培于沙质土壤。根（北沙参）能养阴清肺，益胃生津。

本科常见的药用植物尚有蛇床 *Cnidium monnieri* (L.) Cuss.，分布于全国各地，果实（蛇床子）能燥湿祛风，杀虫止痒，温肾壮阳。野胡萝卜 *Daucus carota* L.，全国各地均产，果实（南鹤虱）有小毒，能杀虫消积。羌活 *Notopterygium incisum* Ting et H. T. Chang，分布于青海、甘肃、四川、云南等省区的高寒地区，根茎及根（羌活）能解表散寒，祛风除湿，止痛。重齿毛当归 *Angelica pubescens* Maxim. f. *bisrrata* Shan et Yuan，分布于安徽、浙江、湖北、广西、新疆等省区，根（独活）能祛风除湿，通痹止痛。明党参 *Changium smyrnioides* Wolff.，分布于长江流域各地，根（明党参）能润肺化痰、养阴和胃、平肝、解毒。茴香 *Foeniculum vulgare* Mill.，各地均有栽培，果实（小茴香）能散寒止痛、理气和胃。

（二）合瓣花亚纲

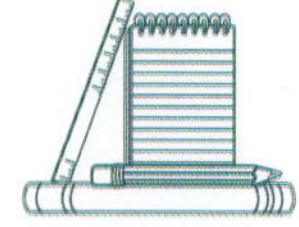

合瓣花亚纲（Sympetalae），又称后生花被亚纲（Metachlamydeae）。花瓣多少连合，花冠形状多样，如漏斗状、钟状、唇形、管状、舌状等。花冠的连合及多样性有利于昆虫传粉，且能更好地保护雄蕊和雌蕊。

1. 杜鹃花科 Ericaceae ⚥ * $K_{(4\sim5)}C_{(4\sim5)}A_{8\sim10,4\sim5}\underline{G}_{(4\sim5:4\sim5:\infty)}$，$\overline{G}_{(4\sim5:4\sim5:\infty)}$

【形态特征】多为常绿灌木，少乔木。单叶互生，常革质。花两性，辐射对称或略不对称；花萼4~5裂，宿存；花冠4~5裂；雄蕊多为花冠裂片的2倍，少为同数，花药2室，多顶端孔裂，有些属常有尾状或芒状附属物；子房上位或下位，多为4~5心皮，合生成4~5室，中轴胎座，每室胚珠常多数。多为蒴果，少浆果或核果。

【分布】约103属，3350种，除沙漠地区外，广布全球，以亚热带地区为最多。我国有15属，757种，分布全国，尤以西南各省区为多。已知药用12属，127种，其中杜鹃花属较多。

【药用植物】

兴安杜鹃 ***Rhododendron dauricum* L.** 半常绿灌木。分枝多，幼枝被柔毛和鳞片。单叶近革质，椭圆形，下面密被鳞片。花生枝端，先花后叶，花粉红色或紫红色，外具柔毛，雄蕊10。蒴果长圆形。分布于东北、西北地区及内蒙古。生于山地落叶松林、桦木林下或林缘。叶（满山红）能止咳祛痰。见图15-75。

羊踯躅 ***R. molle* G. Don** 落叶灌木。嫩枝被短柔毛及刚毛。单叶互生，纸质，长圆形至长圆状披针形，下面密被灰白色柔毛。总状伞形花序顶生，花冠阔漏斗形，黄色或金黄色，外面被微柔毛，裂片5；雄蕊5。蒴果长圆形。分布于长江流域及以南地区。生于山坡、林缘、灌丛、草地。花（闹羊花）能祛风除湿，散瘀定痛。见图15-76。

图15-75 兴安杜鹃

图15-76 羊踯躅

2. 木犀科 Oleaceae ⚥ * $K_{(4)}C_{(4),0}A_2\underline{G}_{(2:2:2)}$

【形态特征】灌木或乔木。叶常对生，单叶、三出复叶或羽状复叶，无托叶。花常两性，稀单性异株，辐射对称，常排成圆锥状花序或聚伞花序，有时簇生，单生；花萼4裂，花冠4裂，稀无花瓣；雄蕊常2枚；雌蕊由2心皮合生，花柱1，柱头2裂，子房上位，2室，每室胚珠常为2枚。核果、浆果、蒴果、翅果。

【分布】约27属，400余种，广布于温带和亚热带地区。我国有12属，178种，各地均有分布。已知药用8属，89种。

【药用植物】

连翘 ***Forsythia suspensa*（Thunb.）Vahl.** 落叶灌木。枝开展或下垂，小枝略呈四棱形，节间中空。单叶对生，叶片完整或3全裂，卵形或椭圆状卵形。花春季先叶开放，1~3朵着生于叶腋；花冠黄色，4裂；雄蕊2；子房上位，2室。蒴果狭卵形，木质，表面散生瘤点。种子具翅。分布于东北、华北、西北等地。多为栽培。果实（连翘）能清热解毒，消肿散结，疏散风热。见图15-77。

连翘

女贞

女贞 *Ligustrum lucidum* Ait. 常绿乔木，全株无毛。单叶对生，革质，全缘，卵形或椭圆形。花小，密集成顶，生圆锥花序；花萼、花冠均4裂，花冠白色；雄蕊2。核果肾形或近肾形，熟时紫黑色，被白粉。分布于长江流域及以南各省区。成熟果实（女贞子）能滋补肝肾，明目乌发。见图15-78。

图15-77 连翘

图15-78 女贞

白蜡树 *Fraxinus chinensis* Roxb. 落叶乔木。叶对生，单数羽状复叶，叶5~7片，卵形、倒卵状长圆形至披针形，叶缘具整齐锯齿。圆锥花序顶生或腋生枝梢；花萼钟状，不规则分裂；无花冠。翅果匙形。分布于我国南北各省区。多为栽培。枝皮和干皮（秦皮）能清热燥湿，收涩止痢，止带，明目。见图15-79。

图15-79 白蜡树

同属植物苦枥白蜡树 *F. rhynchophylla* Hance、尖叶白蜡树 *F. szaboana* Lingelsh.、宿柱白蜡树 *F. stylosa* Lingelsh. 的干燥枝皮和干皮也作秦皮入药用。

本科药用植物还有暴马丁香 *Syringa reticulata*（Bl.）Hara var. *amurensis*（Rupr.）Pringle 的干皮或枝皮（暴马子皮）能清肺祛痰，止咳平喘。

3. 龙胆科 Gentianaceae ⚥ $* K_{(4\sim5)} C_{(4\sim5)} A_{4\sim5} \underline{G}_{(2:1:\infty)}$

【形态特征】草本，茎直立或攀缘。单叶对生，全缘，基部合生，无托叶。花两性，辐射对称；常聚成聚伞花序；花萼常4~5裂；花冠为漏斗或辐状，常4~5裂，多为旋转状排列；雄蕊与花冠裂片同数且互生，着生于花冠管上；雌蕊由2心皮组成，子房上位，1室，侧膜胎座，胚珠多数。蒴果，成熟时2瓣裂。

【分布】约80属，700余种，广布于全球，主产于北温带。我国有22属，427种，各地有分布，以西南高山地区为多。已知药用15属，108种。

【药用植物】

龙胆 *Gentiana scabra* Bge. 多年生草本。根细长，簇生，味苦。茎直立，有糙毛。叶对生，卵形或卵状披针形，全缘，主脉3~5条。聚伞花序密生于茎顶或叶腋；花萼5深裂；花冠蓝紫色，管状钟形，5浅裂，裂片间有短三角形小褶片；雄蕊5，花丝基部有翅；花柱短，柱头2裂。蒴果长圆形，有柄。除西北地区和西藏外，各省区均有分布。生于山坡、草地、灌丛及林缘。干燥根和根茎（龙胆）能清热燥湿，泻肝胆火。见图15-80。

图 15-80　龙胆

同属植物条叶龙胆 *G. manshurica* Kitag. 与龙胆的区别主要是：叶披针形至条形，宽4~14mm，边缘反卷。花 1~2 朵顶生，花冠裂片三角形，先端急尖。分布于黑龙江、江西、浙江、江苏及中南地区。三花龙胆 *G. triflora* Pall. 与条叶龙胆相似，但本种叶宽约 2cm。苞片较花长。花冠裂片先端钝圆。分布于吉林、黑龙江及内蒙古。坚龙胆 *G. rigescens* Franch. 与前三种的区别主要是：根近棕黄色。茎常带紫色。花紫红色。分布于湖南、广西、贵州、四川、云南等省区。这三种植物的根与根状茎也作龙胆入药用。

秦艽 *G. macrophylla* Pall.　多年生草本。主根粗大，长圆锥形，常扭曲。茎直立，基部具残叶纤维。茎生叶对生，叶片常为矩圆状披针形，5 条脉明显。聚伞花序顶生或腋生；花萼一侧开裂；花冠蓝紫色，5 裂，裂片间有三角形小褶片；雄蕊 5；花柱短，2 裂。蒴果无柄。分布于西北、华北、东北及四川等地。生于高山草地或林缘。根（秦艽）能祛风湿，清湿热，止痹痛，退虚热。见图 15-81。

图 15-81　秦艽

同属植物小秦艽 *G. dahurica* Fisch.，矮小，高 10~15cm。根单一或稍分枝，细长圆柱状。叶片狭披针形。花萼管部通常完整不开裂，裂片 5 个，不整齐，线形，绿色；花冠蓝色。分布于华北、西北、西南，生于高山草丛中。粗茎秦艽 *G. crassicaulis* Duthie ex Burk.，高 20~40cm，直根粗大，大部分全分裂为小根，相互以右旋方式缠绕在一起。叶片常为狭椭圆形。花茎粗而短，稍倾斜；花萼管仅在顶端一侧开裂；裂片极小或无；花冠黄色或蓝紫色。西藏、云南、四川等地有分布，生于高山草丛中。麻花秦艽 *G. straminea* Maxim.，高 10~35cm，须根多数，扭结成一个粗大、圆锥形的根。莲座丛叶宽披针形或卵状椭圆形，茎生叶小，线状披针形至线形。花冠黄绿色。产于西藏、四川、青海、甘肃、宁夏及湖北西部。生于高山草甸、灌丛、林下、林间空地、山沟及河滩等地。以上三种植物的根也作秦艽入药用。

本科药用植物还有瘤毛獐牙菜 *Swertia pseudochinensis* Hara 的全草（当药）能清湿热，健胃。同属青叶胆 *S. mileenisis* T. N. Ho et W. L. Shih 的全草（青叶胆）能清肝利胆，清热利湿。

4. 夹竹桃科 Apocynaceae ⚥ $* K_{(5)} C_{(5)} A_5 \underline{G}_{2:1\sim2:1\sim\infty} \overline{G}_{2:1\sim2:1\sim\infty}$

【形态特征】多为木本，少草本，具乳汁或水液。单叶对生或轮生，全缘。花两性，辐射对称；单生或数朵组成聚伞花序；花萼5裂，基部内面常有腺体；花冠5裂，裂片旋转状排列，花冠喉部通常有副花冠或鳞片或膜质或毛状附属体；雄蕊5，着生于花冠管上或喉部，花药常呈箭头形；具花盘；雌蕊2心皮，离生或合生，子房上位，1～2室，每室含1至多数胚珠。蓇葖果、浆果、核果或蒴果。

【分布】约250属，2000余种，分布于热带及亚热带地区，少数分布于温带地区。我国有46属，176种，全国各地均有分布，主产于南方各省区。已知药用35属，95种。

知识链接

可赏可食的鸡蛋花

鸡蛋花为夹竹桃科落叶小乔木，因其花瓣外部色白、内部色黄，极似鸡蛋而得名。原产于南美洲，现广泛栽种于全球热带地区，200多年前引入中国，主产于广东、福建、广西、海南等地。据《岭南采药录》记载，鸡蛋花能够“治湿热下痢，里急后重，又能润肺解毒”，常作为凉茶的原料。此外，鸡蛋花还可以炒食、煲汤，其提取物亦可用于日用化工领域。近年研究表明，鸡蛋花具有一定的抗真菌、抗肿瘤及抑制HIV的作用。因此，鸡蛋花除具有观赏价值外，还具有更为广泛的开发利用潜质。见图15-82。

图15-82 鸡蛋花

【药用植物】

罗布麻 *Apocynum venetum* L. 半灌木，具乳汁。枝条常对生，光滑无毛，带红色。叶对生，叶片椭圆状披针形至卵圆状长圆形，两面无毛。花小，集成聚伞花序；花冠筒状钟形，紫红色或粉红色；筒内具副花冠；雄蕊5；心皮2，离生。蓇葖果双生，下垂。分布于北方各省区及华东地区。生于盐碱荒地及沙漠边缘、河流两岸。叶（罗布麻叶）能平肝安神，清热利水。见图15-83。

图15-83 罗布麻

图15-84 萝芙木

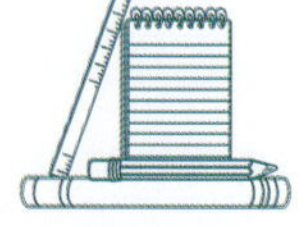

萝芙木 *Rauvolfia verticillata*（Lour.）Baill. 灌木多分枝。根木质，淡黄色。单叶对生或3～5叶轮生，叶片长，圆状披针形。聚伞花序顶生；花萼裂片先端反卷；花冠白色，高脚碟状，花冠管中部膨大，内面有毛茸，上部5裂，裂片向外展开或折叠；雄蕊5；心皮2，离生。核果卵形或椭圆形，成对或单生，熟时由红变黑。分布于华南、西南地区。生于溪边、山边、坡地及潮湿的林下、灌丛中。植株含利血平等生物碱，能镇静，降压，活血止痛，清热解毒。见图15-84。

知识链接

萝芙木的发现

20世纪50年代初期，我国可供药用的降压药主要是从印度进口的蛇根木制剂，而由于国外对蛇根木原料的垄断及对我国进口的封锁，使该类药物在我国的售价极其昂贵。我国就此组织开展了蛇根木所在的萝芙木属植物资源的调查和研究，以寻找蛇根木的替代品，最终在云南、广东、广西、海南等地找到了萝芙木属的另一种植物——萝芙木，并利用萝芙木中所含生物碱制成了我国自主研发的降压药——降压灵，成为当时全国广泛应用的抗高血压药。

络石 *Trachelospermum jasminoides*（Lindl.）Lem.　常绿木质藤本，具乳汁。嫩枝被柔毛，攀缘。叶对生，叶片椭圆形或卵状披针形。聚伞花序；花冠高脚碟状，白色。蓇葖果双生。种子顶端具白毛。分布于除新疆、青海、西藏及东北地区以外的各省区。生于山野、溪边、沟谷、林下、岩石、树木、墙壁上。带叶藤茎（络石藤）能祛风通络，凉血消肿。见图15-85。

本科药用植物还有长春花 *Catharanthus roseus*（L.）G. Don.，原产于非洲东部，中国中南、华东、西南等地有栽培，全株有毒，含长春花碱等多种生物碱，能抗癌、抗病毒、利尿、降血糖，为提取长春碱和长春新碱的原料。见图15-86。

长春花

图15-85　络石

图15-86　长春花

5. 萝藦科　Asclepiadaceae　⚥ $* K_{(5)} C_{(5)} A_5 \underline{G}_{2:1\sim2:1\sim\infty}$

【形态特征】多为藤本，少为草本、灌木，有乳汁。单叶，常对生，全缘；叶柄顶端常有腺体；常无托叶。花两性，辐射对称；聚伞花序通常伞形，时呈伞房状或总状；花萼5裂，萼筒短，内面基部常有腺体；花冠5裂，裂片旋转；常具副花冠；雄蕊5，与雌蕊黏生成中心柱，称合蕊柱，花粉常黏合成花粉块，花粉块常通过花粉块柄而着生在着粉腺上；心皮2，离生，子房上位，花柱2，顶端合生，柱头膨大，常与花药合生。蓇葖果双生，或因一个不育而单生。

【分布】约180属，2200余种，分布于热带、亚热带地区。我国有44属，245种，全国各地多有分布，主产于西南及东南部各省区。已知药用32属，112种。

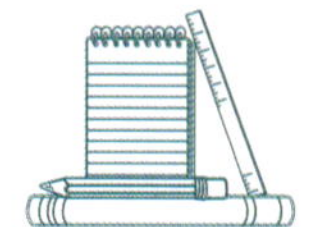

【药用植物】

白薇 *Cynanchum atratum* Bunge 多年生直立草本，有乳汁，全株被绒毛。根须状，淡黄棕色，有香气。茎中空。叶对生；叶片卵形或卵状长圆形。伞形状聚伞花序，簇生于叶腋间，无花序梗；花深紫色，花冠裂片平展呈五角形状。蓇葖果角状纺锤形，单生。分布于全国各地。生于林下草地或荒地草丛中。根和根茎能清热凉血，利尿通淋，解毒疗疮。见图 15-87。

同属植物蔓生白薇 *C. versicolor* Bunge 与白薇的主要区别是茎上部蔓生。花初开时黄绿色，后变为黑紫色。根及根状茎亦作白薇入药用。见图 15-88。

图 15-87 白薇

图 15-88 蔓生白薇

柳叶白前 *C. stauntonii*（Decne.）Schltr. ex Lévl. 直立半灌木。根茎细长，匍匐，节上丛生纤细弯曲的须根。叶对生，叶片狭披针形，无毛。伞形状聚伞花序腋生；花冠紫红色，辐状；副花冠裂片盾状；每药室有 1 个花粉块，长圆形。蓇葖果单生。分布于长江流域及西南各省区。生于山谷、湿地、溪边。根茎和根（白前）能降气，消痰，止咳。见图 15-89。

同属植物芫花叶白前 *C. glaucescens*（Decne.）Hand. -Mazz. 与柳叶白前的主要区别是：茎具二列柔毛。叶长圆形。花冠黄色。分布与柳叶白前同。多生于河岸沙地上。根及根状茎也作白前入药用。

杠柳

杠柳 *Periploca sepium* Bunge 落叶蔓生灌木，具乳汁，枝叶无毛。小枝常对生，茎皮灰褐色。叶对生，披针形。聚伞花序腋生；花萼 5 深裂，内面基部有 10 个小腺体；花冠紫红色，裂片 5，向外反折，内面密被白色绒毛；副花冠环状，顶端 10 裂，其中 5 裂延伸丝状被短柔毛，顶端向内弯；花药顶端相连，背部被柔毛。蓇葖果圆柱状，常双生，微弯。分布于长江以北及西南各省区。多生于沙质地或山坡、林缘。根皮（香加皮）能利水消肿，祛风湿，强筋骨。有毒。见图 15-90。

图 15-89 柳叶白前

图 15-90 杠柳

本科药用植物还有徐长卿 *C. paniculatum*（Bge.）Kitag.，根和根茎能祛风，化湿，止痛，止痒。通关藤 *Marsdenia tenacissima*（Roxb.）Wight et Arn.，藤茎能止咳平喘，祛痰，通乳，清热解毒。

知识链接

徐长卿名称的由来

李时珍曾云："徐长卿，人名也，常以此药治邪病，人遂以名之。"关于"徐长卿"名称的由来，还有一段典故。

据传唐太宗李世民曾外出打猎，不慎被毒蛇咬伤，医治许久不见效，便张榜招贤。民间医生徐长卿采药路过，揭榜进宫。他把采来的草药煎好，让李世民服下，余下的药液用于外洗。三天后症状就完全消失了。他高兴地询问药名，徐长卿却吞吞吐吐地答不上话。原来，这草药生于山野，尚无名字。李世民说："是徐先生用这草药治好了朕的病，就叫'徐长卿'吧。"此后，"徐长卿"的名字便因此流传开来。

6. 旋花科　Convolvulaceae　$⚥ * K_5C_{(5)}A_5\underline{G}_{(2:1\sim4:1\sim2)}$

【形态特征】草质缠绕藤本，稀木本，常具乳汁。叶互生，单叶，全缘或分裂，偶为复叶；无托叶。花两性，辐射对称，5基数；单花腋生或聚伞花序；萼片5，常宿存；花冠漏斗状、钟状、坛状等，冠檐常全缘或微5裂，蕾期旋转折扇状或镊合状至内向镊合状；雄蕊5枚，着生于花冠上；子房上位，常被花盘包围，心皮2（稀3~5），合生成2室（稀3~5），每室胚珠2，偶因次生假隔膜隔为4室（稀3室），每室胚珠1。蒴果，稀浆果。

【分布】约56属，1800种，广布于全世界。我国有22属，125种，主产于西南与华南地区。已知药用16属，54种。

【药用植物】

裂叶牵牛 *Pharbitis nil*（L.）Choisy　一年生缠绕草本，全株被粗硬毛。叶互生，叶片宽卵形或近圆形，常3裂。花单生或2~3朵着生花梗顶端；萼片5，狭披针形；花冠漏斗状，蓝紫色或紫红色；雄蕊5；子房上位，3室，每室有胚珠2。蒴果球形。种子卵状三棱形，黑褐色或米黄色。分布于全国大部分地区，栽培。成熟种子（牵牛子）能泻水通便，消痰涤饮，杀虫攻积。见图15-91。

裂叶牵牛

同属植物圆叶牵牛 *P. purpurea*（L.）Voigt的种子也作牵牛子入药用。见图15-92。

图15-91　裂叶牵牛

图15-92　圆叶牵牛

菟丝子 *Cuscuta chinensis* Lam.　一年生缠绕性寄生草本。茎纤细，多分枝，黄色。叶退化成小鳞片状。花簇生成近球状的短总状花序；花萼5裂；花冠黄白色或白色，壶状，5裂；花冠内面基部有鳞片5；雄蕊5；子房上位，2室，花柱2。蒴果近球形，种子2~4，淡褐色。分布于全国大部分地区。寄生于豆科、菊科等多种植物体上。成熟种子（菟丝子）能补益肝肾，固精

缩尿，安胎，明目，止泻；外用消风祛斑。见图 15-93。

图 15-93 菟丝子

同属植物南方菟丝子 *Cuscuta australis* R. Br. 的种子也作菟丝子入药用。

本科药用植物还有丁公藤 *Erycibe obtusifolia* Benth.，藤茎（丁公藤）能祛风除湿，消肿止痛。同属光叶丁公藤 *E. schmidtii* Craib 的藤茎也作丁公藤入药用。

7. 紫草科 Boraginaceae ⚥ $* K_{5,(5)} C_{(5)} A_5 \underline{G}_{(2:2\sim4:2\sim1)}$

【形态特征】 多为草本，常被粗硬毛。单叶互生，稀对生或轮生，通常全缘；无托叶。常为单歧聚伞花序；花两性，辐射对称；萼片 5；花冠筒状、钟状、漏斗状或高脚碟状，一般可分筒部、喉部、檐部三部分，5 裂，在喉部常有附属物；雄蕊 5，着生于花冠管上；子房上位，心皮 2，每室 2 胚珠，或子房常 4 深裂而成 4 室，每室 1 胚珠，花柱常单生于子房顶部或 4 分裂子房的基部。果为 4 个小坚果或核果。

【分布】 100 属，2000 种，分布于温带及热带地区，地中海区域最多。我国有 51 属，209 种，遍布全国，但以西南部最为丰富。已知药用 21 属，62 种。

【药用植物】

新疆紫草 *Arnebia euchroma*（Royle）Johnst. 多年生草本，全株被粗毛。根圆锥形暗紫色易撕裂成条片状。基生叶条形，茎生叶变小。花序近球形，具多花；花冠紫色，5 裂，喉部无附属物及毛；子房 4 裂，柱头顶端 2 裂。小坚果有瘤状突起。分布于西藏、新疆，生于高山多石砾山坡及草坡。根（紫草）能清热凉血，活血解毒，透疹消斑。见图 15-94。

图 15-94 新疆紫草

同属植物内蒙紫草 *A. guttata* Bunge，分布于新疆、甘肃、内蒙古。根也作紫草入药用。

8. 马鞭草科 Verbenaceae ⚥ $\uparrow K_{(4\sim5)} C_{(4\sim5)} A_4 \underline{G}_{(2:4:1\sim2)}$

【形态特征】 常为木本，稀草本，常具特殊气味。单叶或复叶，常对生。花序各式；花两性，常两侧对称；花萼 4~5 裂，宿存；花冠 4~5 裂，常偏斜或呈二唇形；雄蕊 4，常二强，着生于花冠管上；子房上位，通常由 2 心皮组成，全缘或稍 4 裂，因假隔膜而成假 4 室，每室胚珠 1~2，花柱顶生，柱头 2 裂。核果、蒴果或浆果状核果。

【分布】 80 余属，3000 余种，主要分布于热带、亚热带地区，少数延至温带。我国有 21 属，175 种，主要分布于长江以南各省区。已知药用 15 属，101 种。

【药用植物】

马鞭草 *Verbena officinalis* L. 多年生草本。茎四方形。叶对生，卵形至长圆状披针形；

基生叶边缘常有粗锯齿及缺刻；茎生叶通常 3 深裂，裂片作不规则的羽状分裂或具锯齿，两面均被粗毛。穗状花序细长如马鞭；花小，花萼先端 5 齿，被粗毛；花冠淡紫色，裂片 5，略二唇形；雄蕊 4，二强；子房上位，4 室，每室 1 胚珠。果为蒴果状，熟时 4 瓣裂。分布于全国各地，生于山脚路旁或村边荒地。地上部分（马鞭草）能活血散瘀，解毒，利水，退黄，截疟。见图 15-95。

蔓荆 *Vitex trifolia* L.　落叶灌木，有香味。小枝四棱形，密生细柔毛。通常三出复叶，有时在侧枝上可有单叶；小叶片卵形、倒卵形或倒卵状长圆形，全缘，表面绿色，无毛或被微柔毛，背面密被灰白色绒毛。圆锥花序顶生；花 5 数；花萼钟状，顶端 5 浅裂；花冠淡紫色或蓝紫色，顶端 5 裂，二唇形，下唇中间裂片较大；雄蕊 4，伸出花冠外。核果近圆形，成熟时黑色。分布于福建、台湾、广西、广东、云南等地。生于旷野、山坡、河边、沙地草丛或灌丛中。成熟果实（蔓荆子）能疏散风热，清利头目。见图 15-96。

图 15-95　马鞭草

图 15-96　蔓荆

同属植物单叶蔓荆 *V. trifolia* L. var. *simplicifolia* Cham.，与蔓荆的区别主要是：单叶，倒卵形，先端钝圆。分布于华东地区及辽宁、河北、广东。成熟果实也作蔓荆子药用。

海州常山 *Clerodendrum trichotomum* Thunb.　又名臭梧桐，落叶灌木或小乔木。茎皮灰白色，幼枝四棱形，被褐色短柔毛，枝内具横隔片状髓。叶对生，有长柄，叶片长卵形或卵状椭圆形，全缘或微波状，两面密生短柔毛及黄色细点，具臭气。伞房状圆锥花序，集生于枝顶；花萼紫红色，花冠由白转为粉红色。浆果状核果近圆形，熟时蓝紫色，包藏于增大的宿萼内。花、果、枝亦具臭气。分布于华北、华东、中南、西南各地。生于山坡林边、溪边、灌丛中。叶（臭梧桐），能祛风除湿，降血压；外洗治痔疮，湿疹。见图 15-97。

图 15-97　海州常山

本科药用植物还有大叶紫珠 *Callicarpa macrophylla* Vahl，叶或带叶嫩枝（大叶紫珠）能散瘀止血，消肿止痛。广东紫珠 *C. kwangtungensis* Chun，茎枝和叶（广东紫珠）能收敛止血，散瘀，清热解毒。杜虹花 *C. formosana* Rolfe，叶（紫珠叶）能凉血收敛止血，散瘀解毒消肿。

9. 唇形科 Lamiaceae（Labiatae） ⚥ $\uparrow K_{(5)}C_{(5)}A_{4,2}\underline{G}_{(2:4:1)}$

【形态特征】常为草本，植物体多含挥发油。茎四方形。叶对生。花两性，两侧对称；花序通常为腋生聚伞花序排成轮伞花序，有时再聚合成总状、穗状或圆锥状的复合花序；花萼5裂，宿存；花冠5裂，唇形（上唇2裂，下唇3裂），少为假单唇形（上唇极短，2裂，下唇3裂）或单唇形（无上唇，5个裂片全在下唇）；雄蕊4，二强，或仅2枚发育；花盘常存在；雌蕊由2心皮合生，子房上位，常4深裂而成假4室，每室1枚胚珠，花柱着生于4裂子房的基部（花柱基生）。果实由4枚小坚果组成。

【分布】约220余属，3500余种，全球广布，主产于地中海及中亚地区。我国有99属，800余种，全国各地均产。已知药用75属，436种。

本科与马鞭草科相似。但唇形科植物的花序为轮伞花序，子房深4裂，花柱着生于4裂子房的基部（花柱基生），果有4枚小坚果组成。而马鞭草科植物不形成轮伞花序，子房不深4裂，花柱生于子房的顶端（花柱顶生）。

知识链接

用途广泛的唇形科植物

唇形科不仅有多种植物可供药用，还有许多种类用于其他领域。如紫苏叶可以和鱼、蟹配合食用，具有解毒的作用；罗勒是一种常用食品调味料，并可作为花草茶的原料。一串红的花冠颜色鲜红，可用作观赏花卉。薰衣草既可观赏、药用，其精油又可用于香水、香皂等多种日用化妆品中。

【药用植物】

益母草 *Leonurus japonicus* Houtt. 一至二年生草本。基生叶有长柄，叶片近圆形，5~9浅裂；茎中部叶菱形，掌状3深裂；顶端叶近无柄，叶片线形至线状披针形。轮伞花序腋生；花萼5裂，花冠粉红至淡紫红色，上唇外被柔毛，下唇中裂片倒心形。小坚果矩圆状三棱形，褐色。分布于全国各地。多生于山野向阳处及路边、沟边。新鲜或干燥地上部分（益母草），能活血调经，利尿消肿，清热解毒；果实（茺蔚子）能活血调经，清肝明目。见图15-98。

丹参

丹参 *Salvia miltiorrhiza* Bunge 多年生草本，全株密被长柔毛及腺毛。根肥厚，肉质，外面朱红色，内面白色。叶常为奇数羽状复叶，小叶3~5，卵圆形或椭圆状卵圆形或宽披针形，边缘具圆齿，两面被疏柔毛，下面较密。轮伞花序组成总状花序，顶生或腋生；花萼钟状，紫色；花冠紫蓝色，管内有斜毛环，上唇略呈盔状，下唇3裂；能育雄蕊2；花柱较雄蕊长，柱头2裂。小坚果椭圆形，熟时暗红色或黑色，包于宿萼中。分布于全国大部分地区。生于向阳山坡草丛、沟边、路边或林旁，也有栽培。根和根茎（丹参）能活血祛瘀，通经止痛，清心除烦，凉血消痈。见图15-99。

图 15-98　益母草

图 15-99　丹参

黄芩

黄芩 ***Scutellaria baicalensis*** **Georgi**　多年生草本。主根肥厚，断面黄绿色。茎基部多分枝。叶对生，披针形至条状披针形，上面深绿色，无毛或被疏毛，下面密被下陷的黑色腺点。总状花序顶生，花序中花偏向一侧；苞片叶状；花冠紫、紫红至蓝色；雄蕊 4，二强。小坚果卵球形。分布于长江以北大部分地区及西北和西南地区。生于向阳山坡、路边、草原等处，亦有栽培。根（黄芩）能清热燥湿，泻火解毒，止血，安胎。见图 15-100。

荆芥 ***Schizonepeta tenuifolia*** **Briq.**　一年生草本，有浓烈香气。叶近无柄，叶片3 ~5 羽状深裂，裂片条形或披针形。轮伞花序多密集于枝顶，呈长穗状；花小，花冠白色，下唇有紫点。小坚果卵形，几三棱状，灰褐色。分布于全国大部分地区。生于山坡阴地、沟塘边与草丛中，现多为栽培。地上部分含挥发油。地上部分（荆芥）能解表散风，透疹，消疮；花穗（荆芥穗）能解表散风，透疹，消疮。见图 15-101。

图 15-100　黄芩

图 15-101　荆芥

薄荷

半枝莲

薄荷 ***Mentha haplocalyx*** **Briq.**　多年生草本，有清凉浓香气。根状茎细长，常白色。叶片卵形至椭圆形，边缘基部以上有锯齿，两面均有短毛及腺鳞。轮伞花序，腋生；花萼钟状，外被短毛；花冠淡紫色或白色，4 裂，唇裂片较大，顶端 2 裂，下唇 3 裂；雄蕊 4，前对较长。小坚果椭圆形。分布于全国各地。生于水边湿地，并广为栽培。地上部分（薄荷）能疏散风热，清利头目，利咽，透疹，疏肝行气。见图 15-102。

半枝莲 ***Scutellaria barbata*** **D. Don**　多年生草本。茎直立，四棱形。单叶对生；叶片三角状卵圆形或卵圆状披针形，有时卵圆形。花单生于茎或分枝上部叶腋内并偏向一侧的总状花序上；花冠紫蓝色，外被短柔毛。小坚果褐色，扁球形。广布于华北、华中及长江流域以南。全草（半枝莲）能清热解毒，化瘀利尿。

紫苏 ***Perilla frutescens*** **（L.）Britt.**　一年生直立草本，具香气。茎四棱形，绿色或紫色，有

紫苏

毛。叶阔卵形或圆形，边缘在基部以上有粗锯齿，两面绿色或紫色，或仅下面紫色，两面有毛。由轮伞花序集成总状花序状；花冠白色至紫红色。小坚果球形，灰褐色。产于全国各地，并多栽培。成熟果实（紫苏子）能降气消痰，止咳平喘，润肠通便；叶或带嫩枝（紫苏叶）能解表散寒，行气和胃；茎（紫苏梗）能理气宽中，止痛，安胎。见图 15-103。

图 15-102 薄荷

图 15-103 紫苏

夏枯草

夏枯草 ***Prunella vulgaris* L.** 多年生草本。茎上升，下部伏地，自基部分枝，钝四棱形。叶对生，卵形。轮伞花序密集组成顶生的穗状花序；花萼二唇形，上唇顶端截形，具 3 短齿，下唇 2 齿细长；花冠紫、蓝紫或红紫色，二唇形，上唇帽状，2 裂，下唇深 3 裂。小坚果三棱形。因夏末开花后枝叶枯萎而名夏枯草。我国大部分地区有分布。生于草地、林缘湿润处。果穗（夏枯草）能清肝泻火，明目，散结消肿。见图 15-104。

广藿香 ***Pogostemon cablin*（Blanco）Benth.** 多年生芳香草本或半灌木。茎直立，四棱形，分枝，被绒毛。叶圆形或宽卵圆形，两面被绒毛。轮伞花序密集成穗状，顶生；花冠紫色。小坚果平滑。广东、海南等地有栽培。地上部分（广藿香）能芳香化浊，和中止呕，发表解暑。见图 15-105。

图 15-104 夏枯草

图 15-105 广藿香

毛叶地瓜儿苗

本科药用植物还有毛叶地瓜儿苗 *Lycopus lucidus* Turcz. var. *hirtus* Regel，地上部分（泽兰）能活血调经，祛瘀消痈，利水消肿。活血丹 *Glechoma longituba*（Nakai）Kupr.，地上部分（连钱草）能利湿通淋，清热解毒，散瘀消肿。碎米桠 *Rabdosia rubescens*（Hemsl.）Hara，地上部分（冬凌草）能清热解毒，活血止痛。石香薷 *Mosla chinensis* Maxim.、江香薷 *M. chinensis* ‘jiangxiangru’ 地上部分（香薷）能发汗解表，化湿和中。独一味 *Lamiophlomis rotata*（Benth.）Kudo，地上部分

（独一味）能活血止血，祛风止痛。灯笼草 *Clinopodium polycephalum*（Vaniot）C. Y. Wu et Hsuan、风轮菜 *C. chinense*（Benth.）O. Kuntze，地上部分（断血流）能收敛止血。筋骨草 *Ajuga decumbens* Thunb.，全草（筋骨草）能清热解毒，凉血消肿。

风轮菜

10. 茄科 Solanaceae ⚥ * ↑ $K_{(5)}C_{(5)}A_5\underline{G}_{(2:2:\infty)}$

【形态特征】草本或灌木。单叶全缘、不分裂或分裂，有时为羽状复叶，互生或在开花枝段上有大小不等的二叶双生；无托叶。花两性，辐射对称；单生、簇生或为聚伞花序；花萼 5 裂，宿存；花冠 5 裂，呈辐状、漏斗状、高脚碟状或钟状；雄蕊常 5 枚，着生于花冠管上，与花冠裂片互生；雌蕊由 2 心皮合生，子房上位，2 室，有时 1 室或有不完全的假隔膜而在下部分隔成 4 室，中轴胎座，每室胚珠多数。蒴果或浆果。种子圆盘形或肾脏形。

【分布】约 80 属，3000 余种，分布于温带及热带地区。我国有 26 属，107 种，全国各地均产。已知药用 25 属，84 种。

【药用植物】

白花曼陀罗 *Datura metel* L. 一年生草本。单叶互生，卵形至宽卵形，基部不对称，边缘有不规则的短齿或浅裂或者全缘而成波状。花单生于枝杈间或叶腋；花萼筒状，先端 5 裂；花冠长漏斗状，白色，裂片 5；雄蕊 5；子房疏生短刺毛。蒴果近球状或扁球状，疏生粗短刺，熟时不规则 4 瓣裂。全国各地有栽培或野生，主产于华南及江苏、浙江等地。干燥花（洋金花）能平喘止咳，解痉止痛。有毒。见图 15-106。

白花曼陀罗

宁夏枸杞 *Lycium barbarum* L. 灌木，分枝有棘刺。叶互生或簇生，叶片披针形或长椭圆状披针形。单生或数朵簇生于短枝上；花萼先端 2~3 裂；花冠漏斗状，5 裂，粉红色或紫色，具暗色脉纹；雄蕊 5。浆果卵圆形或宽椭圆形，红色。种子常 20 余粒，扁肾形。分布于西北和华北地区，野生或栽培。成熟果实（枸杞子）能滋补肝肾，益精明目；根皮（地骨皮）能凉血除蒸，清肺降火。见图 15-107。

图 15-106 白花曼陀罗

图 15-107 宁夏枸杞

枸杞 *L. chinense* Mill. 与宁夏枸杞的主要区别是：枝条柔弱，常下垂。花萼筒短于裂片。花冠裂片有缘毛。分布于全国大部分地区。生于路、地边、沟边及旷野。根皮也作地骨皮入药。见图 15-108。

枸杞

图 15-108　枸杞

图 15-109　酸浆

本科药用植物还有莨菪 *Hyoscyamus niger* L.，成熟种子（天仙子）能解痉止痛，平喘，安神。漏斗泡囊草 *Physochlaina infundibularis* Kuang，根（华山参）能温肺祛痰，平喘止咳，安神镇惊。颠茄 *Atropa belladonna* L.，全草（颠茄草）抗胆碱药。酸浆 *Physalis alkekengi* L. var. *franchetii*（Mast.）Makino，宿萼或带果实的宿萼（锦灯笼）能清热解毒，利咽化痰，利尿通淋。见图 15-109。辣椒 *Capsicum annuum* L.，成熟果实（辣椒）能温中散寒，开胃消食。见图 15-110。

图 15-110　辣椒

11. 玄参科 Scrophulariaceae　$⚥ * \uparrow K_{(4\sim5)}C_{(4\sim5)}A_{4,2}\underline{G}_{(2:2:\infty)}$

【形态特征】常为草本。叶常对生，无托叶。花两性，常两侧对称，稀辐射对称；花序总状、穗状或聚伞状，常合成圆锥花序；花萼常 4~5 裂，宿存；花冠 4~5 裂，通常多少呈二唇形；雄蕊常 4，二强，稀 2 或 5，着生于花冠管上；雌蕊由 2 心皮合生，子房上位，基部常具花盘，2 室，中轴胎座，每室胚珠多数，花柱顶生。果为蒴果，少有浆果状。种子细小。

【分布】约 200 属，3000 种，遍布于世界各地。我国约 56 属，680 种，主产于西南地区。已知药用 45 属，233 种。

【药用植物】

玄参 *Scrophularia ningpoensis* Hemsl.　多年生高大草本。支根数条，纺锤形或胡萝卜状膨大，灰黄褐色，干后变黑色。茎四棱形。叶对生，有时茎上部的叶互生；叶片多为卵形，有时上部的为卵状披针形至披针形，边缘具细锯齿，稀为不规则的细重锯齿。聚伞花序合成大而疏散的圆锥花序；花萼 5 裂，分裂几达基部；花冠褐紫色，5 裂，二唇形；雄蕊 4，二强，退化雄蕊近于圆形。蒴果卵圆形，先端有喙。分布于华东、华中、华南、西南等地。生于林下、溪边或灌丛中，现常为栽培。根（玄参）能清热凉血，滋阴降火，解毒散结。见图 15-111。

图 15-111　玄参

同属植物北玄参 *S. buergeriana* Miq. 分布

于东北、华北及西北等地。根亦作玄参入药。见图 15-112。

地黄 ***Rehmannia glutinosa*** **Libosch.**　多年生草本，全株密被灰白色长柔毛及腺毛。根肥大，呈块状，鲜时黄色。叶基生成丛，叶片倒卵形或长椭圆形，上面绿色多皱，下面带紫色。花茎由叶丛中抽出，总状花序顶生；花冠管稍弯曲，外面紫红色，里面常有黄色带紫的条纹，先端常 5 浅裂，略呈二唇形；雄蕊 4，二强，着生于花冠管基部；子房上位，2 室。蒴果卵形至长卵形。分布于全国大部分地区，各省多有栽培，主产于河南、浙江，以河南产量最大，质量最好，块根习称怀地黄。新鲜块根（鲜地黄）能清热生津，凉血，止血；烘焙干燥块根（生地黄）能清热凉血，养阴生津；生地黄的炮制加工品（熟地黄）能补血滋阴，益精填髓。见图 15-113。

图 15-112　北玄参

图 15-113　地黄

胡黄连 ***Picrorhiza scrophulariiflora*** **Pennell.**　多年生草本。根状茎粗而长，节密集，有老叶残基及粗长支根。叶多基生，匙形或近圆形，叶基下延成宽柄，干后常变为黑色。花葶自叶丛中斜上发生，多数花聚生于花葶顶端成总状花序，花冠蓝紫色。蒴果卵圆形。分布于四川西部、云南西北部、西藏东南部。生于高山草地及石堆中。干燥根茎（胡黄连）能退虚热，除疳热，清湿热。

本科药用植物还有阴行草 *Siphonostegia chinensis* Benth.，全草（北刘寄奴）能活血祛瘀，通经止痛，凉血，止血，清热利湿。苦玄参 *Picrorhiza felterrae* Lour.，全草（苦玄参）能清热解毒，消肿止痛。短筒兔耳草 *Lagotis brevituba* Maxim.，全草（洪连）能清热，解毒，利湿，平肝，行血，调经。

12. 爵床科 Acanthaceae　⚥ $\uparrow K_{(4\sim5)}C_{(4\sim5)}A_{4,2}\underline{G}_{(2:2:2\sim\infty)}$

【形态特征】草本或灌木。茎节常膨大。单叶对生。花两性，两侧对称；每花下通常具 1 枚苞片和 2 枚小苞片；常为聚伞花序，或由聚伞花序再组成其他花序，少为单生或成总状花序；花萼 4~5 裂；花冠 4~5 裂，常为二唇形或裂片近相等，稀为不等 5 裂；雄蕊常 4，二强，或仅为 2 枚；雌蕊由 2 心皮合生，子房上位，下部常有花盘，2 室，中轴胎座，每室胚珠 2 至多数。蒴果，熟时室背开裂。种子通常着生于胎座的钩状物上。

【分布】约 250 属，3450 种，广布于热带及亚热带地区。我国约有 68 属，311 种，主产于长江以南各省区。已知药用 30 属，71 种。

【药用植物】

穿心莲 ***Andrographis paniculata*** **(Burm. f.) Nees**　一年生草本。茎四棱形，下部多分枝，节膨大。叶对生；叶卵状矩圆形至矩圆状披针形。总状花序顶生和腋生，集成大型圆锥花序；花萼 5 裂，密被腺毛；花冠白色，二唇形，下唇常有淡紫色斑纹；雄蕊 2。蒴果长椭圆形，中有 1

沟，熟时 2 瓣裂。原产于热带地区，我国长江以南地区普遍栽培，尤以广东、广西、海南、福建为多。地上部分（穿心莲）能清热解毒，凉血，消肿。见图 15-114。

马蓝 *Baphicacanthus cusia*（Nees）Bremek. 草本。多分枝，节膨大。单叶对生；叶片卵形至披针形。花大，无梗，对生，组成腋生或顶生的穗状花序；苞片叶状，早落；花萼裂片 5；花冠淡紫色，裂片 5；雄蕊 4，二强。蒴果棒状。分布于华东、华南、西南等地。生于山坡、路旁、草丛及林边较潮湿处，有栽培。根和根茎（南板蓝根）能清热解毒，凉血消斑；叶为大青叶的地方代用品，可经加工制备青黛。见图 15-115。

图 15-114 穿心莲

图 15-115 马蓝

本科药用植物还有小驳骨 *Gendarussa vulgaris* Nees，地上部分（小驳骨）能祛瘀止痛，续筋接骨。

13. 茜草科 Rubiaceae $⚥ * K_{(4\sim5)} C_{(4\sim5)} A_{4\sim5} \bar{G}_{(2:2:1\sim\infty)}$

【形态特征】木本或草本，有时为藤本。单叶，对生或轮生，常全缘，具有各式托叶，托叶通常生叶柄间，较少生叶柄内。花序各式，均由聚伞花序复合而成，很少单花或少花的聚伞花序；花常两性，辐射对称；花萼常 4~5 裂；花冠常 4~5 裂；雄蕊与花冠裂片同数而互生，偶有 2 枚，着生在花冠管的内壁上；雌蕊常由 2 心皮合生，子房下位，常为 2 室，每室有 1 至多数胚珠。蒴果、浆果或核果。

【分布】500 属，6000 余种，广布于热带和亚热带地区，少数分布于温带。我国有 98 属，约 676 种。主产于西南及东南各省区。已知药用 60 属，215 种。

知识链接

茜草科的经济作物

茜草科中有两种经济价值较大的植物，分别为分布于热带南美洲的金鸡纳，和分布于热带非洲的咖啡。金鸡纳为茜草科金鸡纳属的一种乔木，我国云南和台湾有种植。其茎皮和根皮为提制奎宁的主要原料，是青蒿素类药物问世前主要的抗疟药物。咖啡为茜草科咖啡属的多种常绿灌木或小乔木，其种子除药用（助消化、利尿等）外，更多的是用来制作饮品，咖啡和茶、可可共称世界三大饮料。

【药用植物】

茜草 *Rubia cordifolia* L. 多年生攀缘草本。根丛生，红色。茎四棱形，棱上生倒生皮刺。叶对生，叶片卵形至卵状披针形，背面中脉及叶柄上有倒生刺；托叶叶状。花为聚伞花序呈疏松的圆锥状；花小，5 数，花冠淡黄色，子房下位，2 室。浆果近球形，熟时黑色。分布于全国大部分地区。生于山坡、林缘、灌丛及草丛阴湿处。根和根茎（茜草）能凉血，祛瘀，止血，通经。见图 15-116。

栀子 *Gardenia jasminoides* Ellis　常绿灌木。叶对生或三叶轮生；叶形多样，通常为长圆状披针形、倒卵状长圆形、倒卵形或椭圆形；托叶膜质。花芳香，通常单朵生于枝顶；萼管有纵棱，顶部 5~8 裂，通常 6 裂，结果时增长，宿存；花冠白色或乳黄色，高脚碟状，顶部 5~8 裂，通常 6 裂；花丝极短，花药线形；子房下位。蒴果倒卵形或椭圆形，成熟后金黄色或橘红色，有翅状纵棱 5~9 条，顶端有宿存萼片。种子多数。分布于我国南部和中部地区。生于山坡杂木林中，各地有栽培。成熟果实（栀子）能泻火除烦，清热利湿，凉血解毒；外用消肿止痛；栀子的炮制加工品（焦栀子）能凉血止血。见图 15-117。

栀子

图 15-116　茜草

图 15-117　栀子

钩藤 *Uncaria rhynchophylla*（Miq.）Miq. ex Havil.　常绿木质大藤本。枝条四棱形，叶腋有钩状的变态枝。叶对生，叶片椭圆形；托叶 2 深裂，裂片条状钻形。头状花序单生叶腋或枝顶呈总状花序状；花 5 数，花冠黄色；子房下位。蒴果有宿存萼齿。分布于福建、江西、湖南、广东、广西及西南各省区。生于山谷、溪边的疏林中。带钩茎枝（钩藤）能息风定惊，清热平肝。见图 15-118。

本科药用植物还有巴戟天 *Morinda officinalis* How，根（巴戟天）能补肾阳，强筋骨，祛风湿。红大戟 *Knoxia valerianoides* Thorel et Pitard，块根（红大戟）能泻水逐饮，消肿散结。有小毒。

图 15-118　钩藤

14. 忍冬科 Caprifoliaceae　⚥ $* \uparrow K_{(4\sim5)} C_{(4\sim5)} A_{4\sim5} \bar{G}_{(2\sim5:1\sim5:1\sim\infty)}$

【形态特征】常为木本，稀草本。叶对生，常为单叶，稀为羽状复叶；通常无托叶。聚伞或轮伞花序，或由聚伞花序集合成伞房式或圆锥式复花序，稀数朵簇生，有时单生；花两性，辐射对称或两侧对称；花萼 4~5 裂；花冠管状，常 5 裂，有时二唇形；雄蕊和花冠裂片同数且互生，

着生于花冠管上；雌蕊由2~5心皮合生，子房下位，1~5室，常为3室，每室胚珠1至多数。浆果、核果或蒴果。

【分布】13属，约500种，多分布于北温带。我国产12属，259种。分布于全国各地。已知药用9属，106种。

【药用植物】

忍冬

忍冬 *Lonicera japonica* Thunb.　半常绿缠绕藤本。老茎木质化，幼枝密被柔毛和腺毛。单叶对生；叶片卵形至卵状椭圆形。总花梗单生于叶腋，花成对，苞片叶状；花萼5裂，无毛；花冠唇形，上唇4裂，下唇不裂，初开时白色，后转为黄色，故称为金银花，芳香，外面被有柔毛；雄蕊5；子房下位，花柱和雄蕊长于花冠。浆果球形，熟时黑色。分布于全国大部分地区。生于山坡、路旁、林缘及灌丛中。花蕾或带初开的花（金银花）能清热解毒，疏散风热。茎枝（忍冬藤）能清热解毒，疏风通络。见图15-119。

图15-119　忍冬

知识链接

会变色的忍冬花冠

忍冬按其开放程度，可以分为6个阶段：初蕾期、绿蕾期、小白期、大白期、银花期、金花期。每个阶段的花冠均呈现出不同的颜色，这是由于其开放过程中，色素的种类和组成是动态变化的。初蕾期和绿蕾期叶绿素的含量较高，且其类胡萝卜素的相对含量也较高，因而初蕾期和绿蕾期呈现绿色；在小白期、大白期、银花期，随着花的发育，金银花中叶绿素、类胡萝卜素、类黄酮物质的含量均逐渐降低，这导致了其颜色从绿色逐渐变为浅绿色、白色；从银花期到金花期，类胡萝卜素的含量增加近10倍，导致了其花色从白色变为黄色。根据其花冠的颜色，我们可以确定忍冬的最佳采收期，来控制金银花药材的品质，即呈现绿色或浅绿色的金银花品质最好。

本科药用植物还有灰毡毛忍冬 *L. macranthoides* Hand.-Mazz、红腺忍冬 *L. hypoglauca* Miq.、华南忍冬 *L. confusa* DC.、黄褐毛忍冬 *L. fulvotomentosa* Hsu et S. C. Cheng 上的花蕾或带初开的花（山银花）能清热解毒，疏散风热。见图15-120。

15. 败酱科 Valerianaceae　$⚥\uparrow K_{5\sim15,0}C_{(3\sim5)}A_{4\sim5}\bar{G}_{(3:3:1)}$

【形态特征】常为多年生草本。全体常有陈腐气味或香气。茎直立，常中空。叶对生或基生，多为羽状分裂，无托叶。聚伞花序呈各种排列；花小，常两性，稍不整齐；花萼呈各种形状；花冠筒状，基部常呈囊状或有距，上部3~5裂；雄蕊常3或4枚，少为1~2枚，着生于花冠筒上；子房下位，3心皮合生，3室，仅1室发育，内含1胚珠。瘦果。

图15-120 灰毡毛忍冬

【分布】本科13属，约400种，大部分分布于北温带。我国有3属，约30余种，主产于南北各省。已知药用3属，24种。

【药用植物】

蜘蛛香 ***Valeriana jatamansi*** **Jones.** 植株高20~70cm。根茎粗厚，块柱状，节密，有浓烈香味。茎一至数株丛生。基生叶发达，叶片心状圆形至卵状心形，边缘具疏浅波齿，被短毛或有时无毛，叶柄长为叶片的2~3倍；茎生叶不发达，每茎2对，有时3对，下部心状圆形，近无柄，上部常羽裂，无柄。花序为顶生的聚伞花序，苞片和小苞片长钻形，中肋明显，最上部的小苞片常与果实等长；花白色或微红色，杂性；雌花小，不育花药着生在极短的花丝上，位于花冠喉部；雌蕊伸长于花冠之外，柱头深3裂；两性花较大，雌雄蕊与花冠等长。瘦果长卵形，两面被毛。分布于河南、陕西、湖南、湖北、四川、贵州、云南、西藏。生于山顶草地、林中或溪边，海拔2500m以下。根茎和根（蜘蛛香）能理气止痛，消食止泻，祛风除湿，镇惊安神。见图15-121。

甘松 ***Nardostachys chinensis*** **Batal.** 多年生草本。具粗短的根状茎，顶端有少数叶鞘纤维残存，具强烈香脂气。叶基生，狭条形或条状倒披针形。聚伞花序多呈紧密圆头状排列，花5数，花冠淡紫红色；雄蕊4枚；子房下位。分布于甘肃、青海、云南、四川等地。生于高山草原。根及根茎（甘松）能理气止痛，开郁醒脾；外用祛湿消肿。

黄花败酱 ***Patrinia scabiosaefolia*** **Fisch. ex. Trev.** 又名黄花龙牙，多年生草本。根及根状茎具特殊的陈败豆酱气。基生叶成丛，具长柄，叶片卵形；茎生叶对生；常4深裂，两面密被粗毛。花小，黄色，顶生伞房聚伞花序，花序梗一侧有白色硬毛；花冠5裂，基部有小偏突；雄蕊4枚；子房下位。瘦果，有翅状窄边。全国广布。生于山坡草丛、灌木丛中。全草能清热解毒，消肿排脓，祛痰止咳。见图15-122。

图15-121 蜘蛛香

图15-122 黄花败酱

同属植物白花败酱 *P. villosa*（Thunb.）Juss. 与黄花败酱区别点是：茎枝具倒生白色粗毛。茎上部叶不裂或仅有1~2对狭裂片。花白色。瘦果与宿存增大的圆形苞片贴生。功效同黄花败酱。见图15-123。

图 15-123 白花败酱

16. 葫芦科 Cucurbitaceae $♂ * K_{(5)} C_{(5)} A_{5,(3\sim5)}$；$♀ * K_{(5)} C_{(5)} \overline{G}_{(3:1:\infty)}$

【形态特征】草质藤本，具卷须。叶互生，无托叶，常单叶，掌状分裂，有时为鸟趾状复叶。花单性，辐射对称，同株或异株；花萼和花冠裂片 5，稀为离瓣花冠；雄花中的雄蕊常为 3 或 5，分离或合生；雌花中的雌蕊通常由 3 心皮合生，子房下位，常为 1 室，侧膜胎座，稀 3 室。瓠果。

【分布】本科 113 属，约 800 种。我国有 32 属，154 种 35 变种。全国均有分布，主产于南部和西南部。已知药用 25 属，92 种。

【药用植物】

栝楼

栝楼 *Trichosanthes kirilowii* Maxim. 多年生草质藤本。块根圆柱状，肥厚。茎较粗，多分枝。叶近心形，常 3~9 掌状浅裂至中裂，中裂片菱状倒卵形、长圆形，先端钝。花雌雄异株；雄花成总状花序；雌花单生；花冠白色，中部以上细裂成流苏状；雄花有雄蕊 3 枚。瓠果椭圆形或圆形，成熟时黄褐色。种子扁平，浅棕色。分布于我国长江以北等地。生于杂草丛、林缘，现多栽培。根（天花粉）入药，有清热泻火，生津止渴功效；果实（瓜蒌）能清热涤痰，宽胸散结，润燥滑肠；种子（瓜蒌子）能润肺化痰，润肠通便；果皮（瓜蒌皮）能清热化痰，利气宽胸。见图 15-124。

同属植物双边栝楼（中华栝楼）*T. rosthornii* Harms 与栝楼主要区别是：叶通常 5 深裂几达基部，中部裂片 3，裂片条形或倒披针形。种子距边缘稍远处具一圈明显的棱线。分布于甘肃、陕西、湖北、四川等地。生于山谷、山坡。药用部位和功效同栝楼。见图 15-125。

图 15-124 栝楼

图 15-125 双边栝楼

绞股蓝 *Gynostemma pentaphyllum*（Thunb.）Makino 草质藤本。茎细弱，具分枝。叶鸟足状，具 3~9 小叶，具柔毛；小叶柄略叉开。花雌雄异株；雌、雄花序均为圆锥状；花萼、花冠均5裂；雄蕊5，联合成柱。瓠果球形，成熟后黑色，无毛；种子心形，褐色。分布于长江以南各地。生于山间阴湿处。全草（绞股蓝）能消炎解毒，止咳祛痰。见图15-126。

雪胆（苦金盆）*Hemsleya chinensis* Cogn. ex Forbes et Hemsl.　多年生草质藤本。茎纤细，具卷须。叶为趾状复叶，有5~9小叶。花雌雄异株；雌雄花序均为圆锥状，花萼、花冠5裂。瓠果椭圆形，单生；果柄弯曲。种子黑褐色。分布于四川、湖北等地。生于林下、沟边等地。块根（雪胆）能清热解毒，健胃止痛。见图15-127。

图15-126　绞股蓝

图15-127　雪胆

本科药用植物还有木鳖 *Momordica cochinchinensis*（Lour.）Spreng.，成熟种子（木鳖子）能散结消肿，攻毒疗疮；有毒。丝瓜 *Luffa cylindrica*（L.）Roem.，成熟果实的维管束（丝瓜络）能清热化痰；根（丝瓜根）能通络消肿、凉血解毒。南瓜 *Cucurbita moschata*（Duch. ex Lam.）Duch. ex Poir.，茎（南瓜藤）能清肺，和胃，通络；瓜蒂（南瓜蒂）能解毒，利水，安胎；新鲜或干燥花（南瓜花）能清湿热，消肿毒；新鲜果瓤（南瓜瓤）能解毒，敛疮；新鲜或干燥根（南瓜根）能利湿热，通乳汁；种子（南瓜子）能杀虫，下乳，利水消肿；新鲜或干燥叶片（南瓜叶）能清热，解暑，止血。见图15-128。王瓜 *Trichosanthes cucumeroides*（Ser.）Maxim.，成熟果实（王瓜）能清热，化瘀，通乳。见图15-129。苦瓜 *Momordica charantia* L.，根（苦瓜根）能清热解毒。见图15-130。西瓜 *Citrullus lanatus*（Thunb.）Matsum. et Nakai，成熟新鲜果皮和皮硝混合制成的白色结晶性粉本（西瓜霜）能清热泻火，消肿止痛。罗汉果 *Siraitia grosvenorii*（Swingle）C. Jeffrey ex Lu et Z. Y. Zhang，果实（罗汉果）能润肺，利咽开音。土贝母 *Bolbostemma paniculatum*（Maxim.）Franquet，块茎（土贝母）能散结，解毒，消肿。

图15-128　南瓜

图15-129　王瓜

图 15-130 苦瓜

17. 桔梗科 Campanulaceae ⚥ $* \uparrow K_{(5)} C_{(5)} A_5 \overline{G}_{(2\sim5:2\sim5:\infty)} \underline{\overline{G}}_{(2\sim5:2\sim5:\infty)}$

【形态特征】草本，常具乳汁。单叶互生，少为对生或轮生。花两性，常集成聚伞花序，有时单生；辐射对称或两侧对称；花萼 5 裂，宿存；花冠 5 裂；雄蕊 5，分离或合生；雌蕊由 2~5 心皮合生，子房常为下位或半下位，常 3 室，每室胚珠多数。蒴果，稀为浆果。种子多数，具胚乳。

【分布】本科 60 属，约 2000 种。我国有 16 属，170 种；主产于西南各省；药用 13 属，112 种。

【药用植物】

桔梗

桔梗 ***Platycodon grandiflorum*** **(Jacq.) A. DC.** 草本，通常无毛，具白色乳汁。根肥大肉质，长圆锥形。叶轮生、无柄；叶片卵状披针形，边缘有不整齐的锐锯齿。花单朵顶生，或数朵集成假总状花序；花萼钟状；花冠大，蓝色或蓝紫色；雄蕊 5。蒴果球形，顶部 5 裂。分布于全国各地，多为栽培。生于山坡、草丛或沟旁。根（桔梗）能止咳，祛痰。见图 15-131。

党参 ***Codonopsis pilosula*** **(Franch.) Nannf.** 多年生缠绕草本，幼嫩部分有细白毛。根圆柱状，茎基具多数瘤状茎痕。叶互生，叶柄具短刺毛；叶片卵形或狭卵形，两面被毛。花 1~3 朵生于分枝顶端；花 5 数；萼裂片狭矩圆形，长为宽的 3 倍以上；花冠阔钟状，内有紫斑；子房半下位，柱头 3。蒴果圆锥形。分布于四川、云南、西藏、甘肃、河南等地。生于灌木杂草丛、林边。全国各地多有栽培。根（党参）能健脾益肺，养血生津。见图 15-132。

图 15-131 桔梗

图 15-132 党参

同属素花党参 *C. pilosula* Nannf. var. *modesta* (Nannf) L. T. Shen 与党参主要区别是叶仅在幼时上面有疏毛，老时脱落。萼裂片近三角形，长约为宽的 2 倍。分布于四川、青海、甘肃。与川

党参 *C. tangshen* Oliv. 主要区别：植株除叶片两面密被柔毛，全体几近光滑无毛。花萼几乎完全不贴生于子房上，几乎全裂。生于山地林边或灌丛中。产于四川、贵州、湖北、湖南及陕西。以上两种植物根亦作党参药用。

半边莲 *Lobelia chinensis* Lour.　多年生草本。茎细弱，匍匐，节上生根，无毛。叶互生，无柄或近无柄，椭圆状披针形至条形，无毛。花单生于叶腋；花冠粉红色或白色，二唇形，花瓣5片类如莲花瓣，因花瓣均偏向一侧而得名；花丝中部以上连合，花丝筒无毛；子房下位，2室。蒴果倒锥状。种子椭圆状，稍扁压。分布于长江中、下游。生于水田边、沟边及潮湿草地上。全草（半边莲）能清热解毒，利尿。见图15-133。

图15-133　半边莲

本科药用植物还有轮叶沙参 *Adenophora tetraphylla*（Thunb.）Fisch.和沙参 *A. stricta* Miq. 的根（南沙参）能养阴清肺，益胃生津，化痰，益气。

18. 菊科 Asteraceae（Compositae）　$⚥ * \uparrow K_{0,\infty} C_{(3\sim5)} A_{(4\sim5)} \bar{G}_{(2:1:1)}$

【形态特征】常为草本，稀木本，有的具乳汁或树脂道。叶常互生，稀对生或轮生，无托叶。花两性或单性，极少有单性异株，辐射对称或两侧对称；小花同型（头状花序中小花全为管状花或全为舌状花）或异型（头状花序中小花外围为舌状花，中央为管状花）；头状花序外有总苞围绕，或由头状花序再集成总状、伞房状花序。花萼不发育，常退化为冠毛；花冠常呈管状或舌状，稀为假舌状、二唇形或漏斗状，3~5裂；雄蕊常5，为聚药雄蕊，着生于花冠筒上；雌蕊由2心皮合生，子房下位，1室，每室1枚胚珠，柱头2裂。连萼瘦果。

【分布】菊科是被子植物第一大科，约1000属，25000~30000种。我国有200余属，约2300种；主产于全国各地；已知药用155属，778种。本科通常分为两个亚科。

1. 头状花序仅有管状花或兼有舌状花；植物体不含乳汁……………………………管状花亚科 Asteroideae
1. 头状花序仅有舌状花；植物体含乳汁……………………………………………舌状花亚科 Liguliflorae

【药用植物】

菊 *Chrysanthemum morifolium* Ramat.　多年生草本。茎基部木质，全体被白色绒毛。叶卵形至披针形，边缘有锯齿或羽裂，有短柄。头状花序具多层苞片，单个或数个集生于茎枝顶端；边缘为舌状花，雌性；中央为管状花，两性，黄色。瘦果，无冠毛。全国各地均有栽培。因产地与加工方法不同，分为“亳菊”“滁菊”“贡菊”“杭菊”。头状花序（菊花）能散风清热，平肝明目，清热解毒。见图15-134。

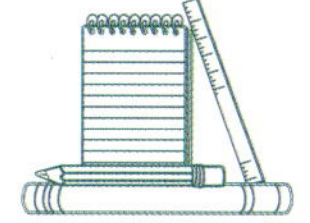

野菊 *C. indicum* L.　多年生草本。茎直立，被稀疏的毛。叶卵形、长卵形或椭圆状卵形，

羽状半裂、浅裂或分裂不明显而边缘有浅锯齿；两面同色，淡绿色，有稀疏的短柔毛。头状花序小，多数在茎枝顶端排成疏松的伞房圆锥花序或少数在茎顶排成伞房花序。总苞片约5层，边缘白色；舌状花黄色。瘦果。分布于全国。头状花序（野菊花）能清热解毒，泻火平肝。见图15-135。

野菊与菊的主要区别是：头状花序较小；舌状花一层，黄色；管状花基部无托叶。

图15-134　菊

图15-135　野菊

红花

红花 *Carthamus tinctorius* L.　一年生草本。叶互生，长椭圆形或卵状披针形，叶缘齿端有尖刺。头状花序外侧总苞片2~3层，卵状披针形，上部边缘有锐刺，内侧数列，卵形，无刺；花序中全为管状花，初开时黄色，后变为红色。瘦果无冠毛。全国大部分地区有栽培，主产于河南、湖北、四川、浙江。花（红花）能活血通经，散瘀止痛。见图15-136。

白术 *Atractylodes macrocephala* Koidz.　多年生草本。根状茎结节状。茎直立光滑无毛。叶为羽状全裂，纸质，无毛，边缘或裂片边缘有长或短针刺状缘毛或细刺齿。头状花序单生于茎枝顶端。苞叶绿色，针刺状。苞片有白色蛛丝毛。瘦果，具白色的长直毛。分布于江西、浙江及四川等地。生于山坡、路边及草地。根茎（白术）能益气健脾，燥湿利水。见图15-137。

图15-136　红花

图15-137　白术

茅苍术

茅苍术 *A. lancea*（Thunb.）DC.　多年生草本。茎直立或上部少分枝。叶互生，革质，卵状披针形或椭圆形，边缘具刺状齿，上部叶多不裂，无柄；下部叶常3裂，有柄或无柄。头状花序直径1~2cm，顶生，下有羽裂叶状总苞一轮；总苞圆柱形，总苞片6~8层；花两性与单性，多异株；两性花有羽状长冠毛；花冠白色，细长管状。瘦果被黄白色毛。根茎（苍术）能燥湿健脾，祛风散寒，明目。

北苍术 ***A. chinensis*** **(DC.) Koidz.**　与茅苍术主要区别是：叶片较宽，卵形或狭卵形，常羽状 5 浅裂，边缘有不连续的刺状牙齿。分布于东北、华北及山东、河南、陕西等地。生于低山阴坡、梁岗、草丛及灌丛中。根茎亦作苍术药用。

木香 ***Aucklandia lappa*** **Decne.**　又名云木香、广木香，多年生高大草本。主根粗壮，干后芳香。基生叶片巨大，三角状卵形，边缘有不规则浅裂或呈波状，疏生短齿，叶基下延成翅；茎生叶互生。头状花序具总苞片约 10 层；花序中全为管状花，花冠暗紫色。瘦果有冠毛。西藏南部有分布，云南、四川等地有栽培。根（木香），能行气止痛，健脾消食。

千里光 ***Senecio scandens*** **Buch.-Ham.**　多年生攀缘草本。根状茎粗。茎弯曲，多分枝。叶片卵状披针，顶端渐尖，基部宽楔形，具浅或深齿；上部叶小，披针形。头状花序；总苞圆柱状钟形；花冠黄色。瘦果圆柱形；冠毛白色。分布于西藏、贵州、云南、安徽、陕西等地。生于林下、灌丛中及溪边。全草（千里光）能清热解毒，凉血消肿。见图 15-138。

旋覆花 ***Inula japonica*** **Thunb.**　多年生草本。茎单生，有细沟。叶互生，无柄，下面有疏伏毛和腺点。头状花序；花序梗细长；总苞片约 6 层；舌状花黄色。瘦果圆柱形，有 10 条沟，顶端截形，被疏短毛，冠毛白色。分布于东北部、中部、东部等地。生于山坡、路旁、砂质草地及沼泽地。地上部分（金沸草）能降气，消痰；头状花序（旋覆花）能降气，消痰，止呕。见图 15-139。

同属欧亚旋覆花 *Inula Britannica* L. 与旋覆花主要区别是：叶片长圆或椭圆状披针形，基部宽大，心形，有耳，半抱茎。头状花序亦作旋覆花药用。

图 15-138　千里光

图 15-139　旋覆花

苍耳 ***Xanthium sibiricum*** **Patr. ex Widder**　一年生草本。根纺锤状。茎直立，下部圆柱形，上部有纵沟，被灰白色粗伏毛。叶三角状卵形或心形，上面绿色，下面苍白色，被粗伏毛。头状花序，花冠钟形，外层总苞片小，内层总苞片结合成囊状；瘦果，具喙及钩状的刺。分布于全国各地。生于荒野路边、田边。成熟带总苞的果实（苍耳子）能散风除湿，通鼻窍。见图 15-140。

牛蒡 ***Arctium lappa*** **L.**　两年生草本。茎直立，紫红色，具乳突状短毛。叶上面绿色，下面灰白色，被薄绒毛及黄色小腺点。头状花序；总苞片多层，近等长，顶端有软骨质钩刺。瘦果，冠毛多层，浅褐色。分布于全国各地。生于山坡、杂草丛、河边潮湿地、村庄路旁或荒地。根（牛蒡根）能祛风热，消肿毒；茎叶（牛蒡茎叶）能清热，消肿；成熟果实（牛蒡子）能疏散风热，解毒利咽。见图 15-141。

图 15-140　苍耳

图 15-141　牛蒡

佩兰 *Eupatorium fortunei* Turcz.　多年生草本。茎直立，具短柔毛。叶光滑，无毛，边缘有粗齿或不规则的细齿。头状花序；总苞钟状，2~3 层，覆瓦状排列，紫红色；花冠白色。瘦果，5 棱；冠毛白色。多为栽培。生于路边、灌丛及山沟。地上部分（佩兰）能芳香化湿，醒脾开胃，发表解暑。见图 15-142。

黄花蒿 *Artemisia annua* L.　一年生草本，全株具浓烈气味。茎单生，有纵棱。叶通常三回羽状深裂。头状花序，细小，排成圆锥状；小花黄色，全为管状花；外层雌性，内层两性。分布于全国。生于路旁、山坡、林缘。地上部分（青蒿）能清虚热，除骨蒸，截疟退黄。见图 15-143。

图 15-142　佩兰

图 15-143　黄花蒿

知识链接

屠呦呦与中药青蒿

中药“青蒿”基原植物是黄花蒿 *Artemisia annua* L.，含有青蒿素，具有抗疟作用。植物青蒿 *A. caruifolia* Buch. -Ham. ex Roxb. 虽然是黄花蒿的近亲，但不含青蒿素，并无抗疟作用，其中文名源自日本学者的误用和中国学者的沿袭。

20 世纪 70 年代，我国科学家首次从黄花蒿茎叶中分离出青蒿素（Arteannuin），该物质具有高效抗疟活性。后制备了效果更好的双氢青蒿素、蒿甲醚、青蒿琥酯、蒿乙醚等青蒿素衍生物用于疟疾的临床治疗。

2015 年中国中医科学院的屠呦呦研究员获得诺贝尔生理学或医学奖，以表彰她发现青蒿素及其衍生物等的卓越成就，挽救了全球特别是发展中国家无数被疟疾困扰的人的生命。这是中国科学家在中国本土进行的科学研究首次获诺贝尔科学奖。

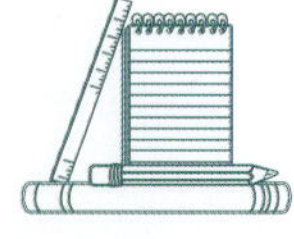

艾 ***A. argyi*** **Levl. et Van.** 多年生草本，有浓烈香气。茎单生，具纵棱。叶上面被灰白色短柔毛，背面密被灰白色蛛丝状密绒毛。头状花序；总苞片3~4层，覆瓦状排列。瘦果。分布于全国各地。生于路旁、荒地及山坡等。叶（艾叶）能温经止血，散寒止痛。见图15-144。

刺儿菜 ***Cirsium setosum*** **(Willd.) M. B.** 多年生草本。茎直立，上部有分枝。叶椭圆形，无叶柄，叶缘具细密针刺；羽状浅裂，两面无毛。头状花序单生茎端；总苞卵形，约6层，覆瓦状排列；花冠紫红色或白色，两性花。瘦果淡黄色，压扁。分布于全国大部分地区。生于山坡、荒地、田间等。地上部分（小蓟）能凉血止血，祛瘀消肿。见图15-145。

刺儿菜

图15-144 艾

图15-145 刺儿菜

蒲公英 ***Taraxacum mongolicum*** **Hand.-Mazz.** 多年生草本。根圆柱形，粗壮。叶基生，莲座状；叶缘有时具波状齿或羽状深裂，疏被蛛丝状白色柔毛。头状花序单一，顶生；舌状花黄色。瘦果倒卵状披针形，上部具小刺，下部具成行排列的小瘤；冠毛白色。全国均有分布。生于山坡、路边、草地。全草（蒲公英）能清热解毒，消肿散结。见图15-146。

蒲公英

本科药用植物还有款冬 *Tussilago farfara* L.，花蕾（款冬花）能止咳化痰，润肺下气。蓍 *Achillea alpina* L.，地上部分（蓍草）能活血止痛，利湿解毒。一枝黄花 *Solidago decurrens* Lour.，全草（一枝黄花）能清热解毒，疏散风热。紫菀 *Aster tataricus* L. f.，根和根状茎（紫菀）能润肺下气，消痰止咳。艾纳香 *Blumea balsamifera* (L.) DC.，新鲜叶提取制成的结晶（左旋冰片）能清热止痛，开窍醒神。天名精 *Carpesium abrotanoides* L.，果实（鹤虱）能杀虫消积，全草（天名精）亦可药用。见图15-147。

紫菀

图15-146 蒲公英

图15-147 天名精

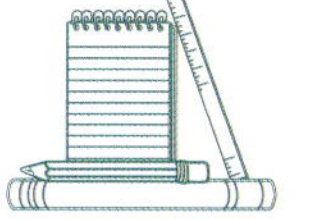

二、单子叶植物纲

1. 禾本科 Poaceae（Gramineae） $⚥ * P_{(2\sim3)}A_{3,1\sim6}\underline{G}_{(2\sim3:1:1)}$

【形态特征】多为草本，有时为木本（竹类）。具根状茎。茎直立，一般明显具节和节间，中空，特称为秆。单叶互生，排成2列；叶由叶片、叶鞘和叶舌三部分组成；叶片呈带形、条形或披针形，具明显中脉及平行脉；叶鞘抱秆，一侧开裂，顶端两侧各伸出一耳状突出物，称为叶耳；叶片与叶鞘连接处的内侧有叶舌。花小，两性。雄蕊通常3枚，花丝细长，花药丁字形着生；雌蕊1，子房上位，胚珠1。颖果。

【分布】本科约700属，11000余种。我国约200属，1800余种；主产于全国各省区；已知药用85属，173种。

【药用植物】

淡竹叶 ***Lophatherum gracile*** **Brongn.** 多年生草本，须根中部膨大呈纺锤形小块根。秆直立。叶鞘平滑，具纤毛；叶舌，褐色；叶片披针形，基部收窄成柄状。圆锥花序；小穗线状披针形，具极短柄。颖果。分布于江西、安徽、贵州及四川等地。生于山坡、路边及林地。茎叶（淡竹叶）能清热除烦，利尿。见图15-148。

淡竹叶

淡竹 ***Phyllostachys nigra*** **(Lodd.) Munro var.** ***henonis*** **(Mitf.) Staif ex Rendle** 乔木状，秆散生，在分枝一侧的节间有明显的沟槽。秆环和箨环均隆起。箨鞘黄绿至淡黄绿色，有灰黑色的斑点及条纹。箨叶长披针形。小枝具叶1~5片，叶片狭披针形。花枝呈穗状。分布于黄河流域至长江流域各地。生于平原、丘陵等地。茎秆的干燥中间层（竹茹）能清热化痰，除烦止呕。见图15-149。

图15-148 淡竹叶

图15-149 淡竹

白茅 ***Imperata cylindrica*** **Beauv. var.** ***major*** **(Nees) C. E. Hubb.** 多年生草本。根状茎细长、横走。秆直立，具节，节上有柔毛。叶片条状披针形，叶鞘聚集于秆基，叶舌膜质。圆锥花序；雄蕊2枚；花柱基部连合，柱头2。颖果。全国均有分布。生于向阳山坡。根茎（白茅根）能凉血止血，清热利尿。见图15-150。

薏苡

薏米 ***Coix lacryma-jobi*** **L. var.** ***ma-yuen*** **(Roman.) Stapf** 一年或多年生粗壮草本。须根黄白色，海绵质。秆直立，具10多节，多分枝。叶互生；叶片条状披针形，叶舌短，叶鞘抱茎。总状花序腋生成束；雌小穗外面包以骨质念珠状之总苞。颖果小。全国各地均有栽培或野生；多生于山谷、河沟或易受涝的农田等地。成熟种仁（薏苡仁）能利水渗湿，健脾止泻，除痹，排脓，解毒散结。见图15-151。

图 15-150　白茅

图 15-151　薏米

本科药用植物还有芦苇 *Phragmites communis* Trin.，根茎（芦根）能清热泻火，生津止渴，止呕，利尿。见图 15-152。青皮竹 *Bambusa textilis* McClure，分泌液干燥后的块状物（天竺黄）能清热豁痰，凉心定惊。

图 15-152　芦苇

2. 天南星科　Araceae

$$♂ * P_0A_{(1\sim8),(\infty),1\sim8,\infty}\;;\;♀ * P_0\underline{G}_{(1\sim\infty:1\sim\infty)}\;;\;⚥ * P_{4\sim6}A_{4\sim6}\underline{G}_{(1\sim\infty:1\sim\infty)}$$

【形态特征】 多年生草本植物，具块茎或伸长的根茎。单叶或复叶，常基生，叶柄基部或一部分鞘状；网状脉。肉穗花序，基部有一大型佛焰苞。花小，两性或单性。单性花无花被；两性花常具花被片 4~6，鳞片状，花药 2 室；雄蕊 4 或 6；雌蕊子房上位。浆果，密集生于花序轴上。

【分布】 本科 115 属，2000 余种。我国 35 属，210 余种；主产于华南、西南各地；已知药用 22 属，106 种。

【药用植物】

天南星 *Arisaema erubescens* (Wall.) Schott　多年生草本。具块茎，扁球形。叶 1，中部以下具鞘；叶片放射状分裂。具大型佛焰苞，绿色，背面有清晰的白色条纹。肉穗花序单性；雄花具短柄，淡绿色、紫色至暗褐色，雄蕊 2~4；雌花子房卵圆形，柱头无柄。浆果，红色，种子 1~2，球形，淡褐色。分布几遍全国。生于林下阴湿地。块茎（天南星）能散结消肿；块茎炮制加工品（制天南星）能燥湿化痰，祛风止痉，散结消肿；制天南星的细粉与牛、羊或猪胆汁经过加工（胆南星）能清热化痰，息风止痉。见图 15-153。

天南星

同属植物异叶天南星 *A. heterophyllum* Blume. 与天南星的主要区别是：叶片鸟足状分裂，裂片 13~21，中间 1 片小。分布于除西藏及西北地区外，其他省区均有分布。生于林下阴湿地。入药部位和功效同天南星。见图 15-154。

图 15-153　天南星

图 15-154　异叶天南星

同属植物东北天南星 *A. amurense* Maxim. 与天南星的主要区别是：小叶片 5。分布于东北、华北各地。生于林下或沟旁。入药部位和功效同天南星。见图 15-155。

图 15-155　东北天南星

半夏

半夏 ***Pinellia ternata*** **(Thunb.) Breit.**　草本。块茎圆球形，具须根。叶 2~5 枚，有时 1 枚。叶柄基部具鞘，鞘内、鞘部以上或叶片基部（叶柄顶头）有直径 3~5mm 的珠芽；幼苗叶片全缘单叶；老株叶片 3 全裂。佛焰苞绿色或绿白色；肉穗花序。浆果黄绿色。除青海、新疆、内蒙古、西藏之外，其他各省区均有分布。生于玉米地、田边、草坡或荒地等。块茎（半夏）能燥湿化痰，降逆止呕，消痞散结。见图 15-156。

图 15-156　半夏

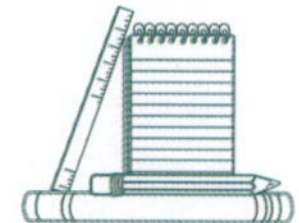

石菖蒲 ***Acorus tatarinowii*** **Schott**　多年生草本。根茎具浓烈香气，肉质，具多数须根。叶无柄，上延几达叶片中部；叶片线形，平行脉多数，稍隆起。具叶状佛焰苞；肉穗花序圆柱状。花白色。浆果红色。分布于黄河以南各省区。生于山谷溪沟及湿地。根茎（石菖蒲）能开窍豁痰，醒神益智，化湿开胃。见图 15-157。

石菖蒲

本科药用植物还有掌叶半夏 *Pinellia pedatisecta* Schott，块茎（虎掌南星）能燥湿化痰，降逆止呕。独角莲 *Typhonium giganteum* Engl. 块茎（白附子）有毒，能祛风痰，定惊搐，解毒散结。千年健 *Homalomena occulta*（Lour.）Sdhott，根（千年健）能祛风湿，强筋骨。魔芋 *Amorphophallus rivieri* Durieu，块茎（魔芋）能解毒消肿。见图 15-158。

图 15-157 石菖蒲

图 15-158 魔芋

3. 百合科 Liliaceae ⚥ $* P_{3+3,(3+3)} A_{3+3} \underline{G}_{(3:3:1\sim\infty)}$

【形态特征】多为草本，少为木本。具鳞茎、球茎、根状茎或块根。茎直立或攀缘状。单叶，基生或茎生，少数对生或轮生，少数退化成鳞片状。花两性，辐射对称；花序总状、圆锥或穗状花序；花被片 6，离生，花冠状；雄蕊 6；子房上位，3 心皮组成 3 室，中轴胎座，胚珠多数。蒴果或浆果，少为坚果。

【分布】本科约 233 属，3500 余种。我国有 60 属，570 余种；主产于西南各省区。已知药用植物 52 属，374 种。

【药用植物】

百合 *Lilium brownii* F. E. Brown var. *viridulum* Baker 多年生草本。鳞茎球形。茎具紫色条纹及小乳头状突起。叶披针形至条形，全缘，无毛。花单生或几朵排成近伞形；苞片披针形；花喇叭形，有香气，乳白色，外面稍带紫色；雄蕊向上弯；花药长椭圆形；子房圆柱形，柱头 3 裂。蒴果矩圆形，具棱。分布于全国各地。生于山坡、路边或草地。肉质鳞叶（百合）能养阴润肺，清心安神。见图 15-159。

图 15-159 百合

同属植物卷丹 *L. lancifolium* Thunb. 为多年生草本。鳞茎近球形。茎带紫色条纹，具白色绵毛。叶披针形，上部叶腋有紫褐色珠芽。花 3~6 朵；苞片叶状；花梗紫色；花被反卷，橙红色，有紫黑色斑点。蒴果。分布于全国大部分省区。生于山坡、林下或路边。入药部位和功效同百合。见图 15-160。

卷丹

同属植物细叶百合（山丹）*L. pumilum* DC. 与上二种的主要区别是：叶片条形。花鲜红色，无斑点。分布于西北、华北、东北等地区。入药部位和功效同百合。

图 15-160　卷丹

黄精 *Polygonatum sibiricum* Red.　多年生草本。根状茎结节膨大，“节间”一头粗、一头细，在粗的一头有短分枝称为鸡头黄精。叶轮生，条状披针形，先端拳卷或弯曲成钩。伞形花序。浆果成熟时黑色。分布于东北、西北等地。生于林下或阴湿处。根茎（黄精）能补气养阴，健脾润肺。见图 15-161。

多花黄精

同属植物多花黄精 *P. cyrtonema* Hua 为多年生草本。根状茎结节状。叶互生，椭圆形。伞形花序；花被黄绿色；花丝具乳头状突起，顶端稍膨大乃至具囊状突起。浆果成熟时黑色。分布于贵州、四川、湖南、江西、江苏、浙江等地。生于林下或阴湿处。药用部位和功效同黄精。见图 15-162。

同属植物滇黄精 *P. kingianum* Coll. et Hemsl.，根状茎肥厚，结节可长达 10cm 以上。叶轮生，条形，先端拳卷。浆果红色。分布于贵州、四川及云南。生于林下或阴湿处。药用部位和功效同黄精。

图 15-161　黄精

图 15-162　多花黄精

玉竹

玉竹 *P. odoratum* (Mill.) Druce　多年生草本。根状茎圆柱形。叶互生，先端不卷曲。浆果成熟时蓝黑色。全国大部分省区均有分布。生于林下或阴湿处。根茎（玉竹）能养阴润燥，生津止渴。见图 15-163。

七叶一枝花 *Paris polyphylla* Smith var. *chinensis* (Franch.) Hara　多年生草本植物。根状茎密生多数环节和须根。茎紫红色。叶常 7 枚；叶柄明显，带紫红色。外轮花被片绿色，狭卵状披针形；内轮花被片狭条形；雄蕊 8~12 枚，花药短，与花丝近等长或稍长。蒴果紫色，3~6 瓣裂开。分布于贵州、四川、云南及西藏。生于林下。根茎（重楼）能清热解毒，消肿止疼，凉肝定惊。见图 15-164。

图 15-163 玉竹

图 15-164 七叶一枝花

同属植物云南重楼 *P. yunnanensis*（Franch.）Hand.-Mazz.与七叶一枝花区别是：花药黄色或金黄色，长于花丝 2~3 倍。分布于云南、贵州、四川。药用部位和功效同七叶一枝花。

光叶菝葜 *Smilax glabra* Roxb. 攀缘灌木。根状茎块状，枝条光滑，无刺。叶薄革质，狭椭圆状披针形，下面通常绿色，有时带苍白色；具卷须，脱落点位于近顶端。伞形花序；花序托膨大，连同小苞片呈莲座状；花绿白色。浆果，熟时紫黑色，具粉霜。分布于长江流域以南各省区。生于林中、灌丛下。根茎（土茯苓）能解毒，除湿，通利关节。见图 15-165。

浙贝母 *Fritillaria thunbergii* Miq. 草本。无被鳞茎大，直径 1.5~4cm，由 2~3 枚鳞叶组成。叶对生、散生或轮生，条形至披针形。花淡黄色，有时稍带淡紫色；苞片先端卷曲；花丝无小乳突。蒴果，棱上具翅。分布于江苏、浙江和湖南。生于山丘或竹林下。鳞茎（浙贝母）能清热化痰，解毒，散结消痈。见图 15-166。

图 15-165 光叶菝葜

图 15-166 浙贝母

天门冬 *Asparagus cochinchinensis*（Lour.）Merr. 攀缘植物。纺锤状块根。茎平滑，分枝具棱或狭翅。叶状枝每 3 枚成簇，镰刀状；茎上的鳞片状叶基部延伸为硬刺，在分枝上的刺较短或不明显。花通常每 2 朵腋生，淡绿色。浆果熟时红色。全国大部分地区有分布。生于林下、山坡及路旁。块根（天冬）能养阴润燥，清肺生津。见图 15-167。

图 15-167 天门冬

天门冬

麦冬

麦冬 *Ophiopogon japonicus*（L. F.）Ker-Gawl. 多年生草本。具纺锤形小块根；地下茎细长，节上具膜质的鞘。叶基生成丛，禾叶状。几朵至十几朵花组成总状花序；苞片披针形；花被片披针形；花药三角状披针形。浆果球形，成熟时紫蓝色或蓝黑色。分布于我国大部分地区。生于山坡阴湿处或溪旁。块根（麦冬）能养阴生津，润肺清心。见图 15-168。

图 15-168 麦冬

本科药用植物还有萱草 *Hemerocallis fulva* L.，分布于我国大部分地区，根（萱草）能清热，利尿，凉血止血。见图 15-169。川贝母 *F. cirrhosa* D. Don，分布于四川，鳞茎（川贝母）能清热润肺，化痰止咳，散结消痈。见图15-170。暗紫贝母 *F. unibracteata* Hsiao et K. C. Hsia，分布于四川西北、青海南部和甘肃南部；甘肃贝母 *F. przewalskii* Maxim.，分布于四川西北、青海南部和甘肃南部；梭砂贝母 *F. delavayi* Franch.，分布于川西、滇西北、青海南部和西藏的高山流石滩上，鳞茎均作川贝母入药。

图 15-169 萱草

图 15-170 川贝母

4. 薯蓣科 Dioscoreaceae $♂ * P_{3+3,(3+3)} A_{6};\ ♀ * P_{3+3,(3+3)} \overline{G}_{(3:3:2)}$

【形态特征】多年生缠绕草质或木质藤本。具根状茎或块茎。叶互生，中部以上常对生；单叶或掌状复叶；叶柄扭转。花单性或两性，雌雄异株，辐射对称。花被片 6，2 轮排列；雄蕊 6 枚，3 枚退化；子房下位，3 心皮合生成 3 室，每室通常有胚珠 2，花柱 3，分离。蒴果三棱形，每棱翅状。种子常有翅。

【分布】本科约 10 属，650 种。我国仅有薯蓣属，49 种；主产于长江以南各省区；已知药用 37 种。

【药用植物】

薯蓣 *Dioscorea opposita* Thunb. 多年生缠绕草质藤本。具块茎。茎通常紫红色，右旋，无毛。单叶，卵状三角形。叶腋内常有珠芽（零余子）。雌雄异株。雄花序为穗状花序；苞片和花被片有紫褐色斑点。雌花序为穗状花序。蒴果，被白粉。全国大部分地区有分布。生于山坡、林下及灌丛。根茎（山药）能补脾养胃，生津益肺，补肾涩精。见图 15-171。

图 15-171 薯蓣

同属植物黄山药 *D. panthaica* Prain et Burkill 多年生缠绕草质藤本。具根状茎。茎左旋，无毛。单叶互生，叶片三角状心形。花单性，雌雄异株。蒴果三棱形。分布于湖南、贵州、四川及湖北等省区。生于林下、山坡。根状茎（黄山药）能理气止痛，解毒消肿。

同属植物黄独 *D. bulbifera* L. 块茎卵圆状，密被细长须根。茎左旋，光滑无毛。叶片阔心形，叶腋具小块茎。果翅向蒴果的基部延伸，种子生于果实顶端。分布于我国大部分省区。生于河谷、杂木林。块茎（黄药子）能化痰消瘿，清热解毒，凉血止血，有小毒。见图 15-172。

图 15-172　黄独

本科药用植物还有粉背薯蓣 *D. hypoglauca* Palibin，分布于我国南方大部分省区，根茎（粉萆薢）能利湿去浊，祛风除痹。绵萆薢 *D. spongiosa* J. Q. Xi, M. Mizono et W. L. Zhao，分布于浙江、江西、福建、湖南、广东、广西等省区，根茎（绵萆薢）能利湿去浊，祛风除痹。福州薯蓣 *D. futschuensis* Uline ex R. Kunth，分布于浙江、福建、湖南、广东、广西等省区，根茎作绵萆薢入药。

5. 鸢尾科　Iridaceae　$⚥ * \uparrow P_{(3+3)} A_3 \bar{G}_{(3:3:\infty)}$

【形态特征】 多年生、稀为一年生草本。具根状茎、块茎或鳞茎。叶多基生，条形、剑形或丝状，基部鞘状，互相套叠，具平行脉。花两性，辐射对称；常为聚伞或伞房花序，稀单生；花被裂片 6，两轮排列；雄蕊 3；花柱 1，子房下位，3 室，中轴胎座，胚珠多数。蒴果，成熟时室背开裂；种子具附属物或小翅。

【分布】 本科约 60 属，800 种。我国 11 属，70 余种；主产于长江以南各省区；已知药用 8 属，39 种。

【药用植物】

射干 *Belamcanda Chinensis* (L.) DC.　多年生草本。根状茎黄色。叶互生，嵌迭状排列，剑形，基部鞘状抱茎。花序顶生，叉状分枝，每分枝的顶端聚生数朵花；花梗及花序的分枝处均包有膜质苞片；花被裂片 6，2 轮排列；雄蕊 3；花柱顶端 3 裂，子房下位，3 室，中轴胎座，胚珠多数。蒴果，成熟时室背开裂。分布于全国各地。生于山坡、沟谷及滩地。根茎（射干）能清热解毒，消痰，利咽。见图 15-173。

射干

图 15-173　射干

图 15-174　番红花

鸢尾

本科药用植物还有番红花 *Crocus sativus* L.，原产于欧洲，我国引种栽培，花柱及柱头（西红花）能活血化瘀，凉血解毒，解郁安神。见图 15-174。鸢尾 *Iris tectorum* Maxim.，分布于湖北、湖南、广西、甘肃、山西、陕西及西藏等省区，根茎（川射干）能清热解毒，祛痰，利咽。马蔺 *I. lactea* Pall. var. *chinensis*（Fisch.）Kaidz.，分布于全国，生于山坡草地、灌丛，种子（马蔺子）能凉血止血，清热利湿，抗肿瘤。

6. 姜科　Zingiberaceae　⚥↑$\mathrm{K}_{(3)}\mathrm{C}_{(3)}\mathrm{A}_{1}\overline{\mathrm{G}}_{(3:1\sim3:\infty)}$

【形态特征】多年生草本。具根状茎、块茎或块根，具芳香或辛辣味。单叶基生或茎生，茎生者通常 2 列，叶片具羽状平行脉，具叶鞘和叶舌。花两性，两侧对称，具苞片；花被片 6 枚，2 轮，下部合生成管，上部 3 裂，通常位于后方的 1 枚裂片较两侧的大；退化雄蕊 2 或 4 枚，其中外轮 2 枚花瓣状、齿状或缺，内轮 2 枚联合成花瓣状显著而美丽的唇瓣；子房下位，3 室，中轴胎座，胚珠多数。蒴果，稀浆果状。种子具假种皮。

【分布】本科约 51 属，1500 种。我国 19 属，150 余种；主产于东南部至西南部各省区；已知药用 15 属，100 余种。

【药用植物】

姜 *Zingiber officinale* Rosc.　多年生草本。根茎肥厚，具辛辣气味。叶片披针形，无柄；叶舌膜质。穗状花序；苞片绿色至淡红色，顶端有小尖头；花冠黄绿色；唇瓣倒卵状圆形，具紫色条纹及淡黄色斑点。原产于太平洋群岛，我国中部、东南部至西南部各地广为栽培。新鲜根茎（生姜）能解表散寒，温中止呕，化痰止咳，解鱼蟹毒；干燥根茎（干姜）能温中散寒，回阳通脉，温肺化饮；干姜的炮制加工品（炮姜）能温经止血，温中止痛。见图 15-175。

姜黄 *Curcuma longa* L.　多年生草本。根茎发达，具香气。须根末端膨大呈块根。叶 5~7 片，椭圆形，两面无毛。穗状花序圆柱状；苞片卵形，淡绿色，顶端钝；花萼白色，具不等的钝 3 齿，被微柔毛；花冠白色，上部膨大，裂片三角形，具细尖头；唇瓣近圆形。分布于福建、广西、台湾、广东、西藏等省区，常栽培。生于向阳的地方。根茎（姜黄）能有破血行气，通经止痛。块根（郁金、黄丝郁金）能活血止痛，行气解郁，清心凉血，利胆退黄。见图 15-176。

图 15-175　姜

图 15-176　姜黄

同属植物广西莪术 *C. kwangsiensis* S. G. Lee et C. F. Liang，分布于广西、云南等省区，根茎（莪术）能破血行气，消积止痛；块根（郁金、桂郁金）能活血止痛，行气解郁，清心凉血，利胆退黄。蓬莪术 *C. phaeocaulis* Val.，分布于广东、广西、云南、四川、福建、浙江等省区，根茎（莪术）能破血行气，消积止痛；块根（郁金、绿丝郁金）能活血止痛，行气解郁，清心凉血，

利胆退黄。温郁金 *C. wenyujin* Y. H. Chen et C. Liang，主产于浙江，栽培或野生；根茎（莪术、温莪术）能破血行气，消积止痛；块根（郁金、温郁金）能活血止痛，行气解郁，清心凉血，利胆退黄。

阳春砂 *Amomum villosum* Lour.　草本。根茎匍匐。茎散生。中部叶片长披针形，上部叶片线形；叶鞘上有略凹陷的方格状网纹；具叶舌。穗状花序。花萼、花冠白色；唇瓣圆匙形；药隔附属体3裂；腺体2枚；子房被白色柔毛。蒴果椭圆形，表面被不分裂或分裂的柔刺；种子多角形，有浓郁的香气。分布于广东、广西等省区。生于山地阴湿之处。果实（砂仁）能化湿行气，温中止泻，安胎。见图15-177。

益智 *Alpinia oxyphylla* Miq.　多年生草本。根状茎块状。叶片宽披针形，叶舌2裂，被柔毛。总状花序，花蕾时包在一帽状总苞片中；花白色；侧生退化雄蕊钻状，唇瓣倒卵形，3裂，先端皱波状，粉红色，有红色条纹；子房密被绒毛。果实椭圆形或纺锤形，果皮上有隆起的维管束条纹，不开裂。主产于海南和广东西部地区。生于林下阴湿处。果实（益智）能暖肾固精缩尿，温脾止泻摄唾。见图15-178。

图15-177　阳春砂

图15-178　益智

本科药用植物还有草豆蔻 *Alpinia katsumadai* Hayata，分布于广西、广东、海南等省区，近成熟种子（草豆蔻）能燥湿行气，温中止呕。山柰 *Kaempferia galanga* L.，分布于广西、广东、云南、福建、台湾等省区，根茎（山柰）能行气温中，消食，止痛。高良姜 *Alpinia officinarum* Hance，分布于广西、广东、云南等省区，根茎（高良姜）能温胃止呕，散寒止痛。见图15-179。草果 *Amomum tsao-ko* Crevost et Lemarie 分布于贵州、广西、云南等省区。果实（草果）能燥湿温中、除痰截疟。见图15-180。

图15-179　高良姜

图15-180　草果

7. 兰科　Orchidaceae　$\male\!\!\!\!\!\female \uparrow P_{3+3}A_{1\sim2}\overline{G}_{(3:1:\infty)}$

【形态特征】多年生草本，地生、附生或腐生。地生及腐生具根状茎或块茎，附生者具肉质假鳞茎。单叶互生，排成 2 列，有时退化成鳞片状，基部常有叶鞘。总状花序、圆锥花序、头状花序或单花；花两性，两侧对称；花被片 6，2 轮，花瓣状，外轮 3，上方中央 1 片称中萼片，下方两侧的 2 片称侧萼片；内轮 3，侧生的 2 片称花瓣，中间的 1 片特称为唇瓣，唇瓣常有艳丽的色彩，常 3 裂或中部缢缩而成上、下唇，由于子房 180°扭转使唇瓣由近轴方转至远轴方；雄蕊和雌蕊形成合蕊柱，半圆柱与唇瓣对生；雄蕊 1 枚，位于合蕊柱顶端，少 2 枚，位于合蕊柱两侧，花药 2 室，花粉通常黏合成团块，称花粉块；子房下位，3 心皮合生成 1 室，侧膜胎座，含多数微小胚珠。蒴果。种子极多，微小粉末状，无胚乳。见图 15-181。

【分布】本科约 700 属，20000 余种。我国 171 属，1200 余种；主产于云南、海南、台湾等省区；已知药用 76 属，280 余种。

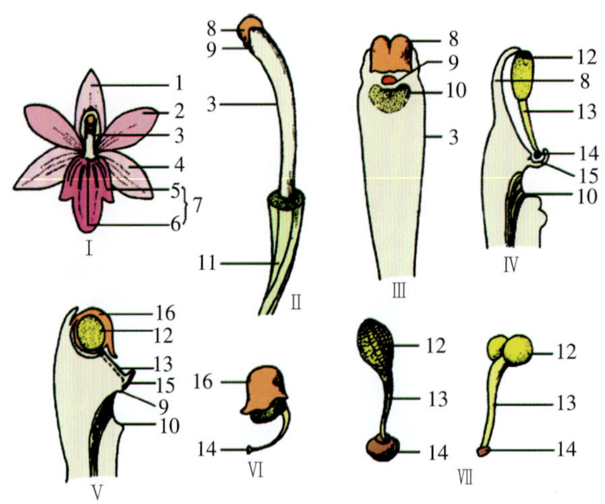

图 15-181　兰科植物花的构造

Ⅰ. 兰花的花被片各部分示意　Ⅱ. 子房及合蕊柱　Ⅲ. 合蕊柱全形　Ⅳ、Ⅴ. 合蕊柱纵切　Ⅵ. 花药　Ⅶ. 花粉块

1. 中萼片　2. 花瓣　3. 合蕊柱　4. 侧萼片　5、6. 侧裂片及中裂片　7. 唇瓣　8. 花药　9. 蕊喙

10. 柱头　11. 子房　12. 花粉团　13. 花粉块柄　14. 黏盘　15. 黏囊　16. 药帽

【药用植物】

天麻 *Gastrodia elata* Bl.　腐生草本。块茎椭圆形或卵圆形，肥厚，肉质，具较密的环节。茎直立，淡黄褐色或带红色。叶退化成膜质鳞片，下部鞘状抱茎。总状花序有花30~50朵，直径5~30cm；花淡绿黄色或橙红色，萼片和花瓣合生，下部壶状，上部歪斜，先端 5 裂，唇瓣白色，顶端 3 裂。蒴果。种子多而极细小，呈粉末状。分布于辽宁、吉林、内蒙古、河北、山西、贵州、云南和西藏等省区。生于林下阴湿处。块茎（天麻）能息风止痉，平抑肝阳，祛风通络。见图 15-182。

铁皮石斛 *Dendrobium officinale* Kimura et Migo　茎直立，圆柱形，不分枝，具多节，常在中部以上互生 3~5 枚叶；叶二列，先端钝并且多少钩转；叶鞘常具紫斑。总状花序，花序轴回折状弯曲；花苞片干膜质，浅白色；萼片和花瓣黄绿色，具 5 条脉；唇瓣白色。蒴果。种子多而极细小，呈粉末状。分布于安徽、浙江、福建、广西、四川等省区。生于山地半阴湿的岩石或树上。茎（铁皮石斛）能益胃生津，滋阴清热。见图 15-183。

图 15-182　天麻

图 15-183　铁皮石斛

金钗石斛 *D. nobile* Lindl.　多年生附生草本。茎肉质，直立，黄绿色，多节，上部较扁平，多少回折状弯曲，干后金黄色。叶互生，呈长椭圆形，无叶柄，叶鞘抱茎。总状花序有花 1~4 朵；萼片粉红色；花大，花被白色，唇瓣近基部中央有一深紫色斑块。蒴果。分布于西南和华南等地。生于林中树干或潮湿岩石上。新鲜或干燥茎（石斛）能益胃生津，滋阴清热。见图15-184。

同属植物鼓槌石斛 *D. chrysotoxum* Lindl.，分布于云南，药用部位和功效同金钗石斛。流苏石斛 *D. fimbriatum* Hook.，分布于广西、贵州，药用部位和功效同金钗石斛。

图 15-184　金钗石斛

图 15-185　白及

白及 *Bletilla striata* (Thunb.) Rchb. f.　块茎扁球形，上面具荸荠似的环带，断面富黏性。叶 3~6 枚，带状披针形，叶基部收狭成鞘抱茎。总状花序顶生；花紫色或粉红色，唇瓣 3 裂；合蕊柱顶有 1 雄蕊，药室中共有花粉块 8 个。蒴果圆柱形，有 6 条纵棱。种子极小，呈粉末状。分布于长江流域。生于常绿阔叶林或针叶林下、路边草丛或岩石缝中。块茎（白及）能收敛止血，消肿生肌。见图 15-185。

白及

同属植物黄花白及 *B. ochracea* Schltr.，分布于陕西、甘肃、河南、贵州等省区，药用部位和功效同白及。见图 15-186。小白及 *B. formosana* (Hayata) Schltr.，分布于广西、四川、贵州等省区，药用部位和功效同白及。见图 15-187。

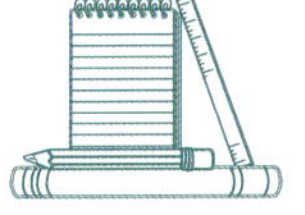

图 15-186 黄花白及

图 15-187 小白及

绶草 *Spiranthes sinensis*（Pers.）Ames 根肉质，簇生于茎基部。叶片宽线形，直立，具柄状抱茎的鞘。总状花序，呈螺旋状扭转；花小，紫红色，在花序轴上呈螺旋状排生；萼片的下部靠合，中萼片狭长圆形，侧萼片偏斜。蒴果。分布于全国各地。生于灌木杂草丛或草甸中。全草（盘龙参）能滋阴益气，凉血解毒。见图15-188。

独蒜兰 *Pleione bulbocodioides*（Franch.）Rolfe 半附生草本。假鳞茎卵形，顶端具 1 枚叶。叶椭圆状。花葶着生于假鳞茎基部，顶端具 1~2 花；花粉红色，唇瓣上有深色斑；中萼片倒披针形，侧萼片斜歪。蒴果。分布于甘肃、陕西、安徽、湖南及贵州等省区。生于林下或苔藓覆盖的岩石上。假鳞茎（山慈菇）能清热解毒，化痰散结。见图 15-189。

本科药用植物还有杜鹃兰 *Cremastra appendiculata*（D. Don）Makino，分布于黄河流域至西南、华南等地，假鳞茎（山慈菇）能清热解毒，化痰散结。

图 15-188 绶草

图 15-189 独蒜兰

复习思考题

1. 被子植物的主要特征有哪些？
2. 双子叶植物纲与单子叶植物纲的区别。
3. 桑科植物有哪些主要特征？常见药用植物有哪些？
4. 蓼科植物有哪些主要特征？常见药用植物有哪些？
5. 苋科植物有哪些主要特征？常见药用植物有哪些？
6. 石竹科植物有哪些主要特征？常见药用植物有哪些？
7. 毛茛科植物有哪些主要特征？常见药用植物有哪些？
8. 木兰科植物有哪些主要特征？常见药用植物有哪些？

9. 毛茛科与木兰科的异同点有哪些？
10. 十字花科植物有哪些主要特征？常见药用植物有哪些？
11. 写出伞形科植物的主要特征，并列举两种代表植物。
12. 写出豆科植物的主要特征，并列举两种代表植物。
13. 木犀科的主要特征是什么？
14. 萝藦科与夹竹桃科植物的异同点。
15. 唇形科的主要特征是什么？
16. 马鞭草科、唇形科的主要区别。
17. 茄科的主要特征是什么？
18. 玄参科的突出特征是什么？
19. 茜草科的主要特征是什么？
20. 写出菊科植物的主要特征，列举常见药用植物。
21. 写出天南星科植物的主要特征，列举常见药用植物。

扫一扫，查阅复习思考题答案

附篇　实训

扫一扫，查阅本项目 PPT、视频等数字资源

实训一　光学显微镜的使用和植物细胞构造的观察

扫一扫，看操作视频

一、实验目的

学会使用光学显微镜；能进行临时装片中的表皮撕片操作；掌握植物细胞的基本构造。

二、实验用品

光学显微镜，擦镜纸，载玻片，盖玻片，镊子，滤纸，解剖针，细玻璃棒或牙签。

洋葱，蒸馏水，碘-碘化钾试液。

三、实验内容

（一）光学显微镜

光学显微镜主要由机械部分与光学部分组成。

机械部分主要起支撑作用，包括镜座、镜柱、镜臂、镜筒、物镜转换器、载物台（包括玻片夹持器，标本助推器），调焦装置，聚光器调节螺旋。具体位置见附篇图 1。

光学部分主要是成像系统和照明系统。成像系统包括物镜和目镜；照明系统包括反光镜或电光源，聚光器。反光镜为圆形两面镜，是取光设备，反射光线，有的显微镜使用电光源。聚光器包括聚光镜和彩虹光圈，它可以将散射光汇集成束，集中一点，使标本有较强的照明。标本上的光线通过物镜、目镜，最终进入观察者眼中，成像。物镜一般有低倍镜（10×）、高倍镜（40×）、油镜（100×）、目镜（5×、10×、16×），物体放大的倍数是物镜与目镜的乘积。具体位置见附篇图 1。

（二）光学显微镜的使用方法

1. 取镜和放镜　取镜时应右手握住镜臂，左手托镜座，保持镜体直立，严禁单手提镜移动。放镜同法。

2. 对光　对光时用手将低倍镜转到中央，对准载物台上的通光孔，调整聚光器、反光镜，使光线能顺利通过，观察者可以看到照亮的白色视野。切勿使用高倍镜，当光线较弱时可采用凹面反光镜。如果显微镜配有电光源则不需对光环节。

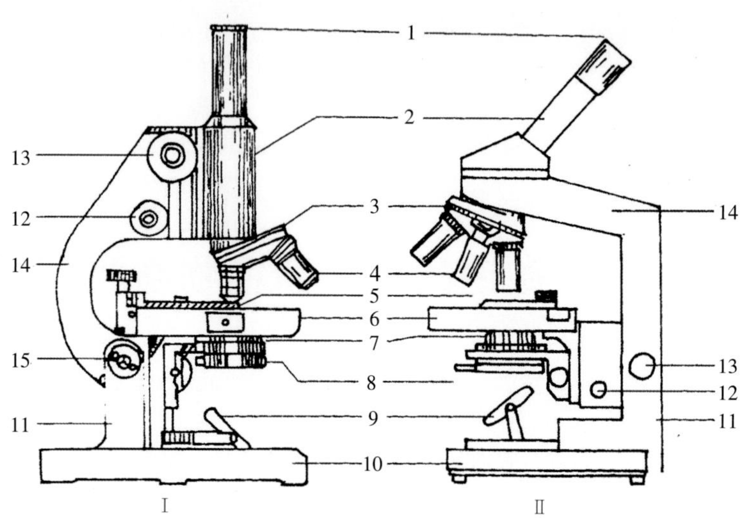

附篇图1　光学显微镜的构造

1. 目镜　2. 镜筒　3. 物镜转换器　4. 物镜　5. 标本助推器　6. 载物台　7. 聚光器　8. 彩虹光圈　9. 反光镜　10. 镜座　11. 镜柱　12. 细调焦螺旋　13. 粗调焦螺旋　14. 镜臂　15. 倾斜关节

3. 低倍镜观察　放置切片标本于载物台的玻片夹持器上，固定好。调整标本助推器，调节粗调焦螺旋，确定观察标本的部分。粗调焦螺旋转一圈可使镜筒移动2mm左右。标本移动器向左移动，视野中的标本会向相反方向即向右移动，其他方向与此类似。再用细调焦螺旋进行微调，细调焦螺旋转一圈可使镜筒移动0.1mm，仔细观察标本的部分。

4. 高倍镜观察　选好低倍镜的观察视野后，使载物台下降，转动物镜转换器，转动高倍镜，听到“咔哒”一声停止转动，从侧面把载物台升高到与高倍镜镜头紧挨的地方，用粗调焦螺旋向下移动载物台，当看见清晰的视野时停止，再用细调焦螺旋进行微调，仔细观察标本的部分。

5. 显微镜还原　结束观察后，应先使载物台下降或升高镜筒，取下标本，转动物镜转换器，使物镜镜头不通过光线，并将反光镜直立。

（三）光学显微镜的保养方法

光学显微镜属于精密仪器，应该轻拿轻放，防潮，防腐蚀，防阳光直射。不用时用遮光布覆盖或置于显微镜箱中，阴凉保存。

（四）表皮撕片法及细胞的基本结构观察

扫一扫，看操作视频

1. 制洋葱内表皮临时装片　取一块新鲜洋葱鳞茎，用镊子撕取3~5mm大小的内表皮，放于洁净的载玻片上，滴上少量的蒸馏水，用牙签或细玻璃棒展平，用镊子将盖玻片从一侧慢慢盖下，用滤纸吸掉多余的液体。

2. 观察洋葱内表皮细胞的基本结构

（1）镜下观察细胞结构：将制好的洋葱临时装片按照前述使用方法，置于光学显微镜下观察，低倍镜下可见：长方形洋葱内表皮细胞，无细胞间隙，排列紧密。高倍镜下可见细胞壁、细胞核、细胞质和液泡。

①细胞壁：细胞壁透明，可见胞间层。

②细胞核：细胞核半透明，是折光性强的圆形球状，核内多见1~3个核仁。

③细胞质：有的细胞中细胞质分布均匀，是细小颗粒，细胞核在中央，这是年幼细胞；有的细胞中细胞质只是薄薄的一层，紧贴细胞壁，细胞核在边缘，这是成熟细胞。

④液泡：有的细胞中液泡多个并且分散，这是年幼细胞；有的细胞中液泡只有一个并且占据细胞的绝大部分面积，这是成熟细胞。

（2）染色观察：在装片盖玻片一侧滴少许碘-碘化钾试液，使洋葱内表皮细胞染色，此时细胞核被染成深黄色，细胞质被染成浅黄色，液泡未染色。

四、实验报告

1. 观察你所用光学显微镜镜头的颜色和放大倍数，填入下表。

镜头情况	目镜	物镜-低倍镜	物镜-高倍镜	物镜-油镜
镜头颜色				
镜头放大倍数				

2. 绘制洋葱内表皮细胞图3~4个，标出细胞壁、细胞核、液泡、细胞质。

实训二　植物细胞质体和后含物的观察

一、实验目的

能识别植物细胞中的质体，包括叶绿体、有色体等；能识别植物细胞中的细胞后含物，包括淀粉粒、晶体、菊糖等；学会粉末制片法。

二、实验用品

光学显微镜，载玻片，盖玻片，滤纸，酒精灯，细玻璃棒或牙签，滴管，镊子。

蒸馏水，水合氯醛试液，稀甘油，甘油醋酸试液，西红柿，红辣椒果实，马铃薯块茎或新鲜藕的根茎，鲜叶片，大黄粉末或半夏粉末或甘草粉末，蒲公英永久制片（或其他菊科植物的永久制片），牛膝永久制片或射干永久制片。

三、实验内容

（一）观察质体

1. 叶绿体　用镊子取一片鲜叶片，用蒸馏水临时装片，在低倍镜下观察，可见叶片由一层多边形或近圆形的细胞组成，细胞内充满了略呈椭圆形的绿色颗粒，即为叶绿体。或取任何绿色植物的叶片、幼嫩茎制成徒手切片，置镜下观察，可观察到叶肉细胞中有多数扁球形的颗粒呈绿色，此颗粒即是叶绿体。

扫一扫，看操作视频

2. 有色体　用镊子取少许西红柿果肉或少许红辣椒果实果肉，用蒸馏水制作西红柿果肉的临时装片或红辣椒果肉的临时装片。前者观察可见呈红色的一头稍尖的棒状有色体，后者观察可见多个小球形的红色有色体。

扫一扫，看操作视频

（二）观察细胞后含物

1. 淀粉粒

（1）临时装片：用细玻璃棒或牙签刮取马铃薯块茎少量白色浆液，置于载玻片上，加蒸馏水或甘油醋酸制成临时装片，镜下观察。低倍镜下可见：多个卵圆形或椭圆形淀粉粒，有单粒淀

粉粒、复粒淀粉粒、半复粒淀粉粒。高倍镜下可见：脐点以及周围的偏心层纹。

（2）染色：淀粉粒观察后，取下装片，在盖玻片一侧滴少许碘-碘化钾试液，用滤纸在另一侧吸取试剂液体，镜下观察，可见淀粉粒被染成蓝紫色。

（3）比较淀粉粒形态：同理制作藕的淀粉粒的临时装片，镜下观察比较马铃薯淀粉粒与藕淀粉粒的异同。

2. 晶体

（1）临时装片：用细玻璃棒或牙签取大黄或半夏或甘草粉末少许，置于滴加1~2滴水合氯醛的载玻片上。在酒精灯上文火慢慢加热进行透化，注意不要煮沸和蒸干，可反复2~3次，并用滤纸吸去已带色的多余试剂，直至材料颜色变浅而透明时停止处理，加稀甘油1滴并盖上盖玻片，拭净其周围的试剂。显微镜下可见大黄粉末中有灰蓝色的草酸钙簇晶，半夏粉末中有散在或者成束的草酸钙针晶，甘草粉末中有散在或位于纤维旁的薄壁细胞中的草酸钙方晶。

（2）永久制片：取牛膝永久制片或射干永久制片，镜下观察。牛膝永久制片显微镜下可见散在小的不规则的、折光强的草酸钙砂晶。射干永久制片显微镜下可见散在柱形的、折光强的草酸钙柱晶。

3. 菊糖　取蒲公英永久制片，镜下观察。蒲公英永久制片显微镜下可见扇形或圆形的淡黄色折光强的菊糖。

四、实验报告

1. 绘制4~8个淀粉粒，标明观察的标本名称，以及脐点和层纹。
2. 绘制4~8个晶体，或为簇晶，或为针晶，或为柱晶，或为方晶，或为砂晶。标明观察的标本名称。

实训三　植物组织的显微构造观察

一、实验目的

能识别保护组织、机械组织、输导组织形态结构；能进行粉末临时装片。

二、实验用品

光学显微镜，载玻片，盖玻片，滤纸，酒精灯，培养皿，刀片，镊子，湿毛笔。

蒸馏水，水合氯醛试液，稀甘油，浓盐酸，间苯三酚试液，薄荷叶，梨果肉，肉桂粉末（或苦杏仁粉末、五味子粉末、番泻叶粉末、黄柏粉末等），黄豆芽，南瓜茎纵切永久制片。

三、实验内容

（一）观察保护组织

取新鲜薄荷叶片，用镊子撕取薄荷叶下表皮一小块，使其外表皮朝上，置于载玻片上的蒸馏水中，展平，加盖玻片，制成临时装片，镜检。

1. 非腺毛　由2~8个细胞组成，壁厚，具壁疣。

2. 腺毛　一种为单细胞头，单细胞柄；另一种是腺鳞，腺头呈扁圆球形，由6~8个细胞排列成辐射状，单细胞柄极短。

3. 气孔 直轴式气孔，表皮细胞垂周壁波状弯曲。

扫一扫，看操作视频

（二）观察机械组织

1. 纤维 用细玻璃棒或牙签取少许肉桂粉末（或苦杏仁粉末、五味子粉末、番泻叶粉末、黄柏粉末等），置于洁净的载玻片上，制成水合氯醛液装片，镜下观察。低倍镜下观察可见长梭形的红棕色纤维；高倍镜下可见纤维长梭状，细胞壁波状，纤维内腔成线，成束或散在。

扫一扫，看操作视频

2. 石细胞 用细玻璃棒或牙签取梨果肉少许，置于洁净的载玻片上，用镊子盖上洁净的盖玻片，同时用力压片，镜下观察。然后再滴加1~2滴浓盐酸，约5分钟后滴加3滴间苯三酚试液，染色后再观察。低倍镜下可见石细胞多成群，排列紧密，细胞近白色，多边形，石细胞外侧是梨的薄壁细胞，排列紧密，细胞较大，多以石细胞群为中心，放射状排列。高倍镜下可见石细胞中央多有腔隙，色深，有的呈黑色，有时可见石细胞层纹。染色后石细胞被染成红色。

（三）观察输导组织

扫一扫，看操作视频

1. 导管 取新鲜黄豆芽切成3~5cm的小段，用镊子将其固定在载玻片上，用刀片纵切，取中央的薄片置于载玻片上，加蒸馏水1滴，用镊子柄碾压，使其薄而平展，制成水装片，置显微镜下观察其环纹、螺纹、梯纹及网纹导管。

2. 筛管 取南瓜茎纵切永久制片在显微镜下观察，注意其筛管中的筛板、筛孔及伴胞的形态特征。

四、实验报告

1. 绘制薄荷叶气孔轴式，标明观察的标本名称。
2. 绘制石细胞，标明观察的标本名称。
3. 绘制黄豆芽导管图，并标出其类型。

实训四 根的形态及构造观察

一、实验目的

学会识别根的形态与变态；能识别单子叶植物和双子叶植物根的初生构造；学会识别双子叶植物根的次生构造。

二、实验用品

光学显微镜，载玻片，盖玻片，滤纸，酒精灯，培养皿，镊子，细玻璃棒或牙签，湿毛笔。

蒸馏水，人参根浸制标本或其他双子叶植物根的浸制标本，龙胆根浸制标本或其他单子叶植物根的浸制标本，新鲜麦冬，毛茛根初生构造横切永久制片，人参根横切永久制片。

三、实验内容

（一）观察根的形态

1. 直根系 观察人参或其他双子叶植物根系，分辨出主根、侧根和纤维根。注意区别人参的根与根茎，人参的根状茎习称“芦头”，芦头上残存的茎痕习称“芦碗”，芦头上有不定根习称“艼”。

2. 须根系 观察龙胆或其他单子叶植物根系，注意观察与单子叶植物根系的区别。

（二）观察根的构造

1. 双子叶植物根的初生构造

取毛茛根初生构造横切永久制片，镜下观察。

（1）*表皮*：位于根的最外方，由一层排列紧密整齐的细胞组成。细胞壁不角质化，没有气孔，一部分细胞外壁突出形成根毛。

（2）*皮层*：位于表皮的内方，占根相当大的部分，由多层排列疏松的薄壁细胞组成。明显分为三部分。

外皮层：为紧靠表皮下方的一列较小的排列紧密的薄壁细胞。

皮层薄壁组织：占皮层的绝大部分，细胞近圆形，排列比较疏松，含有较多的淀粉粒。

内皮层：位于皮层最内方的一层细胞，排列比较紧密，可见染成红色的凯氏点及没有增厚的通道细胞。

（3）*维管柱*：位于内皮层以内的所有组织称维管柱。可见到下列构造：

中柱鞘：由维管柱最外一层（也有的为二到多层）细胞组成，紧接内皮层。

维管束：由初生韧皮部和初生木质部相间排列而成，为辐射维管束。初生木质部为四原型。导管被染成红色，外方的较小，中央的较大。

扫一扫，看操作视频

2. 单子叶植物根的初生构造 取麦冬，蒸馏水浸泡过夜后，徒手切片制成水装片，镜下观察可见最外层根被细胞3～5列；皮层宽广，散有黏液细胞，针晶束存在其中，内皮层细胞均匀增厚，内皮层外侧为1列石细胞，其内壁及侧壁均增厚，纹孔细密，最外层细胞排列整齐，有通道细胞；维管柱较小，韧皮部束16～22个，位于木质部的星角间，髓小。

3. 双子叶植物的次生构造 取人参根横切永久制片，镜下观察可见木栓层偶见，为数列染成红色细胞，韧皮部中散在树脂道，里面有块状的黄色分泌物，韧皮薄壁中散在草酸钙簇晶，在近形成层处树脂道分布较密集，形成层细胞扁长方形，排列整齐，细胞间隙小，形成层里面是木质部，中有导管呈放射状排列，无髓。

四、实验报告

1. 根系观察结果。根据标本，将观察到的根系特征填入下表。

标本名称	根系	描述
人参根浸制标本		
龙胆根浸制标本		

2. 植物初生构造填表与绘图。把毛茛根和麦冬根横切组成部分填入下表。

标本名称	表皮	皮层	维管柱类型	髓
毛茛根				
麦冬根				

绘制毛茛根横切面简图，标明观察的标本名称。

3. 双子叶植物次生构造绘图。绘制人参根横切永久制片简图，标明观察的标本名称。

实训五　茎的形态及初生构造观察

一、实验目的

学会识别植物茎的形态与变态；能识别双子叶植物茎的初生构造、单子叶植物茎的构造。

二、实验用品

光学显微镜。

三年生以上的杨树或柳树等植物带侧枝的枝条，向日葵幼茎横切制片或其他双子叶植物茎初生构造永久制片，石斛茎的横切永久制片或其他单子叶植物茎横切永久制片。

三、实验内容

（一）观察茎的形态

取三年生以上的杨树或柳树等植物带侧枝的枝条，观察，找到节和节间、顶芽与腋芽（侧芽）、皮孔。茎上长叶子的地方是节，相邻节之间的距离是节间，在枝条顶端的芽是顶芽，在侧面的是侧芽，茎表面的裂缝状小孔为皮孔，观察它的形状。

（二）观察茎的初生构造

1. 双子叶植物茎的初生构造　取向日葵幼茎横切制片，镜下观察。

（1）*表皮*：由一层排列整齐紧密的扁长方形细胞组成，外壁角质化，有时可见非腺毛。

（2）*皮层*：为表皮内方的多层薄壁细胞，具细胞间隙。靠近表皮的几层细胞较小，细胞在角隅处加厚，细胞内可见被染成绿色的类圆形叶绿体，为厚角组织。其内方为数层薄壁细胞，其中有小型分泌腔。

（3）*内皮层*：为皮层最内方的一层细胞，细胞无凯氏带分化，贮存有丰富的淀粉粒，称淀粉鞘（在永久制片中淀粉粒不清楚）。

（4）*维管束*：为数个大小不等的无限外韧维管束，成环状排列。外方为初生韧皮部，其外侧还有初生韧皮纤维，横切面呈多角形，壁明显加厚，但尚未木化，故被染成绿色；内方为初生木质部，导管横切面类圆形或多角形，常被染成红色；在初生韧皮部和初生木质部之间，有2~3列扁平长方形细胞，为束中形成层，细胞壁薄，排列紧密。

（5）*髓射线*：是两维管束之间的薄壁细胞，外连皮层，内接髓部。

（6）*髓*：是位于茎中央的薄壁细胞，细胞排列疏松。

2. 单子叶植物茎的构造　取石斛茎的横切制片，镜下由外向内观察，可见表皮，基本组织、维管束三部分。表皮1层，扁平细胞，外壁角质化。维管束为有限外韧型，约排成7~8圈。余为基本薄壁组织，散在草酸钙针晶束。

四、实验报告

1. 根据自己标本识别节和节间、顶芽与腋芽（侧芽）、皮孔。
2. 绘制向日葵茎的初生构造简图，标明各部分结构。
3. 绘制石斛茎横切，标明各部分结构。

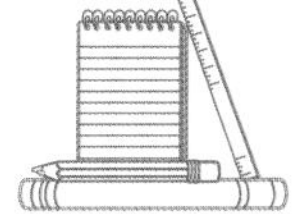

实训六 茎的次生构造观察

一、实验目的

学会识别双子叶植物木质茎、草质茎的次生构造；学会识别双子叶植物根状茎的构造。

二、实验用品

光学显微镜。

3~4 年生椴树茎的横切永久制片，薄荷茎横切永久制片，黄连根状茎横切永久制片。

三、实验内容

（一）观察双子叶植物木质茎的次生构造

取 3~4 年生椴树茎的横切永久制片，镜下观察。

1. 周皮 由木栓层、木栓形成层和栓内层组成。木栓层多为 3~8 列细胞，木栓化，红褐色，细胞扁平，无细胞间隙。木栓层内为木栓形成层，细胞 1~2 列，蓝绿色，细胞排列整齐。栓内层在木栓形成层内侧，多列，体积较大，排列整齐。

2. 皮层 较窄，由数层厚角组织（近周皮下方，细胞染色较深）和薄壁细胞组成，散在草酸钙簇晶。

3. 维管束 为无限外韧型维管束，初生韧皮部不明显，次生韧皮部是韧皮部的主体，少数韧皮薄壁细胞含有簇晶，而靠近髓射线的韧皮薄壁细胞常含方晶；形成层环状，4~5 层细胞，扁长形，排列整齐；木质部可见被染成红色的导管、木纤维等。木质部中初生木质部在中央，而次生木质部占主体。在次生木质部中可见明显的同心环状年轮。初生木质部位于次生木质部内侧，细胞较小，排列紧密。

4. 髓 位于茎的中央，由薄壁细胞组成，有的含草酸钙簇晶，有的含黏液和鞣质。

5. 髓射线 由髓部薄壁细胞向外辐射状发出，外侧扩大成喇叭状。

6. 维管射线 在每个维管束中，位于木质部的称木射线，位于韧皮部的称韧皮射线。

（二）观察双子叶植物草质茎的次生构造

取薄荷茎横切永久制片，镜下观察。可见茎呈四方形，由表皮、皮层、维管柱、髓四部分组成。

1. 表皮 是一层细胞，长方形，表皮外层常有角质层，有时可见腺毛、非腺毛、腺鳞。

2. 皮层 狭窄，多层薄壁细胞组成，类圆形，排列疏松。茎的四个棱角内部有厚角组织，约有 10 层，可见明显的红色凯氏点。

3. 维管柱 由四个棱角内大的维管束和其他较小维管束排列成环状。维管束中韧皮部在外，木质部在内；形成层是束中形成层或无形成层。

4. 髓 发达，由大型薄壁细胞组成，有的髓中空；髓射线位于两维管束间的薄壁细胞，宽窄不一。

（三） 观察双子叶植物根状茎的构造

取黄连根状茎横切制片，镜下观察，由外向内可见下列部分：

1. 木栓层 为数列木栓细胞。有的外侧附有鳞叶组织。

2. 皮层 宽广，内有石细胞单个或成群散在。有的还可见根迹维管束斜向通过。

3. 维管束 为无限外韧型，环列，束间形成层不甚明显。韧皮部外侧有初生韧皮纤维束，其间夹有石细胞。木质部细胞均木化，包括导管、木纤维和木薄壁细胞。

4. 髓 由类圆形薄壁细胞组成。

四、实验报告

1. 绘制椴树茎构造简图，标明各部分结构。
2. 绘制薄荷茎构造简图，标明各部分结构。

实训七 叶的形态和内部构造观察

一、实验目的

能判断叶的形态；能识别叶脉、叶序和复叶的类型；学会区别单叶和复叶；学会识别双子叶植物叶的构造。

二、实验用品

光学显微镜。

玉兰、桃、向日葵、桑、车前、银杏、月季、吊兰、淡竹叶、美人蕉、无花果、橘、桃、槐、射干、冬青、银杏等植物的叶和茎枝，薄荷叶横切永久制片等。

三、实验内容

（一） 观察叶的形态

1. 观察叶的形态 观察玉兰、桃、向日葵、桑、车前、银杏、月季、吊兰、淡竹叶、橘、美人蕉、无花果等植物的叶的形态。

2. 观察叶脉 观察玉兰、桃、向日葵、桑、车前、银杏、月季、吊兰、淡竹叶、橘、美人蕉、无花果等植物的叶的叶脉形态，确定脉序。

3. 识别单叶和复叶 观察玉兰、桃、向日葵、桑、车前、银杏、月季、吊兰、淡竹叶、橘、美人蕉、无花果等植物的叶，判断属于单叶还是复叶，以及复叶类型。

4. 识别叶序 观察桃、槐、射干、冬青、银杏等植物的茎枝，判断叶序。

（二） 观察双子叶植物叶的结构

取薄荷叶横切永久制片，镜下观察，可见表皮、叶肉、叶脉三部分。

1. 表皮 细胞 1 列，叶片上下各有一层，细胞排列紧密，外被角质层，细胞间可见气孔、腺鳞、腺毛和非腺毛。

2. 叶肉 位于上下表皮之间，有栅栏组织和海绵组织之分，前者细胞长柱状细胞，垂直排列，整齐而密集。后者形状不规则，疏松排列，细胞间隙大。针簇状橙皮苷结晶分散分布在表皮

和叶肉中。

3. 叶脉　在主脉较大，侧脉较小，维管束为外韧型，叶脉上下表皮有厚角组织，下表皮尤其发达。厚角组织内为数层大型薄壁细胞。薄壁组织中央为维管束，维管束为外韧型。维管束中木质部位于近轴面（靠近上表皮），韧皮部位于远轴面。木质部中导管常 2~5 个成行排列，十分明显，在叶脉横切面上各导管排列成扇形。韧皮部细胞较小，排列较密。主脉韧皮部和木质部之间可以看到由扁平细胞组成的维管形成层，侧脉中无维管形成层，侧脉越小，其结构越简单。

四、实验报告

1. 根据标本，将观察到的 10 种叶的特征填入下表。

序号	标本名称	叶子形状	叶脉	单叶/复叶	叶序
1					
2					
3					
4					
5					
6					
7					
8					
9					
10					

2. 绘制薄荷叶横切永久制片结构简图，标明观察的标本名称及放大倍数。

实训八　花的形态与花序观察

一、实验目的

学会花的组成和花冠的类型；能识别花序的类型；能理解花程式的描述方法；学会花的解剖，能用花程式记录花的结构。

二、实验用品

解剖镜（放大镜）、解剖用具。

油菜、黄顶菊、紫茉莉、苜蓿、迎春花、连翘、凌霄、风仙花、垂丝海棠、玉兰、车前、蒲公英、紫荆、桃、石榴、菖蒲等植物的花与花序。

三、实验内容

（一）花的组成和花程式

1. 观察花的组成　以油菜花为例分析花的组成。取一朵油菜花，从纵轴线一剖为二，再用细玻璃棒和镊子从外向内逐层剖开，可见花梗、花托、花被、花冠、雄蕊群、雌蕊群。花梗呈圆柱形，连接花与茎。花托是花梗顶端的膨大部分，其上着生雄蕊群、雌蕊群、花被。花被包括花

冠和花萼两部分。油菜花的花萼由4枚离生的绿色或黄绿色萼片组成，排成2轮。花冠由4枚离生的黄色花瓣组成。雄蕊群为四强雄蕊，即6枚雄蕊，外轮2枚较短，内轮4枚较长。雌蕊群有1个，由子房、花柱和柱头三部分组成。

2. 书写花程式　花程式即用符号及数字列成公式，表明花的对称性，性别，各部分的组成、数量，排列位置等。写出两种所观察植物的花程式。

（二）观察花各部形态和类型

1. 花萼类型　观察油菜、蒲公英、木芙蓉、紫茉莉等植物的花，判断花萼类型。

2. 花冠形状及类型　观察油菜、蚕豆、向日葵、迎春花、牵牛、南瓜、茄、益母草等的花，了解花冠形状，判断花冠类型。

3. 雄蕊群类型　观察油菜、蚕豆、向日葵、木芙蓉、益母草、蓖麻等的花，判断雄蕊群的类型。

（三）观察花序的类型

观察油菜、车前、蒲公英、紫荆、白芷、益母草、鸢尾、菖蒲等植物的花与花序，判断花序的类型。

四、实验报告

1. 根据标本，将观察到的10种花的各部类型特征填入下表。

序号	标本名称	花冠类型	雄蕊类型	花序类型
1				
2				
3				
4				
5				
6				
7				
8				
9				
10				

2. 写出两种所观察植物的花程式。

实训九　果实、种子的形态与类型观察

一、实验目的

学会识别果实和种子的类型；了解果实和种子的内部构造。

二、实验用品

解剖镜（放大镜）、解剖用具。

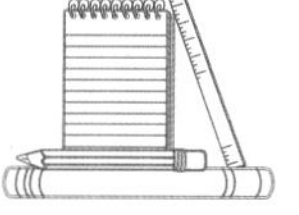

西红柿、宁夏枸杞、橘或柚、桃或李或杏、苹果或山楂或梨、黄瓜或西葫芦、枸杞、芸薹或白菜、马兜铃、蓖麻、牵牛、扁豆或其他豆类果实、百合、射干或鸢尾、向日葵、玉米、板栗、小茴香、金樱子或蔷薇、八角茴香、无花果、桑椹、菠萝、槭树、白蜡树或杜仲等的果实。蓖麻、玉米、蚕豆等植物的种子。

三、实验内容

（一）单果的观察

1. 肉质果的观察 取西红柿、宁夏枸杞、橘或柚、桃或李或杏、黄瓜或西葫芦、苹果或山桂或梨的果实横切，注意观察其外、中、内各层果皮，其间界限是否明显，质地，子房室数，胎座类型，并分辨真果与假果。

2. 干果的观察

（1）取芸薹或白菜、扁豆、豌豆或蚕豆、马兜铃、射干或鸢尾、百合、牵牛、向日葵、玉米、板栗、槭树、白蜡树或杜仲的果实，注意其成熟后是否开裂；是腹缝线开裂，还是背缝线开裂或背缝线与腹缝线同时开裂；是室间开裂、室背开裂或室轴开裂。

（2）取蓖麻和小茴香果实观察，注意成熟时是开裂还是分离为几个分果。

（二）聚合果的观察

1. 取金樱子或蔷薇果纵切后观察，可见凹陷的壶形花托内，聚生多数骨质瘦果。

2. 取八角茴香观察，可见通常有 8 个蓇葖果轮状聚生在花托上，下面有弯曲的果柄。

（三）聚花果的观察

1. 取桑椹观察，可见其为雌花发育而成，每朵花的子房各发育成一个小瘦果，包藏在肥厚多汁的花被中。

2. 取菠萝观察，注意可食部分是由什么部分发育而成。

（四）种子观察

观察所采集的种子，以玉米为例。注意玉米是果实，除去最外层的果皮才是玉米的种子。将玉米粒浸泡变软后取出观察，可见胚，即腹内一白色倒心形部分。以胚中央为对称轴，将颖果纵切为两半。可见其最外层一层薄膜，是由种皮和果皮愈合而成，里面是胚乳，胚乳下方的一侧是胚。胚由胚根、胚轴、胚芽和子叶四部分组成。子叶是紧接胚乳处一斜条部分。子叶上半部的内下方有细小的幼叶是浅黄色胚芽，外包被薄片状的胚芽鞘。胚芽下端是浅黄色的胚根，锥形，外包被胚根鞘。胚轴连接胚根和胚芽，其上着生子叶。

四、实验报告

1. 根据标本，将观察的 10 种果实分类填入下表。

序号	单果	聚合果	聚花果
1			
2			
3			
4			
5			
6			

续表

序号	单果	聚合果	聚花果
7			
8			
9			
10			

2. 绘制采集标本的一种种子的纵剖图，标明观察的标本名称，各部名称（胚、子叶、胚根、胚轴、胚芽、胚乳）。

实训十 孢子植物观察

一、实验目的

学会孢子植物中藻类、菌类、地衣类、蕨类、苔藓类植物的主要特征；学会识别常见药用藻类、菌类、地衣类、蕨类、苔藓类植物。

二、实验用品

解剖镜（放大镜）、解剖用具。

海带、裙带菜等褐藻门其他药用植物标本，紫菜、石花菜等红藻门其他药用植物标本，黑木耳、银耳、茯苓、猪苓、雷丸、灵芝等菌类植物标本，灵芝子实体及菌褶纵切制片，松萝、地钱、大金发藓、暖地大叶藓、泥炭藓等腊叶标本。石松、卷柏、问荆、木贼或节节草、紫萁、凤尾草、海金沙、贯众、绵马鳞毛蕨、石韦等腊叶标本。

三、实验内容

（一） 观察藻类植物

以海带为例。海带黑褐色，分为叶状带片，基部细长的带柄，根状分枝的固着器。

常见的藻类植物还有裙带菜、紫菜、石花菜等。

（二） 观察菌类植物

以灵芝为例。灵芝子实体由菌盖和菌柄两部分组成，菌盖半圆形或肾形，黄褐色或红褐色，具有环状横纹，下面（管孔面）白色或淡褐色，有许多小孔，内藏担孢子。

取灵芝子菌褶纵切制片，镜下观察，观察其中的孢子体。

常见的菌类植物还有黑木耳、银耳、茯苓、猪苓、雷丸、灵芝。

（三） 观察地衣植物

以松萝为例。松萝有长松萝与节松萝之分。节松萝丝状，二叉分枝，从基部向先端逐渐变细，表面灰黄色。长松萝细长不分枝，两侧密生短侧枝。

常见的地衣植物还有石蕊、石耳、冰岛衣、梅花衣、染料衣等。

（四） 观察苔藓植物

以地钱为例。地钱植物体（配子体）绿色叶状，扁平二叉状分枝，分为背面和腹面，腹面

（下面）有鳞片和紫色花纹的假根，背面（上面）有白色的小点（气孔）。地钱有营养生殖和有性生殖两种繁殖方式。地钱雌雄异株，雄器托，即精子器托的托盘呈圆盘状，边缘浅裂；雌器托，即颈卵器托盘有8~10条下垂的指状芒线。

常见的苔藓类植物还有地钱、蛇地钱、大金发藓、暖地大叶藓、泥炭藓等。

（五）观察蕨类植物

以海金沙为例。海金沙营养叶尖三角形，羽状或掌状，边缘有不整齐的细钝锯齿，孢子叶卵状三角形，深裂，小羽片下面边缘生流苏状的孢子囊穗。

常见的蕨类植物石松、卷柏、问荆、木贼、紫萁、凤尾草、贯众、绵马鳞毛蕨、石韦等。

四、实验报告

将观察的标本名称及特征填入下表。

	标本名称
藻类植物	
菌类植物	
地衣植物	
苔藓植物	
蕨类植物	

实训十一　裸子植物观察

一、实验目的

学会裸子植物的主要特征；能识别常见药用裸子植物。

二、实验用品

解剖镜（放大镜）、解剖用具。

马尾松带花的枝条及球果，侧柏带花枝条及球果，银杏、马尾松、油松、金钱松、杉木、侧柏、红豆杉、草麻黄、木贼麻黄等腊叶标本。

三、实验内容

以侧柏为例，观察裸子植物的特征。侧柏的小枝扁平，排成一平面，鳞叶对生，叶背中脉有槽，花单性同株。取雄球花观察，卵圆形，黄色。用镊子摘取雄蕊置于载玻片上，于解剖镜下观察，可见腹面基部有花药2~6枚，用细玻璃棒刺破花粉囊使花粉粒（小孢子）散出，将其余残片除去，做成水装片置显微镜下观察，注意花粉粒形态，有无气囊。取雌球花观察，近球形，蓝绿色，有4对交互对生的珠鳞，用镊子取位于中间的珠鳞1枚置解剖镜下观察，可见腹面基部有1~2枚胚珠。取成熟球果观察，卵圆形，开裂，种鳞4对，种鳞的背部近顶端有一反曲的尖头，用镊子挑开种鳞，取出种子观察有无翅。

四、实验报告

1. 裸子植物的主要特征有哪些。

2. 将观察的标本名称和入药部位填入下表。

序号	植物名称	入药部位
1		
2		
3		
4		
5		
6		
7		
8		
9		
10		

实训十二　被子植物观察

一、实验目的

学会被子植物门各科与部分属的主要特征；能识别各科的主要药用植物。

二、实验用品

解剖镜（放大镜）、解剖用具。

以下各种药用植物的新鲜植株或腊叶标本。蓼科：何首乌、虎杖、红蓼等；桑科：无花果、桑、葎草等；毛茛科：白头翁、毛茛、芍药或牡丹；木兰科：厚朴、玉兰等；罂粟科：虞美人、白屈菜；十字花科：菘蓝、油菜等；蔷薇科：垂丝海棠、贴梗木瓜、山楂等；豆科：合欢、决明、甘草等；芸香科：橘、吴茱萸等；锦葵科：棉花、锦葵等；五加科：人参、三七等；伞形科：茴香、柴胡、白芷、防风、野胡萝卜等；木犀科：迎春、连翘、女贞等；夹竹桃科：夹竹桃、长春花等；马鞭草科：马鞭草等；唇形科：益母草、薰衣草、藿香、丹参、黄芩、薄荷；茄科：白花曼陀罗、枸杞；玄参科：玄参、地黄等；茜草科：栀子、茜草、白花蛇舌草等；桔梗科：桔梗、党参、杏叶沙参等；菊科：蒲公英、菊花、红花等；天南星科：天南星、半夏；百合科：百合、知母、玉竹、麦冬等；姜科：姜、砂仁、莪术等；兰科：天麻、石斛、白及等。（可根据实际情况选做，15 种植物/学时，4 科/学时）

三、实验内容

观察不同科属植物的根、茎、叶、花、果实和种子形态，总结不同科属植物的特征，识别各种植物。

1. 根观察　直根系、须根系、贮藏根（圆柱根、圆锥根、圆球根、块根）等。

2. 茎观察　茎的形态特征、茎的类型（木质茎、草质茎、肉质茎）、茎的生长习性、地上茎变态、地下茎变态（根状茎、块茎、球茎、鳞茎）等。

3. 叶观察　叶的形态、叶的全形、叶脉、单叶与复叶、叶序、叶的变态（苞片、总苞片、小苞片）等。

4. 花观察　花的形态、花萼、花冠、雄蕊群、雌蕊群（类型、子房着生的位置、子房室数、胎座类型、胚珠类型）、花序的类型（无限花序、有限花序）等。

5. 果实和种子观察　果实的外部形态和类型（单果、聚合果、聚花果），种子的类型及特点等。

6. 注意观察　被子植物各科特征和联系。

四、实验报告

1. 根据所观察的植物，写出相关各科特征。（所观察的植物不在以下科中的可以单独附表列在后面，没有相关科植物的写无即可）

	科属特征
蓼科	
桑科	
毛茛科	
木兰科	
罂粟科	
十字花科	
蔷薇科	
豆科	
芸香科	
锦葵科	
五加科	
伞形科	
木犀科	
夹竹桃科	
马鞭草科	
唇形科	
茄科	
玄参科	
茜草科	
桔梗科	
菊科	
天南星科	
百合科	
姜科	
兰科	

2. 将所观察的标本填入下表。（所观察的植物不在以下科中的可以单独附表列在后面，以下科中无所观察植物的写无。）

	代表植物
蓼科	
桑科	
毛茛科	
木兰科	
罂粟科	
十字花科	
蔷薇科	
豆科	
芸香科	
锦葵科	
五加科	
伞形科	
木犀科	
夹竹桃科	
马鞭草科	
唇形科	
茄科	
玄参科	
茜草科	
桔梗科	
菊科	
天南星科	
百合科	
姜科	
兰科	

3. 使用分科检索表检索各种植物所属的科，并记录检索路线。

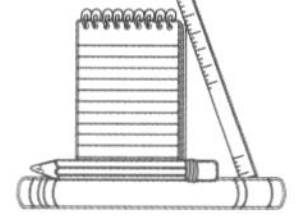

附　录

附录一　临时装片标本的制作

临时装片是用新鲜的少量植物材料（如表皮或将植物体的幼嫩器官切成薄片等），放在载玻片上的水滴中，加盖玻片做成的玻片标本。所用设备简单，操作方便，可快速、准确地观察植物细胞、组织和器官的内部结构，是科研和实践教学常用的方法之一。根据取材不同，制片方法有以下几种。

1. 表面制片　是一种常用方法，特别适用于新鲜的叶类、草类药材的临时观察，也可用于一些干燥的叶类和草类等的药材经处理后的制片观察。如气孔器、表皮细胞及表皮上的毛茸等附属物的观察。

（1）选材：取培养皿盛少许水，用镊子撕取植物叶子表皮，并使表面朝上放于水中，用刀片切成5mm大小。

（2）制片：用纱布擦净载玻片，在载玻片的中央滴1~2滴水，用镊子挑选一块表皮，使其表面朝上放在水滴中，用解剖针将材料展平，用镊子夹住盖玻片的一边，使盖玻片的对边接触水滴的边缘，然后轻轻地放下盖玻片。用吸水纸或滤纸吸去盖玻片周围溢出的水。

（3）注意事项：制片时，材料表面要朝上放在试剂中，利于对毛茸和气孔的观察。在制片时产生的气泡会影响观察效果。当气泡多时可取下盖玻片重新盖，气泡少时可将载玻片稍倾斜，用镊子的另一头在气泡下面轻轻敲打载玻片，气泡便从高的地方逸出。

2. 粉末制片　是将干燥的药材粉碎后过筛（50~80目），根据不同的要求采用不同试剂处理后封片观察。常用的有：

（1）水装片：取少量药材粉末放在载玻片中央，加水1滴，用细玻璃棒拨匀，再加1~2滴水后盖上盖玻片封片即可。

（2）稀甘油装片：主要用于药材中有无淀粉粒及淀粉粒的形态鉴定等。取少量药材粉末放在载玻片中央，然后滴加1~2滴稀甘油，轻轻搅匀后用盖玻片封片，置镜下观察。

（3）水合氯醛液装片：水合氯醛是一种常用的透化剂，能将粉末中的淀粉粒、蛋白质、挥发油、树脂等物质溶解，使观察的粉末更为清晰易辨。另外水合氯醛还能快速透入组织中，使干燥的细胞组织膨胀。

取少量药材粉末放在载玻片中央，滴加1~2滴水合氯醛液，轻轻搅匀后于酒精灯上文火加热，注意不要使火太急，以免煮沸、烧干。反复2~3次。等载玻片略为冷却后，再滴加1滴稀甘油，以免水合氯醛液干燥后析出结晶，影响观察，然后加上盖玻片，用吸水纸吸去多余的液体，置镜下观察。

3. 徒手切片　是在对某组织作临时观察时常用的一种方法。虽然切片常常厚薄不均、不完整，但方法简单、省力、省时，只用一个刀片就可以操作。

将材料切成长2~3cm的小块，直径一般不超过4~5mm。切片时左手拇指和食指夹住材料，材料上端突出1~2mm，两臂夹紧，用右手持刀片，切前刀片先在水中蘸一下，以免黏片，刀口

向内，从外向内水平匀力运刀，将切下的材料放在水中。如果材料太软，可用胡萝卜或通草等夹住再切。将材料切出数个切片后，可在水中选用薄而完整的切片，放在载玻片上，根据需要加水、稀甘油或其他试剂封片。

4. 组织解离制片 当实验中需要观察完整的单个细胞形态时，需利用某些特殊的化学试剂对药材进行解离，将细胞的胞间层溶解，使细胞彼此分离，这种方法叫组织解离法，利用这种方法制片称解离制片。解离液的选择是根据要解离的药材来确定的，如果材料中木质化细胞少，可用5%氢氧化钾（钠）溶液；如果材料中木质化细胞较多，常选用硝铬酸（20%硝酸和20%铬酸的等量混合液，此法会使木化细胞壁不再显示木化反应）或氯酸钾溶液（50%的硝酸，另加少量的氯酸钾粉末并维持气泡稳定发生）。解离前，将材料切成火柴杆粗细，长约1cm的小条，放于试管中，加解离液，其量约为材料的20倍。然后在酒精灯上或电炉上加热，也可放在恒温箱中加热，加热时间可根据具体要求来确定。

5. 临时装片标本的制作步骤

（1）擦玻片：用干净纱布（或其他布块）擦载玻片时，左手拇指和食指夹住载玻片两侧，右手用纱布夹住玻片上下两面，朝一个方向揩擦干净。擦盖玻片时，右手大拇指和食指用布块夹住盖玻片，左手拿住盖玻片两侧并转动，擦时手指用力要轻而均匀，否则容易损坏玻片。

（2）滴液：用吸管吸取蒸馏水或其他溶液，滴1~2滴于载玻片中央。

（3）放置材料：将选取或处理后的材料放在载玻片中央。

（4）加盖玻片：用镊子夹住盖玻片一侧，使另一侧先接触载玻片液滴的边缘，再慢慢放下盖玻片以利排除空气，防止气泡产生。如果盖玻片下液体过多溢出盖玻片外，可用吸水纸从盖玻片一侧吸去溢出的液体。若液体未充满盖玻片则可从一侧再滴入一小滴，以赶走气泡便于观察。

（5）染色或药剂处理：可在盖玻片一侧适量加一滴染液或其他药剂，在相对一侧用吸水纸吸去多余染液以使药液渗入材料，切勿使镜头等污染。

（6）临时制片短期保存：可在临时制片材料上滴加1滴10%甘油水溶液，加盖玻片，平放于培养皿中，加盖以减少蒸发，可保持1周。

附录二　植物绘图的方法和要求

植物绘图是学习植物形态解剖和植物分类必须掌握的技能和技巧，通过绘图可以帮助理解植物体外部形态和内部结构特征，能准确反映植物的某些典型细节和种间区别。包括植物形态绘图和植物显微绘图。绘制显微组织简图，要用通用的代表符号来表示。见附录图1、图2。

植物绘图和美术绘图不同，其具体要求如下：

1. 科学性和准确性 从生物研究的角度出发，反映标本的真实结构，要以艺术表现为辅助手段，不刻意追求美观效果。只有选择正常的典型材料，正确理解各部特征，才能保证所绘图的科学性和准确性。

2. 比例安排 画图前，应先在图纸上安排好各图的位置和相关部分的比例，并留出书写图题和注字的地方。

3. 绘好轮廓 用HB铅笔轻轻在图纸上勾画出图形的轮廓，然后用2H铅笔描出与观察对象相吻合的线条。线条要粗细均匀，光滑清晰，接头处无分叉，切忌重复描绘。

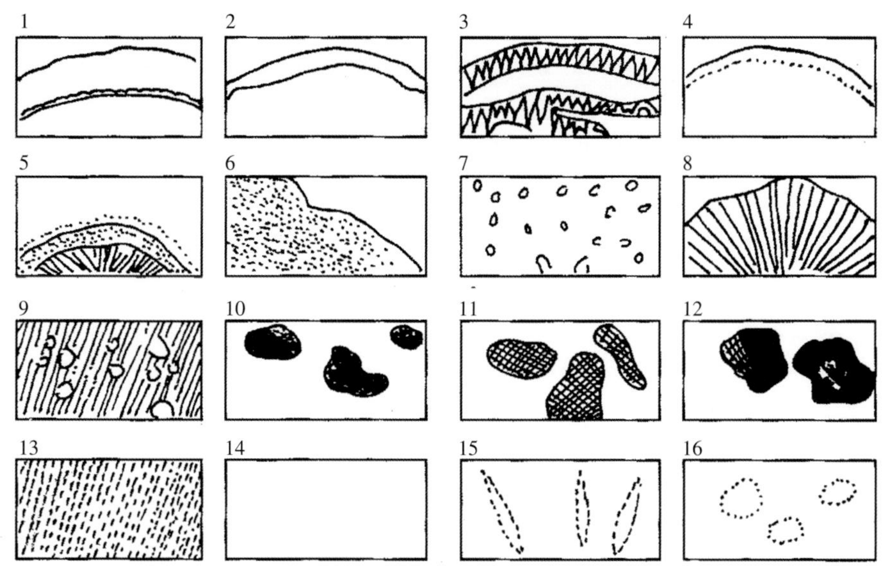

附录图 1 植物组织简图表示法

1. 表皮（外方的一条弧线） 2. 后生表皮（内方的弧线） 3. 木栓皮 4. 外皮层（虚线） 5. 内皮层（虚线） 6. 韧皮层 7. 筛管群 8. 木质部 9. 木质部和导管 10. 石细胞群 11. 纤维束 12. 石细胞群及纤维混合束 13. 厚角组织 14. 薄壁组织 15. 裂隙 16. 分泌腔（或油室）

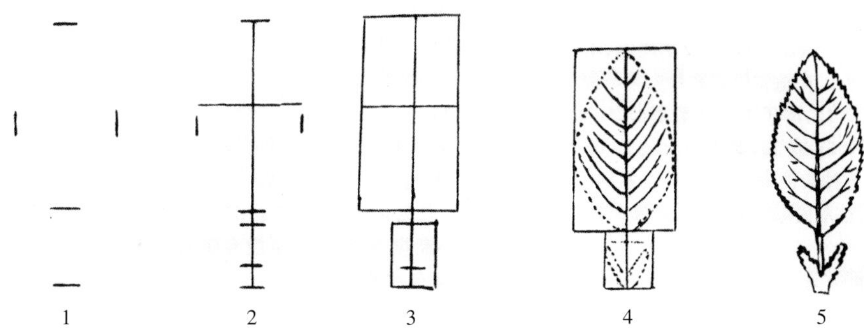

附录图 2 植物形态图的绘制

4. 圆点绘制 植物图常用圆点的疏密表示明暗和颜色的深浅，点应圆而整齐，大小均匀，切忌用涂抹阴影的方法代替圆点。

5. 图注 图纸要保持清洁，图注一律用铅笔正楷书写，并用平行线向图的右侧引出。

6. 其他 实训题目写在绘图纸的上方，图题和所用材料的名称和部位写在图的下方并注明。

附录三 常用试剂的配制和使用

1. 甘油醋酸试液 取甘油、50%醋酸和水各等份，混合，即得。常用以观察淀粉粒，可防止淀粉粒崩裂。

2. 稀甘油 取甘油 33mL 蒸馏水稀释成 100mL，再加樟脑一小块或液化苯酚 1 滴，即得。稀甘油能使细胞稍透明及溶解某些水溶性细胞后含物，并使材料保持湿润和软化。水合氯醛试液和稀甘油常同用，稀甘油可作临时封藏剂，可防止水合氯醛晶体析出。

3. 水合氯醛试液 取水合氯醛 50g，加蒸馏水 15mL 与甘油 10mL 使溶解，即得。本试液能迅速透入组织，使干燥而收缩的细胞膨胀，细胞组织透明清晰，并能溶解淀粉粒、树脂、蛋白质和挥发油等。

4. 间苯三酚试液 取间苯三酚 1g，加 90%乙醇 5mL 溶解后，加甘油 5mL，混匀，即得。用以鉴别木质化细胞壁，应用时先加 1~2 滴于检体，约 1 分钟后，加浓盐酸或浓硫酸 1 滴，木质化细胞壁因木质化程度不同，显红色或紫红色。

5. 稀碘液 取碘化钾 1g 溶于 300mL 蒸馏水中，再加碘 0.3g 贮于棕色瓶中。稀碘液可使淀粉粒显蓝色，糊粉粒里黄色。

6. 苏丹红试液 取苏丹红 0.01g，加 90%乙醇 5mL 溶解后，加甘油 5mL，混匀，贮于棕色玻璃瓶，保存期 2 个月。本试液能使角质化和木栓化细胞壁显红色或橙红色，使脂肪油、挥发油滴或树脂显橙红色、红色或紫红色。

7. 钌红试液 取 10%醋酸钠溶液 1~2mL，加钌红适量使呈酒红色，即得。本试液应临用新制，可使黏液显红色。

8. α-萘酚试液 取 α -萘酚 1.5g，溶于 95%乙醇 10mL，即得。应用时滴加本试液，1~2 分钟后，再加 80% 硫酸 2 滴，可使菊糖显紫色。

9. 氯化锌碘试液 取氯化锌 20g，溶于 85mL 蒸馏水后，滴加碘的碘化钾溶液（碘化钾 3g，碘 1.5g，水 60mL），不断振荡至饱和，至没有碘的沉淀出现为止，置棕色瓶内保存。本试液可使纤维素细胞壁显蓝色和紫色。

10. 番红染液 番红是一种碱性染料，可使木质化、木栓化和角质化的细胞壁及细胞核中的染色质和染色体成红色。在植物组织制片中常与固绿配染。常用配方有下列两种。

①番红水液：取番红 0.1g，溶于 100mL 蒸馏水中，过滤后，即得。

②番红酒液：取番红 0.5g 或 1g，溶于 50%乙醇 100mL 中，过滤后，即得。

11. 固绿染液 固绿是一种酸性染料，可使纤维素的细胞壁和细胞质染成绿色；在植物组织制片中，常与番红配染。常用固绿酒液，即取固绿 0.1g，溶于 95%乙醇 100mL 中，过滤后使用。

12. FAA 固定液 福尔马林（38%甲醛）5mL、冰醋酸 5mL、70%乙醇 90mL。幼嫩材料用 50%乙醇代替 70%乙醇，可防止材料收缩；还可加入甘油 55mL，防止蒸发和材料变硬。此液兼有保存剂作用。

附录四 药用植物标本的采集、制作和保存

一、采集工具

1. 标本夹 上下两片夹板，多以扁平木条为材料，钉成 43cm×30cm 大小，中间用5~6根厚约 2cm，宽 4cm 的木条横列，上方再用两根硬方木钉成。

2. 采集箱 用铁皮或不锈钢材料加工成 50cm×25cm×20cm 的扁柱型小箱，一侧开有 30cm×20cm 的活门，并安有锁扣，背带。或者有采集袋。

3. 标本采集所需要的常备工具 小刀、枝剪、高枝剪、铁铲、长砍刀、凿子、防刺手套、望远镜、数码照相机、GPS 记录仪，指南针、海拔仪。

4. 野外记录本、记录签、号牌签。

5. 吸水纸。

6. 其他工具 安全绳、手电筒、打火机、铅笔、记号笔、卷尺。

7. 常备药品 止痛药水，绷带、创可贴、蛇伤急救药、防暑药等。

知识链接

模式标本

相邻物种间的外貌差异有时很不显著，为了使各种植物的名称与其所指的物种之间具有固定的、可核查的依据，在给新物种命名时，除要有描述和图解外，需将研究和确立该物种时所用的标本赋予特殊的意义并永久保存，作为今后核查的有效资料，这种用作种名依据的标本则被称为模式标本。

二、采集方法

采集标本时，一般要求：

1. 木本植物要选择带花或带果的，发育正常的枝条，无果无花的一般不采。

2. 草本植物，特别是单子叶植物要带有根系。

3. 蕨类植物，必须采带孢子囊的植株。

4. 大型草本植物，高度超出1m的可将它折成N字形或上段带果，中段带叶，下端带根，将三段合成一份标本。

5. 寄生植物最好连同寄主采下或作记录说明。

6. 药用植物还要有药用部分，特别是根和根茎类药材，以便核对、鉴别。

7. 采下标本后，首先要挂上标本号牌，编上采集号，排序不论换何地，采集号均连续编号。在号牌上应写明采集时间、地点以及采集人姓名。

8. 对有些肉质植物，如马齿苋、景天科的植物等，应该在采集后及时在开水中焯几分钟，以免难以干燥而变黑和落叶。

9. 采集藻类植物标本，可以用一张稍厚的白纸板放入水中，将少量藻体摊匀在纸板上，再慢慢托出水面，用滴管把藻类标本冲顺。

10. 凡雌雄异株植物分开编号，并注明两号的关系。

11. 同号标本一般采集3~5份，以便比较研究或与其他标本室交换标本。

12. 不同地点采集的同一植物应重新编号。

13. 做好采集记录，常用特制的采集记录本，记下采集号、时间、份数、产地、环境、植物性状、花果叶的颜色等。采集记录很重要，因为植物标本压制之后，一些生活时的性状及特征会改变甚至消失，如茎、叶、花、果等的颜色、气味会消失。另外，植物的生活环境、植株的大小在标本上也反映不出来。而这些特征对于研究和鉴定药用植物都很重要的。所以在采集时必须根据要求详细地填写。登记好后，把标本放进采集袋，密封保存，以防干燥皱缩变形。

采集时要注意保护植物资源。一些平常少见的植物或分布较少的植物尤需注意保护，不可随意采摘。在采集草本植物时，要留一部分分枝，使其继续繁殖；采集木本植物时尽量不要伤及主干及枝顶，取皮时不能环剥以免引起植株死亡。

采集药材的分析样品时，必须同时采集腊叶标本两份，以备鉴定学名之用。在样品上，必须挂上与样品同种的腊叶标本相同的号牌，以便识别和鉴定之用，无须另编样品号。

三、野外记录的方法

野外采集必须有实地记录，记录内容有专门的野外记录本，按其格式填写。因为标本经过压制后改变了原有的性状，如乔木、灌木、高大草本植物，有些新鲜植物是否可见乳汁及颜色，叶、花的颜色气味，花瓣是否有斑点，果实的形状颜色，全株各部分毛被着生，地下部分的情形等内容，都是压制标本后难以看到的性状，药用植物的别名以及药用价值、使用方法更是重要的记录内容。

填写野外记录卡和标本号牌签应该用铅笔，不能用圆珠笔或钢笔，防止遇水或标本消毒处理时褪色而字迹不清。

四、腊叶标本的压制

扫一扫，看操作视频

采回标本后，应及时修剪、压制干燥，以便制成腊叶标本，长期保存。

（一）修剪

从采集袋中取出采回的标本（要求当日采当日压制），首先与采集记录信息（如采集号及各种特征）核对，相符后再行修剪。剪成略小于装订标本的台纸（约 40cm×30cm）。并尽可能表现其自然状态。枝叶太多时可适当剪去一部分。如果遇上细长的草本植物及某些包含大型叶时，可以把它折叠成“之”字形，太高的草本可选上、中、下三段剪取。大型的果实可取纵、横两个切片。

（二）压制

修剪好后，打开标本夹，在一片标本夹上放上 5~7 片吸水纸，然后放上修剪好的标本，使花、叶展平，姿势美观，不使多数叶片重叠。一般叶腹面向上，并将基部两片叶子翻转，使其叶背向上。这样压好的标本，叶子背、腹两面的特征一目了然。用纸袋装落下来的花、果或叶片，在袋外标上该标本的采集号，并与标本放在一起。随后盖上 2~3 张吸水纸。如上所述，再放上第二个标本。以后每放一个标本，就盖上 2~3 张吸水纸；如遇多汁难干的标本，上下要多放几张吸水纸。当所有标本压制完后，再放上 5~7 张吸水纸，放上另外一片标本夹，用绳子捆紧。放在干燥处，并可适当加压，放在通风处。

（三）干燥

标本压制后，主要靠吸水纸尽快把标本的水分吸干，使标本保留原来的颜色和形状，不致腐烂生霉、变色和脱落。因此，压制后必须经常换纸。换纸是把压制的标本解开，全部换上干燥的吸水纸。开始 1~2 次换纸时，标本较柔软，要注意把折叠的枝、叶等摊开，摆好形状。换纸次数和天数要根据天气和标本的含水量来决定。一般每天换一次纸，春天采集的标本开始每天最少换两次，以后可减少换纸的次数，直到完全干燥。换下来的湿纸，可以晒干或烘干后再用。但不能带标本一起烘干，以免使标本卷缩、失色。在换纸过程中，某些部分如花、果、种子等可能会脱落。脱落时，可用纸包好随原标本一起更换吸水纸至干。有些标本可能会先干，先干的标本应先抽出，另夹保存；未干的标本继续换纸，直至全干。

（四）消毒

标本在干燥后装订前，要进行消毒防蛀处理，处理方法很多，通常用 1% 的氯化汞（升汞）乙醇溶液。方法是将消毒液放入搪瓷盘内，再将压干的标本逐一浸入此液中片刻，或用毛笔将升汞溶液刷于标本上使湿透。取出，夹在吸水纸中，晾干。然后方可上台纸做成永久标本，并于标本上角盖印“$HgCl_2$消毒”字样。

（五）装订（把标本装订在台纸上）

台纸常用长 40cm×宽 26cm 的白硬卡纸。装订时先将标本从标本夹中取出，平放在台纸上。注意左上方及右下方多留一点空白，以供贴采集记录和定名标签。然后在枝条两侧、叶子主脉两侧用雕刻刀刻穿台纸，约长 0.5cm。并用 0.5cm 的台纸条穿过，拉紧。用胶水反贴于台纸的背面。用于固定标本的纸带多少，要根据标本的大小而定，要求使整个标本，包括茎、叶、花、果等能牢牢地紧贴于台纸上，药用部分也用同样的方法固定在台纸上。脱落的花果可用小纸袋装好，贴于台纸上以供参考。最后，在台纸的左上角贴上采集记录，在右下角贴上定名签。

（六）定名

一般标本上台纸后，方可鉴定。通常鉴定植物必须采集完整的标本，即有花和果实的标本或至少有其中之一。根据植物的花果特征查阅鉴定植物的参考书，以该地区植物志为佳。所采植物如是未知科，可根据科的检索表，先查出科名，再找到该科查分属检索表，先查出属再查种。种查出后，再根据种的描述一一核对特征，如基本符合就可定出种名了。必要时可以到植物研究所查对标本（包括模式标本）。如果自己鉴定不出植物名称来，也可送请有关专家鉴定。

如果标本请其他单位或专家鉴定学名时，每一个标本上必须有一个同号标本的号片，并连同这一号的野外记录一起送出。照例，这份送请鉴定的标本应留在鉴定单位或专家处，不再退还。这是鉴定单位对该标本学名负责的表示，以作将来复查之用。如果以后更改学名，也便于根据标本来源通知对方。鉴定者仅在各标本的号码下，抄写一个学名名单，寄还原单位或本人。

（七）腊叶标本的保存

腊叶标本经过分科、分属、分种鉴定后，可将定名签贴在右下角，野外记录签贴在左上角。最后加贴一张薄而韧性强的封面衬纸，以免标本相互摩擦损坏。将同种标本放在一起，夹在同一种夹内，种夹外标注植物学名，按科属顺序放入标本柜内密闭保存。柜子中要放一些樟脑防虫，整个标本室可用溴代甲烷熏蒸消毒，但消毒数日后方可进入。

五、浸液标本的制作

植物标本经过浸制，可使形态逼真，易于观察、鉴别，而且还可以保持其原有色泽。其制作方法如下。

1. 仪器与试剂

（1）仪器：烧杯、量筒、石棉网、电磁炉、不锈钢盆、剪刀、镊子、玻璃棒、天平、磨口标本瓶。

（2）试剂：醋酸铜、甘油、亚硫酸、氯化锌、70%乙醇、甲醛、硼酸、蒸馏水、硫酸铜。

2. 一般保存法 可用 10%~15%的福尔马林浸制保存。

3. 白花植物浸制标本的制作方法

（1）洗涤消毒：将新鲜标本洗净泥沙，用 70%乙醇消毒 5 分钟后用蒸馏水冲洗干净，放入蒸馏水中浸泡 15 分钟，冲洗 2~3 遍直至标本表面清洁干净。

（2）生杀处理：取醋酸铜 50g，加蒸馏水 1000mL，配成 5%的醋酸铜溶液，将洗涤消毒后的植物标本放入瓶内，缓缓倒入 5%的醋酸铜溶液浸制植物标本，浸泡 24~48 小时。根据花的大小、厚薄、质地不同可采用不同的浓度和时间。

（3）装瓶：取亚硫酸 5mL，甘油 5mL，加蒸馏水 1000mL 制成保存液。将生杀处理后的标本

放入适宜瓶内，缓缓加入保存液至瓶满，加盖，用石蜡封好即得。

4. 黄花植物浸制标本的制作方法

（1）洗涤消毒：同白花植物标本的制作方法。

（2）生杀处理：取冰醋酸 300mL 加蒸馏水 300mL 配成 600mL 50%的醋酸溶液，醋酸铜 48g 加蒸馏水 4000mL 配成醋酸铜溶液。两种溶液混合，加热至煮沸，醋酸铜完全溶解后，投入洗涤消毒后的植物标本煮 10～20 分钟，观察叶色由绿变黄，再由黄变成浅绿色时取出，蒸馏水洗净。

（3）装瓶：取亚硫酸 5mL，甘油 5mL 加蒸馏水 1000mL 制成保存液。将生杀处理后的标本放入适宜瓶内，缓缓加入保存液至瓶满，加盖，用石蜡封好即得。

5. 红花植物浸制标本的制作方法

（1）洗涤消毒：同白花植物浸制标本的制作方法。

（2）生杀处理：取醋酸铜 50g，加蒸馏水 1000mL，配成 5%的醋酸铜溶液，将洗涤消毒后的标本放入瓶内，缓缓倒入 5%醋酸铜溶液浸制植物标本，浸泡 24～48 小时，根据花的大小、厚薄、质地的不同可采用不同的浓度和时间。

（3）装瓶：取亚硫酸 5mL，甘油 5mL，加蒸馏水 1000mL 制成保存液。将生杀处理后的植物标本放入瓶内，缓缓加入保存液至瓶满，加盖，用石蜡封好即得。

6. 绿色果实类植物浸制标本的制作方法

（1）洗涤消毒：同白花植物浸制标本的制作方法。

（2）生杀处理：取冰醋酸 300mL 加蒸馏水 300mL 配成 600mL 50%的醋酸溶液，醋酸铜 48g 加蒸馏水 4000mL 配成醋酸铜溶液。两种溶液混合，加热至煮沸，醋酸铜完全溶解后，投入洗涤消毒后的植物标本煮 10～20 分钟。观察叶颜色由绿变黄，再由黄变成浅绿色时取出，蒸馏水洗净。

（3）装瓶：取亚硫酸 5mL，甘油 5mL 加蒸馏水 1000mL 制成保存液。将生杀处理后的植物标本放入标本瓶内，缓缓加入保存液至瓶满，加盖，用石蜡封好即得。

全国中医药行业职业教育“十四五”规划教材

教材目录

注：凡标☆者为“十四五”职业教育国家规划教材。

序号	书名	主编		主编所在单位	
1	医古文	刘庆林	江　琼	湖南中医药高等专科学校	江西中医药高等专科学校
2	中医药历史文化基础	金　虹		四川中医药高等专科学校	
3	医学心理学	范国正		娄底职业技术学院	
4	中医适宜技术	肖跃红		南阳医学高等专科学校	
5	中医基础理论	陈建章	王敏勇	江西中医药高等专科学校	邢台医学院
6	中医诊断学	王农银	徐宜兵	遵义医药高等专科学校	江西中医药高等专科学校
7	中药学	李春巧	林海燕	山东中医药高等专科学校	滨州医学院
8	方剂学	姬水英	张　尹	渭南职业技术学院	保山中医药高等专科学校
9	中医经典选读	许　海	姜　侠	毕节医学高等专科学校	滨州医学院
10	卫生法规	张琳琳	吕　慕	山东中医药高等专科学校	山东医学高等专科学校
11	人体解剖学	杨　岚	赵　永	成都中医药大学	毕节医学高等专科学校
12	生理学	李开明	李新爱	保山中医药高等专科学校	济南护理职业学院
13	病理学	鲜于丽	李小山	湖北中医药高等专科学校	重庆三峡医药高等专科学校
14	药理学	李全斌	卫　昊	湖北中医药高等专科学校	陕西中医药大学
15	诊断学基础	杨　峥	姜旭光	保山中医药高等专科学校	山东中医药高等专科学校
16	中医内科学	王　飞	刘　菁	成都中医药大学	山东中医药高等专科学校
17	西医内科学	张新鹛	施德泉	山东中医药高等专科学校	江西中医药高等专科学校
18	中医外科学☆	谭　工	徐迎涛	重庆三峡医药高等专科学校	山东中医药高等专科学校
19	中医妇科学	周惠芳		南京中医药大学	
20	中医儿科学	孟陆亮	李　昌	渭南职业技术学院	南阳医学高等专科学校
21	西医外科学	王龙梅	熊　炜	山东中医药高等专科学校	湖南中医药高等专科学校
22	针灸学☆	甄德江	张海峡	邢台医学院	渭南职业技术学院
23	推拿学☆	涂国卿	张建忠	江西中医药高等专科学校	重庆三峡医药高等专科学校
24	预防医学☆	杨柳清	唐亚丽	重庆三峡医药高等专科学校	广东江门中医药职业学院
25	经络与腧穴	苏绪林		重庆三峡医药高等专科学校	
26	刺法与灸法	王允娜	景　政	甘肃卫生职业学院	山东中医药高等专科学校
27	针灸治疗☆	王德敬	胡　蓉	山东中医药高等专科学校	湖南中医药高等专科学校
28	推拿手法	张光宇	吴　涛	重庆三峡医药高等专科学校	河南推拿职业学院
29	推拿治疗	唐宏亮	汤群珍	广西中医药大学	江西中医药高等专科学校

序号	书 名	主 编		主编所在单位	
30	小儿推拿	吕美珍	张晓哲	山东中医药高等专科学校	邢台医学院
31	中医学基础	李勇华	杨 频	重庆三峡医药高等专科学校	甘肃卫生职业学院
32	方剂与中成药☆	王晓戎	张 彪	安徽中医药高等专科学校	遵义医药高等专科学校
33	无机化学	叶国华		山东中医药高等专科学校	
34	中药化学技术	方应权	赵 斌	重庆三峡医药高等专科学校	广东江门中医药职业学院
35	药用植物学☆	汪荣斌		安徽中医药高等专科学校	
36	中药炮制技术☆	张昌文	丁海军	湖北中医药高等专科学校	甘肃卫生职业学院
37	中药鉴定技术☆	沈 力	李 明	重庆三峡医药高等专科学校	济南护理职业学院
38	中药制剂技术	吴 杰	刘玉玲	南阳医学高等专科学校	娄底职业技术学院
39	中药调剂技术	赵宝林	杨守娟	安徽中医药高等专科学校	山东中医药高等专科学校
40	药事管理与法规	查道成	黄 娇	南阳医学高等专科学校	重庆三峡医药高等专科学校
41	临床医学概要	谭 芳	向 军	娄底职业技术学院	毕节医学高等专科学校
42	康复治疗基础	王 磊		南京中医药大学	
43	康复评定技术	林成杰	岳 亮	山东中医药高等专科学校	娄底职业技术学院
44	康复心理	彭咏梅		湖南中医药高等专科学校	
45	社区康复	陈丽娟		黑龙江中医药大学佳木斯学院	
46	中医养生康复技术	廖海清	艾 瑛	成都中医药大学附属医院针灸学校	江西中医药高等专科学校
47	药物应用护理	马瑜红		南阳医学高等专科学校	
48	中医护理	米健国		广东江门中医药职业学院	
49	康复护理	李为华	王 建	重庆三峡医药高等专科学校	山东中医药高等专科学校
50	传染病护理☆	汪芝碧	杨蓓蓓	重庆三峡医药高等专科学校	山东中医药高等专科学校
51	急危重症护理☆	邓 辉		重庆三峡医药高等专科学校	
52	护理伦理学☆	孙 萍	张宝石	重庆三峡医药高等专科学校	黔南民族医学高等专科学校
53	运动保健技术	潘华山		广东潮州卫生健康职业学院	
54	中医骨病	王卫国		山东中医药大学	
55	中医骨伤康复技术	王 轩		山西卫生健康职业学院	
56	中医学基础	秦生发		广西中医学校	
57	中药学☆	杨 静		成都中医药大学附属医院针灸学校	
58	推拿学☆	张美林		成都中医药大学附属医院针灸学校	